连续缓倾－断续陡倾组合岩体变形破坏模式研究分析
——以大藤峡水利枢纽工程为例

中水东北勘测设计研究有限责任公司
水利部寒区工程技术研究中心　　组　编

主　编　马　军　王德库　王常义
副主编　马智法　刘　杉　谭　春
　　　　马栋和　张　文　陈建叶

黄河水利出版社
·郑州·

内 容 提 要

本书是中水东北勘测设计研究有限责任公司、水利部寒区工程技术研究中心在复杂结构裂隙岩体的破坏模式分析和安全性计算领域的工程实践与理论探索过程中的总结和探讨，是对传统岩体的结构调查、破坏模式和安全性计算方法的一种补充。本书建立了三维裂隙网络模拟技术，确定了关键参数和模型结构，建立了复杂结构裂隙岩体渗流路径与渗流参数的基本理论和关键技术，进行了地质力学物理模型的研究，最终形成了一套完整的岩体结构特征调查、分析、模拟方法。同时，将它应用于大藤峡水利枢纽工程的超大推力泄水闸坝基稳定性计算中，成功模拟出坝基岩体在超大推力作用下的破坏过程、破坏模式与破坏机制，证实了连续缓倾－断续陡倾岩体组合破坏不同于传统的剪切破坏，而是一种压性类溃曲破坏。

本书可作为从事边坡、坝基等工程技术人员和高等院校相关专业师生的参考用书。

图书在版编目（CIP）数据

连续缓倾－断续陡倾组合岩体变形破坏模式研究分析：以大藤峡水利枢纽工程为例/马军，王德库，王常义主编. —郑州：黄河水利出版社，2019.8

ISBN 978－7－5509－2494－9

Ⅰ．①连…　Ⅱ．①马…②王…③王…　Ⅲ．①坝基－围岩变形－研究　Ⅳ．①TV64

中国版本图书馆 CIP 数据核字（2019）第 183864 号

书　　　名：连续缓倾－断续陡倾组合岩体变形破坏模式研究分析
　　　　　　——以大藤峡水利枢纽工程为例
　　　　　　中水东北勘测设计研究有限责任公司
　　　　　　　　　　　　　　　　　　　　　　　　组编
作　　　者：水利部寒区工程技术研究中心
　　　　　　主编　马　军　王德库　王常义
出　版　社：黄河水利出版社
　　　　　　地址：河南省郑州市顺河路黄委会综合楼 14 层　　　邮政编码：450003
发行单位：黄河水利出版社
　　　　　　发行部电话：0371－66026940、66020550、66028024、66022620（传真）
　　　　　　E-mail:hhslcbs@126.com
承印单位：河南瑞之光印刷股份有限公司
开本：787 mm×1 092 mm　1/16
印张：18.75
字数：460 千字
版次：2019 年 8 月第 1 版　　　　　印次：2019 年 8 月第 1 次印刷
定价：98.00 元

前　言

　　大藤峡水利枢纽工程位于珠江流域西江水系黔江干流大藤峡出口弩滩上,地属广西自治区桂平市,为西江亿吨黄金水道的关键节点和打造珠江—西江经济带标志性工程,也是我国红水河水电基地的重要组成部分。其主坝为混凝土闸坝,最大坝高 80.01 m,坝长 1 243.06 m。坝址区岩层为泥盆系下统莲花山组、那高岭组和郁江阶近岸及滨浅海相沉积岩。岩性以细砂岩、含泥细砂岩、泥质粉砂岩及泥岩为主,软硬岩互层及交错变化复杂,砂岩节理裂隙发育,软弱夹层、断层发育且连续性较好。

　　上述复杂的地质地层环境形成了大藤峡水利枢纽工程建设和运行的外在客观条件,给大坝设计和施工带来了巨大的挑战。同时,大藤峡水利枢纽的泄水闸闸门推力较大,采用两孔一联的结构布置,结构相对单薄,为保证工程安全性,充分考虑不利地质条件对泄水闸坝基的影响,有必要对超大推力下的泄水闸坝段基础的滑移破坏模式及安全性水平进行深入分析研究,以明确坝基在推力及重力作用下的应力与剪切变形特征。

　　坝体与坝基相互作用研究属于工程力学中不同介质的接触问题,对该问题的研究应包括两个方面:其一是力学模式的研究;其二是计算方法的研究。在现有的坝体与坝基整体稳定性分析中,一般假定坝体与坝基之间的相互作用为平面型接触问题,并将荷载和环境因素对坝体的作用视为确定性作用,即在确定的材料参数、初始条件下对坝体及坝基进行稳定性分析。而对于实际的工程结构稳定性分析而言,由于材料参数等都是变化的,且坝基为复杂的非均匀连续介质,重大工程的建设和运营将直接造成坝基应力场和变形场的重分布,坝基原有的裂隙和节理面将发生变化。为此,在深入研究坝体与坝基互馈的力学行为时,应把握两个重要性质,即互馈优势接触面的确定和保持模型与实体材料粗糙特性一致。在此基础上建立的分析模型才能较客观地反映坝基在坝体推力及重力作用下的力学行为。

　　作为超大推力下坝体与坝基互馈力学行为研究成果的总结,本书主要探讨了坝基岩体的综合结构特征获取、复杂结构裂隙岩体的渗流路径与渗流参数的确定,以及结合离散元数值模型与基于变温相似材料地质力学物理模型对坝基稳定性进行分析评价的技术与方法,确定了缓倾连续性软层－陡倾断续型节理裂隙组合的岩体破坏模式,确定了坝基岩体在超大推力作用下压性开裂的破坏过程、破坏模式与破坏机制。为大藤峡水利枢纽泄水闸及其相邻建筑物的设计提供了可靠有力的科学依据,达到确保枢纽安全运行的目的,具有重要的理论意义和实用价值。

　　本书编写分工如下:前言、第 6 章由马军编写,第 1 章由王常义、王德库、刘杉编写,第 2 章由王常义、张文、陈建叶编写,第 3 章由马智法编写,第 4 章由谭春编写,第 5 章由马栋和编写。本书由吉林大学陈剑平、四川大学陈林审稿,并提出了诸多宝贵的修改意见,谨表谢意。中水东北勘测设计研究有限责任公司李艳萍、高垠、李占军也审阅了部分书稿,一并致谢!

　　由于编者水平有限,加之时间仓促,难免存在错误与不足之处,恳请广大读者批评指正。

马　军

2019 年 6 月

目　录

前　言

第1章　综　述 ··· (1)

　　1.1　岩体结构分类 ··· (1)

　　1.2　坝基破坏模式国内外研究现状 ·· (2)

　　1.3　目前存在的问题 ··· (7)

第2章　大藤峡水利枢纽工程概况 ·· (9)

　　2.1　工程概况 ·· (9)

　　2.2　研究的必要性及目的 ··· (10)

　　2.3　研究方案 ··· (11)

第3章　工程概况与坝基岩体结构特征 ·· (15)

　　3.1　工程概况与工程地质条件 ··· (15)

　　3.2　坝基的岩体结构特征研究 ··· (48)

　　3.3　三维裂隙网络模拟 ·· (74)

　　3.4　小　结 ·· (110)

第4章　数值模拟 ··· (112)

　　4.1　研究现状 ·· (112)

　　4.2　模型的建立 ··· (118)

　　4.3　坝基岩体渗流 ·· (133)

　　4.4　坝基稳定性计算 ·· (152)

　　4.5　小　结 ·· (210)

第5章　物理模型 ··· (212)

　　5.1　模型试验相似理论 ·· (212)

　　5.2　大坝模型试验方法 ·· (229)

　　5.3　坝基稳定破坏试验理论与方法 ·· (239)

　　5.4　模型设计与制作工艺 ··· (246)

　　5.5　闸坝与地基变形及破坏特性分析 ·· (266)

　　5.6　小　结 ·· (287)

第6章　结论及展望 ··· (289)

第 1 章 综 述

1.1 岩体结构分类

岩体,是由岩块和不连续面组成的地质体。不连续面,也称为结构面,在空间的分布与产出状态构成了岩体的结构。结构面对岩体力学特性和工程稳定性的控制作用早在 20 世纪 50 年代被以 L. Muller 等代表的奥地利学派所认识,并认为这是构成岩体和岩块力学与工程特性差异的根本所在,由此而开始了以岩体结构面和岩体结构研究为中心的岩体力学时代。

20 世纪 60 年代,谷德振、孙玉科提出了"岩体结构"概念,提供了将复杂的岩体抽象为科学的结构类型分类依据,并提出了岩体结构控制岩体稳定性的重要观点。几十年来经国内众多工程地质学者不断研究完善,已成为评价岩体工程地质特性、岩体质量分级和岩体稳定性评价的基础。在其发展过程中,不同学者、不同单位提出了各种划分方案。

孙广忠在《岩体结构力学》中指出,岩体结构力学最基本的地质基础是岩体结构。岩体结构的基本特点是不连续性,或者说,岩体在各种结构面切割下具有一种割裂结构。切割岩体的结构面,按其力学性质可分为两类,即软弱结构面和坚硬结构面;结构面切割成的块体称为结构体,结构体按其形状和力学功能可分为块状结构体和板状结构体。结构面和结构体称为岩体结构单元。据此,岩体结构可分为两级,即在软弱结构面切割下形成的块裂结构和板裂结构,属于一级结构;在坚硬结构面切割下形成的岩体结构,属于二级结构。二级结构按结构面切割程度又可分为完整结构断续结构、碎裂结构及散体结构。

王思敬院士在《地下工程岩体稳定分析》和《中国岩石力学与工程世纪成就》中根据结构面的发育程度及组合,选择完整性系数、基本块度、夹泥率、声波指数、质量系数五个量化指标,将结构类型分为整体块状结构、层状结构、碎裂结构及松散结构等。由于镶嵌结构、层状碎裂结构均接近碎裂结构,现将岩体结构合并为四大类,即整体块状结构、层状结构、碎裂结构、松散结构,并提出其相应的稳定评价及支护措施。

李中林等在《矿山岩体工程地质力学》中根据结构面发育程度和特性、结构体组合排列和接触状态,将岩体结构划分为整体块状结构、层状结构、碎裂结构、散体结构四大类,又根据力学介质类型分为八个亚类。

《水利水电工程地质勘察规范》(GB 50487—2008)中给出的节理岩体结构分类采用了裂隙间距作为量化指标,指标和描述虽然不多,但量化指标规范与国际上通行的一致,岩体完整性指标也采用了国际上较通用的划分标准,易于操作。

在工程应用方面,聂德新等在金沙江溪洛渡水电工程中,将两岸坝肩裂隙间距和岩体的完整性作为主要量化指标,RQD(岩石质量指标)、5 m 裂隙条数作为辅助量化指标,河床地段以 RQD 和完整性系数作为主要量化指标,进行了岩体结构划分,从而将岩体结构类型的划分方法引入了定量化研究的方向。

1.2 坝基破坏模式国内外研究现状

筑坝挡水并利用坝体自重产生的摩擦力抵抗水压力是人类从同洪水斗争过程中获取的经验知识。以此知识为指导修建的坝称为重力坝。筑坝的历史由来已久,最早的重力坝始于公元前2900年的埃及第一代王朝。在中国,大约在公元前250年,李冰主持兴建了举世闻名的都江堰。都江堰一直运行至今,成为世界上运行历史最久的水利工程之一。在中华历史长河中,人们修建了为数众多的重力坝。到1980年年底,我国建造的50 m以上的混凝土重力坝30多座,并且在已建、在建和拟建的大型水电站中,重力坝占明显优势。到1995年时,总数已达8万多座,居世界之首。这些大坝巍然屹立在我国奔腾不息的江河上,千秋万代兴利除害,为祖国的经济建设和人民生活水平的提高做出了重要贡献。

人们早就意识到安全是坝体头等重要的大事。虽然早期的重力坝都是凭经验建造的,但是基于坝体断面越大,坝体就越安全这样一个简单的道理,在实际工程中极少有倾覆破坏的,重力坝失事往往是由滑动导致的。事实证明,仅靠加大断面并不能确保大坝安全。据詹森统计,全世界失事水坝的总数可能超过15万座(其中小型坝占多数),直到1940年以后失事水坝才急剧减少,最后稳定在总数1%以内。失事的原因多种多样,但地基缺陷是最主要的原因之一。据西班牙《公共工程评论》统计的水坝失事原因,地基破坏所占的比例高达40%。1971年,英国工程师比斯瓦斯(Biswas)等研究了300座失事大坝,归纳出因基础问题而失事的概率达35%。同样,在我国,据1979年的不完全统计,当时已建、在建和拟建的大中型闸坝工程中,92座地基内含有软弱夹层,因此而改变设计、降低坝高或是延误工期和后期加固的大中型闸坝就有30余座。

充分的事实说明了,坝基安全性的问题不容小觑,这是关系到大坝安全性和经济性的重要问题。近些年来,为了研究抗滑稳定问题,人们做了大量的研究工作,但是影响抗滑稳定的因素有很多,使研究抗滑稳定的问题变得极为复杂,迄今为止还没有形成公认的理论。但是,世界各国的规范都规定在岩基上进行重力坝设计时必须审查大坝沿坝基面的抗滑稳定问题,保证坝体不会沿着建基面滑动,并有一定的安全裕度。如果地基基岩坚固完整,一座按照近代理论设计、用近代技术建设起来的大坝,极少可能发生整体失稳问题,设计中我们只须核算沿建基面的稳定性。但是若坝基内存在不利的软弱面或夹层,则往往成为影响坝体安全的关键问题,在设计时不仅要核算沿建基面的稳定性,更须验算坝体带动一部分基岩沿软弱面失稳的可能性,这种问题为重力坝的深层抗滑稳定问题。研究重力坝的深层抗滑稳定是非常有应用前景的,也是现在坝工设计当中迫切需要解决的一项重大问题。

在研究重力坝的抗滑稳定性时,坝身与地基的接触面——建基面当然是一个主要的核算面。但是在很多情况下,危险滑动面往往在地基内部。因为,基岩很少是完整的岩体,内部经常有各种形式的软弱面存在,当它们的产状有利于其上的建筑物滑动时,很容易成为控制因素。

软弱夹层对坝体深层抗滑稳定的影响主要取决于它的产状分布及物理力学特性,其影响主要有以下几个方面:

(1)由于夹层的抗剪强度低,可能产生深层整体失稳。

(2)由于夹层的抗压强度低,可能产生地基的破坏,引起坝体的失稳。

（3）软弱夹层与硬岩相间时,会产生不均匀沉降和相应的集中应力,引起坝体断裂或地基破坏。

（4）有些软弱夹层渗透性很强,会产生大量的渗漏和管涌破坏,有些软弱夹层本身甚至会崩解。

根据软弱结构面空间展布性状的不同,一般可以分为三种破坏模型。图 1-1（a）、（b）是最常见的两种破坏类型:单斜剪切滑动破坏与双斜剪切滑动破坏。

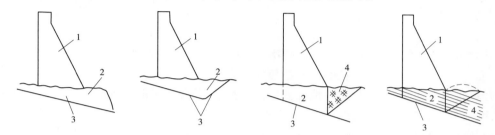

(a)单斜剪切滑动破坏　(b)双斜剪切滑动破坏　(c)尾岩抗力体挤压破坏　(d)尾岩抗力体隆起破坏

1—重力坝;2—坝基岩体;3—软弱结构面;4—尾岩抗力体

图 1-1　重力坝坝基破坏类型

（1）沿滑裂面剪切破坏。

如图 1-1（a）、（b）所示,坝基内有单斜滑动或能构成双斜滑动的软弱结构面,在水平荷载作用下将沿软弱结构面产生剪切破坏,上游坝踵处一般为拉裂破坏。

（2）下游尾岩抗力体挤压破坏。

如图 1-1（c）所示,当坝基内有倾向下游的缓倾角软弱结构面时,下游尾岩内无倾向上游的缓倾角结构面,则构不成天然的双斜滑动面,但尾岩岩性软弱,或十分破碎,或下游有规模较大的横向断层破碎带,此时坝踵处基岩已发生拉裂破坏,坝基内软弱结构面已发生剪切破坏,假定尾岩中的滑裂面尚未发生剪切破坏,坝体传给尾岩抗力体的剩余推力已超过其承载力,尾岩抗力体产生挤压破坏,坝基产生过大的向下游的压缩变形,使大坝失稳。

（3）下游尾岩抗力体隆起破坏。

如图 1-1（d）所示,坝基内软弱结构面与图 1-1（c）情况相同,但尾岩为层状岩石,岩性坚硬且比较完整。在水平荷载作用下,尾岩上部产生拉力区,岩体表部产生向上的位移,即发生隆起破坏。因支撑的尾岩抗力体失稳,最终导致坝体基础产生过大的向下游的位移而失稳。

重力坝由于地质条件的复杂性及众多不稳定因素导致其深层抗滑稳定的计算很复杂。虽然近年来,岩石力学及各种勘探、测试和处理手段的进步对抗滑稳定的研究起到了促进作用,但是统一的分析方法和明确的规定还没有形成,都需由设计人员根据具体情况,参考类似工程经验做出判断。

目前,国内外研究重力坝的深层抗滑稳定的方法,主要有刚体极限平衡法、有限单元法、地质力学模型试验法及分项系数法、可靠度分析法等。

（1）刚体极限平衡法。

刚体极限平衡法在我国应用广泛,它从计算方法、计算荷载、工程处理措施等方面积累了丰富的经验。这一方法是经过工程实践检验的,所得的安全系数一直以来是作为判断大坝安全的主要依据。

刚体极限平衡法是根据确定的边界条件将失稳体视为一个或若干个整体滑移的刚体，研究它达到失稳状态的平衡条件，从而估算其稳定安全度。刚体极限平衡法具有很多优点：概念清楚，计算简便，工作量小，可以手算，易于掌握，任何规模都可采用，有丰富的工程经验，而且有比较成熟的与之配套的设计准则。当滑移面为单一平面时，该法能较合理地确定其稳定性。

但是，刚体极限平衡法也有缺陷：①它只能对坝基的抗滑稳定性做笼统的分析，不能确定滑动块体的位移和滑裂面上的应力分布，因而也就不能探索破坏的机制及其变化发展过程。滑动面也要先假定，通过试算才能找出最危险的滑动面。②计算荷载要合理地确定，滑动面、抗力面的抗剪断试验参数的可靠性与计算方法的合理性应密切配套；否则，对结果影响很大。③当滑动面是多层次时，情况就变得更复杂，还要将可能出现的滑移通道逐个进行试算，以确定控制的滑动面，试算工作量相当大，同时试算过程中无法考虑软弱夹层间的相互影响，使得计算结果的可用性变得更差。④由于刚体极限平衡法是基于滑动面上的所有点同时进入滑动状态，与实际情况不符。⑤双滑面及多滑面的安全系数没有规范可查。⑥即使是浅层和单滑面的安全系数，虽然有规范可查，但规范上的建议取值是由经验丰富的工程师及专家根据自身经验所定的，有很大的人为性。

在这方面，我国学者做了大量的研究工作，张怡霞在假定双斜面滑动计算的基础上，考虑了坝后地面为斜面的情况，计算出产生最小抗力的滑裂角，并推导出了安全系数的计算公式；王兴然、邓昌铁假设基岩抗力在极限状态下的方向为未知，由岩石被动抗力的概念，找出最大抗力的大小和方向之间的关系；陈国力抛弃了抗力体铅直破裂面的假定，认为深层抗滑存在三个倾裂面的破裂面，并导出了坝后具有倾斜基岩表面时重力坝下游抗力体破裂角的求解方程及安全系数计算公式；王瑞骏针对软弱结构面与坝轴线相交的深层抗滑稳定问题，在分析研究滑动体所受到的侧向阻力作用机制的基础上，计入侧向阻力进行深层抗滑稳定的空间极限平衡分析，指出计入侧向阻力的安全系数比不计入侧向阻力的安全系数要小得多；陈革强对刚体极限平衡法中三种常用的方法进行分析研究，导出了安全系数与抗力角对应的渐进线及等安全系数法的求解公式，并对三种方法进行了分析比较。陈祖煌、陈立宏对《混凝土重力坝设计规范》(DL 5108—1999)规定使用的极限状态分析方法进行了探讨，并通过多个实例分析论证规范采用的表达式在建筑物抗滑稳定和滑坡分析中应用时存在的问题，提出了自己的见解。刘红宇、王肖勇用瞬时转动中心法计算了复式滑动面上的应力，在按分段等稳定系数法的原理计算重力坝沿基岩内部的复式"弱面"滑移的稳定安全系数。

（2）有限单元法。

有限单元法是近年来随计算机科学的迅速发展和岩土力学的基本理论水平不断提高而发展起来的一种新方法。采用有限单元法分析重力坝深层抗滑稳定时，可以将坝体和一部分基岩作为整体考虑计算，能够同时得到坝体和基岩的应力应变分布，尤其可以得到软弱夹层的应力和变形分布。同时，对于坝基内软弱夹层做适当的模型处理，选择合适的单元类型进行模拟，可以很好地反映软弱夹层在荷载作用下的力学特性。

对于一些重要的工程，特别是对坝基深处的抗滑稳定问题较严重的情况，除刚体极限平衡法外，常常要进行有限元分析与模型试验，作为校核、验证或深入研究的手段。目前，有限单元法已成为分析复杂地基问题的有力工具，它不但可以分析断层、节理等地质缺陷的影响,而且可以将水工建筑物的应力、变形、渗流和稳定问题等结合在一起分析,由此了解整个系统的破坏机制。应用非线性有限元法可以对具有软弱夹层地基上坝体深层的抗滑稳定这个复杂问题做较深入的探索,通过分析可以较可靠地确定地基内的应力及变形情况,了解沿软弱带的破坏区域和错动值,确定最危险的滑移通道,研究一些加固措施的效果,并最终确定安全系数和阐明失稳发展的机制。

采用有限元法的弊端是应力、变位大小与网格划分有关,不易确定大坝的安全度指标,在应力奇点,应力趋于集中,网格愈密,应力集中程度愈高,并且由于各工程的复杂性和有限元法计算程序的差异性,目前尚无对坝体及坝基的位移应力值的统一量化标准,对于有限元法计算深浅层抗滑稳定也没有统一的标准可以应用。

在这方面,国内外学者也做了大量的研究工作。王宏硕等首次提出真实抗剪比例极限强度的概念,得到了一些有益的结论;常晓林、陆述远、赖国伟等研究了碾压混凝土坝稳定临界准则公式及设计安全系数;杜俊慧、陆述远研究探讨了坝体与坝基弹模比对破坏规律的影响、强度参数对破坏过程的影响以及重力坝均质坝基沿建基面的破坏机制。陈敏林、余成学等通过建立整体计算域的三维非线形有限元网络,用有限元法分析研究了四川省的宝珠寺水电站拦河大坝右岸坝基下的楔形体对坝基深层稳定性的影响程度,并通过局部粗细网格的计算结果对整个网络精度进行验证。李宗坤、刘斌用有限元法对石门水利枢纽重力坝进行了强度分析。基于边坡稳定分析的三维极限法已在工程中有大量应用,袁林娟、常晓林利用三维弹塑性有限元对桃花江水库大坝的深层抗滑稳定进行了分析,并提出了加固方案。张发明、陈祖煌、弥宏亮基于塑性力学上限解的基本理论,利用评价边坡稳定的三维极限方法分析坝基的深层抗滑稳定。李国英、沈珠江利用下限原理有限元单元法分析一些土工问题。U gai K 提出了一种基于弹塑性有限元的二维整体安全系数方法。Solan S W 给出了可以有效寻求极限问题上限解和下限解的塑性极限分析方法。

(3)地质力学模型试验法。

20 世纪 70 年代发展起来的地质力学模型试验方法可以用于分析地基及地基上部结构的破坏形态、破坏机制及整体稳定性等问题,该方法是从弹塑性力学的观点出发,采用试验的手段,通过真实模拟岩体中断层、节理裂隙等软弱结构的特征,以及岩体的非均匀性、非弹性、非连续性及多裂隙的岩石力学特征,来研究坝与地基整体在外荷载(特别是渐增荷载)作用下,或降低岩体结构面力学参数的情况下,超出弹性范围以外的变形和破坏特性及其破坏失稳的整个变化过程,是研究坝体及地基变形和失稳的一种重要的直观分析手段。这种方法是建立在相似理论基础之上的试验方法,可以为其他计算方法假定的滑移面、单元划分、加载措施等提供参考依据。模型试验要求模型和原型线性尺寸成比例,模型材料的物理力学性质及变形特性与原型相似,荷载条件与边界条件相似。

近年来,地质力学模型研究在模型材料、模拟技术和试验方法等方面取得了突破性进展。在模型材料方面,经过多年的研究,已经解决了坝基与岩体自重材料的模拟,解决了非正交裂隙岩体及软弱岩体模拟的难题,解决了岩体力学参数在试验过程中的弱化难题;在模拟技术方面,目前已能较真实地模拟岩体中的断层、破裂带及软弱带和主要的节理裂隙组,能体现岩体的复杂的力学特征。

地质力学模型试验法是研究重力坝与地基稳定安全性的一种重要手段,通过对模型试验中软弱结构面力学参数的弱化可以得到强度储备安全度,通过上游坝体水荷载的超载可以得到超载安全度,两者结合起来就是综合稳定安全度。我国学者在这方面做了很多研究工作,王志良通过模型试验描述指出,坝体稳定破坏时,两个破裂面都是倾斜面,而不是通常所说的双斜面,并指出了双斜面过高地估计了坝体抗滑稳定安全系数;张镜剑依据大坝抗滑稳定超载模型试验,在视大坝和夹层上基岩为刚体的基础上,提出了初始滑动的超载系数及最终失稳核算安全系数;刘建、冯夏庭通过建立了三峡工程左岸厂房坝段坝基的地质概化模型,采用物理模拟方法对其深层稳定问题进行了系统研究,获得了一坝段的滑动破坏机制和稳定安全系数,并提出了厂坝联合的加固处理措施。

（4）分项系数法。

由于直接采用可靠指标进行结构设计比较复杂,《混凝土重力坝设计规范》（DL 5108—1999）规定使用极限状态表达式来进行结构和地基的稳定性验算,要求将建筑物抗滑稳定分析从传统的安全系数表达式改为极限状态表达式。这种设计方法的设计表达式由一组分项系数和基本变量代表值组成,它们反映了由各种原因产生的不定性、变异性的影响。分项系数极限状态设计方法与传统的单一安全系数或多项系数设计方法有本质上的不同,它的各种分项系数都是根据可靠度理论并与规定的目标可靠指标相联系,经优选而确定的。采用这一方法的设计计算结果隐含地反映了规定的可靠度水平,这也是新规范推荐的方法。

（5）可靠度分析法。

可靠度分析法是基于概率统计理论的不确定性分析方法。它研究结构在规定时间内完成预定功能的能力。其主要特点是将作用的荷载、荷载效应以及抗力和物理力学参数都当作随机变量,通过统计特性的分析和检验,确定分布类型,然后用结构分析方法建立大坝的极限状态方程,从中求坝体的失效概率和可靠度指标。它通常分下面三个步骤进行:①统计分析;②建立大坝失稳模式及其极限状态方程;③计算失效概率 p_i 或可靠度指标 β。可靠度理论应用于重力坝抗滑稳定安全度评估中,将一些主要参数作为随机变量处理,因此该法比安全系数法更能反映实际。

但是,随机变量和不确定性因素的分布又在很大程度上影响着分析计算的结果,因为实际中常常不能得到足够多的样本,这使得一些变量的概率分布以一定经验值来推求,所以要成功运用可靠度理论来解决实际问题需要大量的试验资料。另外,建立恰当的功能函数是可靠度计算分析的关键,然而在实际工程中,功能函数常常不能以显函数的方式来表达,这使得计算变得非常复杂或难以进行下去。因此,用此方法评价安全度时,精确度不高,有的甚至无法使用。

此外,一些基于数理统计理论的寻求最危险滑动面、优势结构面的方法及基于人工神经网络理论的神经网络预测模型都逐步应用在重力坝抗滑稳定分析中。

（6）其他方法。

除以上介绍的外,应用到的方法还有以下几种:

①块体单元法:块体理论（block theory）是在1985年由石根华和 R. E. Goodman 共同提出的。块体理论法认为:复杂边坡一般由多种岩体组成,而岩体又被断层、节理、裂隙、层面及软弱夹层等结构面切割为许多坚硬岩块,在组成岩体的许多岩块中,必定有一块安全系数最小,在各种力作用下,首先滑移一个岩块,然后其他岩块随之滑移,进而产生连锁反应,最后造成整体破坏。首先滑下的岩块称为关键块体,关键块体的稳定决定着岩体的稳定性。

块体单元法的基本假定是把各个块体单元视作刚体,其受力后只产生刚体位移而不产生变形,而各种软弱结构面则具有一定的变形和强度特性。对重力坝而言,可以将坝体视作与坝基岩块一样,即作为刚体对待。还可以根据需要,在块体中人为地设置一些虚拟的"软弱结构面"。这些虚拟的"软弱结构面"在进行块体单元法计算时应采用其实际的变形和强度参数。

西安理工大学的王瑞俊等提出了一套基于块体 - 弹塑性结构面材料模型进行重力坝抗滑稳定分析的块体单元法。由于块体单元法只需对被虚拟"软弱结构面"切割或划分形成的坝基岩块块体及某些坝体块体建立平衡方程,因而方程个数和未知量的数目可以大大减少,计算效率可以大大提高,还具有较高的计算精度。

②不连续变形分析法:石根华提出的不连续变形分析法 DDA(discontinuous deformation analysis),主要应用于分析裂隙岩体的安全稳定性。该方法将每一个完整的块体作为一个单元,将节理、裂隙、断层等构造面和不同材料分区的界面等作为块体的边界,块体与块体之间用法向弹簧及剪切弹簧连接,从而将被不连续面所切割的块体系统连成一个整体进行计算。块体与块体之间的接触力,即法向及剪切弹簧上的力能精确地满足平衡条件,由该法向力及切向力和摩尔 - 库仑准则可以精确地求出沿软弱面或不连续面的抗剪断安全系数分布。DDA 在模拟重力坝的破坏过程方面也有很强的能力,因此 DDA 用于重力坝稳定安全分析是一种有发展潜力的方法。

张国新等将石根华原来的 DDA 做了扩展,推导了水压力、扬压力荷载及抗滑稳定局部、整体安全系数的求解方法并编制了相应的程序。经扩展的 DDA 法能够以较高精度求出沿各可能滑裂面的安全系数。当对可能的滑裂面设置抗拉强度、抗剪强度并等比例加大外荷载或降低强度参数时,DDA 方法还可以模拟大坝及基础的破坏过程,从而为重力坝抗滑稳定安全分析提供了一种能同时得到局部安全系数分布和整体安全系数的新方法。

③张发明、陈祖煌等基于塑性力学上限解的基本理论,将边坡稳定性评价的三维极限分析方法应用于坝基抗滑稳定分析中,通过将滑体离散为一系列具有倾斜界面的条柱体,并假定滑体中存在一个"中性面",在这个面上,滑体的速度均与这个面一致,然后计算条柱体体系的协调速度场,就可以方便地求出滑体的稳定系数。由于该方法考虑了滑动面的三维特征及滑体内部的相互作用,可以较好地反映滑体失稳的机制。同时,避免了求解大规模的线性方程组的困难,为解决实际工程稳定问题提供了方便的方法,适用于具有显著三维滑动效应的坝基抗滑稳定性评价。

李新民、王开治等将塑性极限分析应用到拱坝设计中,王开治、王均星等用此方法用于重力坝极限承载力分析,他们将有限元法的思想和塑性力学分析法相结合,用上下限法进行塑性极限分析,形成了一套完整的理论体系。王志良在岩基抗滑稳定分析极限平衡法中考虑了岩体软弱夹层塑性性质。沈文德、沈保康用刚塑性极限平衡理论分析了夹层地基的极限平衡状态,求得了抗力体的破坏范围、滑动面形状、抗力大小及抗滑稳定安全系数。

1.3　目前存在的问题

目前,国内外学者关于重力坝的坝基破坏机制研究已经取得了很大进展。但是,在坝基岩体往往会发育有一类地质构造,该类构造对坝基稳定性的影响尚未见到报道。该类型的地质结构是由连续缓倾和断续陡倾的不连续面组合而成的。连续缓倾的不连续面通常表现为软弱夹层、层面和断层等,断续陡倾的不连续面则表现为构造裂隙。大藤峡水利枢纽工程泄水闸处主要出露那高岭组第 11 ~ 13 层及泥盆系下统郁江阶地层。现场软弱夹层、层面、裂隙等不连续面发育,这些不连续面的组合就是上述提到的类型。

受到多期构造运动的影响,坝基岩体内存在复杂的构造裂隙系统,这极大程度上降低了坝基岩体的整体性。在高水头压力作用下,坝基岩体易沿层面或软弱夹层形成整体性的破坏。以上种种因素极大程度上降低了坝基岩体的稳定性水平,易使坝基产生破坏。为保证工程安全性,充分考虑不利地质条件对泄水闸坝基的影响,有必要对泄水闸坝段基础的破坏模式及安全性水平做进一步研究。

第 2 章　大藤峡水利枢纽工程概况

2.1　工程概况

大藤峡水利枢纽工程位于珠江流域西江水系黔江干流大藤峡出口弩滩上,地属广西自治区桂平市,坝址下距桂平市彩虹桥6.6 km。坝址控制流域面积19.86万km²,占西江流域面积的56%。

大藤峡水利枢纽工程是国务院批准的《珠江流域综合利用规划》和《珠江流域防洪规划》确定的流域防洪控制性工程;是广西建设西江亿吨黄金水道的关键节点和打造珠江—西江经济带标志性工程;是国务院批复的《红水河综合利用规划》中提出的十个梯级电站的最末一级,是我国红水河水电基地的重要组成部分;是《珠江流域与红河水资源综合规划》和《保障澳门珠海供水安全专项规划》提出的流域重要水资源配置工程。

大藤峡水利枢纽工程任务为防洪、航运、发电、补水压咸、灌溉等综合利用。在工程运用上,发电调度服从水资源调度,水资源调度服从生态调度,但在汛期均应服从防洪调度。

大藤峡水利枢纽工程水库正常蓄水位61.00 m,汛期限制水位47.60 m,防洪运用最低水位44.00 m,死水位47.60 m。水库总库容34.79亿m³,防洪库容和补水压咸库容均为15亿m³,完全设置于正常蓄水位以下。船闸规模为3 000 t级。电站装机容量1 600 MW,8台机组,多年平均发电量60.55亿kW·h,保证出力366.9 MW。

大藤峡水利枢纽工程挡水建筑物由黔江主坝、黔江副坝和南木江副坝组成,坝顶长度分别为1 243.06 m、1 239 m和647.6 m,最大坝高分别为80.01 m、30.00 m、39.80 m。单级船闸集中布置在黔江左岸;河床式厂房布置在黔江主坝,两岸分设,左岸布置3台机组,右岸布置5台机组;26孔泄水闸(2个高孔和24个低孔)布置在黔江主坝河床中部;黔江鱼道布置在主坝右岸。黔江副坝为单一挡水建筑物,为黏土心墙石渣坝。南木江副坝由黏土心墙石渣坝段、灌溉取水及生态泄水坝段和混凝土重力坝段组成,南木江鱼道过鱼口布置在混凝土重力坝坝段上。主要建筑物级别为1级,次要建筑物和二期上游围堰级别为3级,临时建筑物级别为4级。

黔江拦河主坝坝顶长1 243.06 m,坝顶高程64.00 m,最大坝高80.01 m(厂房坝段)。主要由泄水闸、河床式发电厂房、挡水坝段、船闸坝段及其事故门库坝段组成。26孔泄水闸基本布置在河道中部;发电厂房分设在泄水闸两侧,右侧布置5台机组,左侧布置3台机组。

右岸挡水坝段为混凝土重力坝段,桩号为0 + 040.60 m ~ 0 + 197.00m,坝段长度为156.40 m。

右岸厂房坝段长280.10 m,其中主机间坝段长207.10 m,安装间坝段长73.00 m,安装间布置在主机间的右端。主机间坝段最大高度85.23 m,最大宽度98.85 m,顺水流方向依次为发电进水口、主机间、尾水副厂房。安装间坝段最大高度89.72 m,最大宽度85.90 m,顺水流方向依次为挡水坝、安装间、下游副厂房。

主坝泄水闸基本布置在主河床偏左岸，桩号为 0 + 477.10 m ~ 0 + 943.80 m，坝段长 466.70 m，其中泄水闸溢流前缘总长 436.70 m，纵向围堰坝段长 30 m。泄水闸共设 2 个高孔和 24 个低孔，布置在碾压混凝土纵向围堰坝段两侧，纵向围堰右侧布置 1 个高孔和 4 个低孔，坝段长 93.40 m；左侧布置 1 个高孔和 20 个低孔，坝段长 343.30 m。高孔采用开敞式溢流，堰顶高程 36.00 m，单孔净宽 14.00 m；低孔堰顶高程 22.00 m，闸孔 40.00 m 高程以上设混凝土胸墙，孔口尺寸为 9.00 m×18.00 m（宽×高）；均采用底流消能。

枢纽左岸厂房坝段长 198.86 m，其中主机间坝段长 125.86 m，安装间坝段长 73.00 m，安装间布置在主机间的左端，紧靠船闸，左岸厂房坝段的布置方式与右岸相同。220 kV 开关站布置在船闸下游引航道挡墙内侧，左、右岸厂房共用一个开关站，开关站地面高程 48.0 m，占地面积 97 m×76 m，采用 GIS 户内式布置方案。

单级船闸布置于左岸，坝段长 141 m，其中上闸首坝段长 113 m，船闸事故检修门库坝段长 28 m。右侧与左岸厂房安装间坝段相接，由上游引航道、上闸首、闸室、下闸首和下游引航道组成，船闸线路总长 3 418 m。船闸闸室有效尺度为 280 m×34 m×5.8 m（有效长度×有效宽度×门槛水深）。船闸轴线与坝轴线垂直，船闸主体段长 385 m，上游引航道长 1 136 m，下游引航道长 1 897 m。上、下游引航道底宽 75 m，口门区宽 115 m。上、下游引航道底高程分别为 38.20 m 和 15.35 m。

黔江鱼道布置在黔江主坝右岸，分别在 6# 坝段和 9# 坝段设过坝出口。主汛期鱼道长 1 988 m；非主汛期鱼道长 1 210 m，连接口长 28 m；鱼道长度总计 3 226 m。

2015 年 5 月 18 日，国家发展和改革委员会以发改投资〔2015〕1058 号文正式下发了《国家发展改革委关于大藤峡水利枢纽工程初步设计概算的批复》。

2015 年 5 月 20 日，水利部以水总〔2015〕222 号文正式下发了《水利部关于大藤峡水利枢纽工程初步设计的批复》。

2015 年 3 月施工准备船闸部位开挖工程开工。船闸主体工程于 2015 年 9 月 19 日开工。左岸厂房、泄水闸工程于 2015 年 9 月 29 日开工。

2.2 研究的必要性及目的

2.2.1 研究的必要性

大藤峡水利枢纽工程主坝为混凝土闸坝，最大坝高 80.01 m，坝长 1 243.06 m。坝基岩层为泥盆系下统莲花山组、那高岭组和郁江阶近岸及滨浅海相沉积岩。岩性以细砂岩、含泥细砂岩、泥质粉砂岩及泥岩为主，软硬岩互层及交错变化复杂。坝址主要出露那高岭组第 11 ~ 13 层，发育有泥化夹层，岩层倾向下游偏左岸。

因此，大藤峡水利枢纽工程的选定坝址具有以下特点：①下坝址处河床覆盖层薄，岩层较薄且缓倾向下游偏左岸，呈泥岩与砂层软硬互层产出；②软弱夹层、断层发育且连续性较好，软弱夹层产状与岩层产状基本一致，断层陡倾；③砂岩节理裂隙发育，包括两组陡倾共轭节理。初步分析坝基滑移前段可沿软弱夹层发展，而滑移后段无明显贯穿地表的缓倾结构面，故在坝基推力及重力的作用下，下游岩层可能剪断岩石，也有可能沿上述陡倾共轭节理折断，进而产生贯通性破坏面，影响坝体的整体稳定性。

据不完全统计,目前我国已建和正在设计施工的,坝基有软弱夹层或较大断层的 90 余座混凝土大坝中,由于坝基中的软弱夹层未能及时发现,因此而改变设计、降低坝高、增加工程量或后期加固的就有 30 余座,有的因此而停工,改变坝址或限制库水位。

同时,大藤峡水利枢纽工程的泄水闸闸门推力较大,采用两孔一联的结构布置,结构相对单薄,为保证工程安全性,充分考虑不利地质条件对泄水闸坝基的影响,有必要对泄水闸坝段基础的滑移破坏模式及安全性水平做进一步研究,若安全性不满足要求,则对泄水闸及其相邻构筑物基础处理关键问题进行进一步研究。

2.2.2　研究的目的

根据研究的必要性,确定研究的目的,主要包括以下内容:

(1)正常蓄水工况下,泄水闸及坝基岩体的变形特征、塑性区的分布规律;

(2)超载作用条件下,泄水闸及坝基岩体的变形、塑性区的扩展规律与规模;

(3)明确坝基的变形破坏模式;

(4)综合分析评价坝基的稳定安全性;

(5)若安全性水平不满足要求,进而研究基础处理关键技术问题;

(6)对设计方案的合理性提供技术支撑。

2.3　研究方案

根据研究的必要性及目的,首先需对滑移破坏模式及安全性水平进行研究,若安全性水平满足要求,则不需进行基础处理;若不满足要求,则根据滑移破坏模式进行基础处理关键问题研究。由于不同的滑移破坏模式决定了不同的基础处理方式,因此无法对基础处理关键技术问题研究方案进行确定。

根据大藤峡水利枢纽工程泄水闸下部岩体结构特征,坝基可能出现的破坏模式有浅层滑动与深层滑动,每种滑动模式又可能产生溃曲破坏与剪裂破坏两种具体形式。不同破坏模式的计算方法与稳定性计算原则迥异。所以,为保证工程安全,必须借助于物理模拟与数值模拟手段。两种模拟手段相互借鉴与验证,提高研究的准确性与可靠度,最终确定坝体的破坏模式和安全系数。因此,研究将滑移破坏模式及安全性水平研究方案细化为模型建立与参数确定、数值模拟与物理模拟三个部分,每个部分具体研究方案如下。

2.3.1　模型建立与参数确定

大藤峡重力坝主坝坝基岩体存在复杂的结构面系统,以迄今的手段无法对其一一调查分析。如无法得到整体的三维结构面系统参数,则会造成极大的分析误差。另外,考虑三维结构面分析计算是极为复杂甚至是不可能实现的。所以,需针对垂直于重力坝的剖面进行二维分析。

充分了解并分析坝段的工程地质条件,选择工程地质条件不利的典型坝段。垂直于典型坝段建立二维剖面,根据钻孔资料,确定剖面上软弱夹层、层面与断层的位置与几何形态。

上述的软弱夹层与层面基本上组成了破坏路径的起始部分。破坏路径的终端部分可能是完整岩石、断层与构造裂隙。岩石可视为连续介质,断层的位置是固定的。所以,针对可能的剪出介质,即完整岩石与断层,是较为方便的。而构造裂隙系统数量庞大,随机产出,位置无法事先预测。所以,确定构造裂隙的几何特征是极为复杂的。这里我们采用裂隙网络模拟的方法进行剪出口位置构造裂隙几何特征的确定,步骤如下:

(1)野外收集坝基岩体露头面的裂隙几何特征信息。

统计其几何特征,如起点、终点(用以确定迹长)、倾向、倾角、张开度、含水状况、起伏形态与充填情况等。

(2)室内整理裂隙的几何统计特征。

如裂隙发育具有明显的空间效应,则进行统计均质区的划分操作。针对裂隙的几何信息,进行优势分组与赤平投影等的裂隙产状研究。

(3)裂隙大小的统计特征模拟。

在窗口中调查的裂隙系统具有一定的误差,如截短、截长等误差。所以,实际调查的裂隙并不能完全代表三维空间内裂隙的真实大小。在进行裂隙的研究时,需根据采集裂隙的统计几何特征进行校正。

(4)确定一定方向上裂隙连通率。

根据 Monte – Carlo 模拟确定三维空间内裂隙的分布;裂隙连通率对岩体的抗剪强度参数具有很强的指示作用。所以,裂隙连通率的确定是至关重要的。一般通过窗口和所推导的三维空间的裂隙几何形态,推导剪出口方向上的裂隙连通率。

(5)确定节理化岩体的抗剪力学参数。

抗剪力学参数由结构面与结构体共同决定。

以上步骤确定了裂隙系统的几何形成,随后可采用类比经验法确定整体岩体的抗剪力学参数。

对上述裂隙岩体的参数进行了较为深入的研究。除裂隙岩体的力学参数外,尚需确定其他结构面系统的物理力学参数。我们通过室内试验确定软弱夹层、断层泥的常规物理参数与弹性模量、泊松比等力学参数,并在现场进行软弱夹层与断层泥的抗剪力学强度试验,确定其黏聚力与内摩擦角强度参数。

2.3.2 数值模拟

数值模拟是坝基岩体破坏模式与安全系数确定的重要步骤。UDEC 方法为具有复杂接触力学行为的运动机制描述和分析精度提供基本技术保障。介质体内的接触行为主要取决于连续性对象(块体)的运动状态,现实中的块体运动状态可以非常复杂,以冲击碰撞问题为例,复杂运动状态(反复接触、脱开)时刻调整块体间相对位置,并致使块体边界接触方式可以多样化,如平面离散元中边界的接触方式有边—边接触、边—点接触或点—点接触,接触方法的不同决定了块体边界上受力状态和传递方式的差别。UDEC 方法在计算过程中不断判断和更新块体接触状态,并根据这些接触状态判断块体之间的荷载传递方式、为接触选择对应力学定律,有效避免计算结果失真;复杂模型内部的接触非常多,如果按传统的连续介质力学接触搜索方法在计算过程中先接触关系和进行相应的力学计算确定接触荷载状态,然后再把这种荷载作为块体的边界条件进行块体的连续力学计算,整个计算过程可能会非常冗长而缺乏现实可行性。为此,Peter Cundall 基于数学网格和拓扑理论为 UDEC 程序设计了接触搜索和接触方式状态判别优化方法,考虑了不同类型问题的求解需要,极大程度地提高了计算效率和稳定性。

离散元方法的编码思想十分简单。集合中每一个单元都是独立的,每个单元都具有相应的尺寸、质量、转动惯量和接触参数等属性。它以牛顿第二定律和力—位移定理为基础,对每一个单元首先确定与之接触的单元,根据单元之间的重叠量,运用力—位移定理计算单元之间的接触力,从而得到单元的合力和合力矩,之后用牛顿第二定律确定单元的运动规律,如此循环计算,直到系统中所有颗粒都计算完毕。数值模拟的计算流程包括:建立所需的几何模型并产生颗粒、接触探测(计算颗粒之间的相互距离,如果颗粒存在相互接触,则要采用接触模型计算相互作用力)、确定接触模型(确定颗粒接触时的相互作用力,在目前的离散元模拟主要可以分为非结合性接触力模型与结合性接触力模型)、考虑其他相互作用力、考虑颗粒和边界之间的相互作用、计算总的受力与加速度、更新颗粒速度与坐标。基于离散元模拟的流程,设计数值模拟的研究方案具体如下:

(1)模型建立与参数赋值。

由于坝基地质条件复杂,尤其是复杂的长大与构造结构面系统,很难对其进行全面的了解,故三维分析必存在一定的误差。而且,众多研究表明,二维分析结果更为保守,更贴近于工程实际,因此坝体的抗滑移稳定模拟主要采用二维模型。根据各坝段的工程地质条件,选择典型的3个剖面进行数值分析。根据钻孔资料确定剖面的岩性与控制性结构面系统,建立数值分析的二维模型。

给硬质岩体与上述的结构面赋以物理力学参数。同时,确定蓄水后坝基所承受的静水压力、扬压力与渗透压力等,确定数值剖面的边界条件与受力条件。

(2)工况分析。

通过离散元的二维分析,可确定坝基的应力应变状态,进而分析其变形与破坏机制。具体模拟内容有:①蓄水工况。在坝基受力作用下,岩体是否存在塑性区,确定塑性区的范围及塑性区末端岩体应力应变发展趋势。②超载工况。增大水压力,直至坝基岩体破坏。观察坝基塑性区的扩展,确定塑性区末端岩体应力应变发展趋势。③工程作用下,坝基抗滑下段节理化岩体的破坏模式,通过模拟下段岩体应力应变发展趋势,确定坝基岩体的破坏形式,是沿节理化岩体剪裂或是沿岩层裂隙折断或是沿陡倾断层面折断。

(3)强度折减法计算。

传统意义上,数值模拟仅可获取坝基的应力应变信息,并不能得到坝基的抗滑稳定性安全系数,而坝基抗滑稳定性安全系数是坝基设计的重要考虑内容,故将"超载法"、"强度储备法"、"剪力比例法"理念引入数值模拟中,采用强度折减法来计算坝基岩体的安全系数。不断折减潜在破坏路径的抗剪强度参数,直至坝基岩体破坏。折减系数即为坝基岩体在高水头压力、扬压力等力学作用下的安全系数。

2.3.3 物理模拟

物理模型可模拟坝体稳定体系中的主要影响因素,能直观地观察到变形破坏的全过程,是补充数值模拟的必要手段。物理模拟的研究方案具体如下。

2.3.3.1 物理模型的建立与相似材料的选取

大藤峡主坝坝基岩体内有复杂的结构面系统。这些结构面系统为岩体的潜在破坏提供了便利。在物理模拟时,选择工程地质条件最差的坝段进行分析,即将稳定性分析问题简化为平面应变问题。概化复杂结构面系统控制下的坝基抗滑稳定性问题,提取具有控制性作用的结构面系统。综合岩石与控制性结构面系统,建立缩小尺寸后的坝段模型。

模型材料的确定:采用以重晶石粉为主的模型材料模拟坝体、岩体是效果最佳且最为常用的方法;软弱夹层与断层是坝基的重要潜在滑动面,故软弱夹层与断层泥的相似材料是抗滑稳定性准确的关键,近年来,在模型材料方面研制的变温相似材料能够较好地模拟岩体及软弱结构面力学参数及其变化,促使了地质力学模型试验的突破性发展,因此在本工程中采用变温相似材料替代坝基中出现的软弱夹层与断层泥;砂岩中的构造节理裂隙通过模型块体砌筑缝进行表达。

分析实际坝体所受到的静水压力与扬压力等,根据相似性理论换算模型所受的力,将扬压力折算成等效荷载,采用千斤顶在上游坝面施加集中力进行加载。

2.3.3.2 位移应变的监测

为研究重力坝物理模型的破坏模式,在模型上设置应变、位移等监测系统。实时监测在降强与超载作用下岩体及控制性结构面上的变形量,为重力坝的变形破坏模式提供技术依据。

2.3.3.3 工况分析与安全系数计算

1. 蓄水工况

研究在正常水位作用下,即坝基承受设计静水压力与扬压力(采用千斤顶等效),坝基的应力与应变状态。通过监测数据,研究在正常蓄水状态下,是否存在岩体的剪裂、折断或较大变形的情况。

2. 降强与超载工况

首先对坝基软弱结构面进行降强,然后增大静水压力(采用千斤顶等效),直至坝基岩体出现破坏。研究上述监测数据,分析在降强与超载作用下,节理岩体与软弱夹层等的变形特征。结合物理模型的破坏结果,确定最有可能的坝基破坏模式,计算坝基抗滑稳定安全系数。

第3章 工程概况与坝基岩体结构特征

3.1 工程概况与工程地质条件

3.1.1 工程地质概述

大藤峡水利枢纽主坝位于珠江流域西江干流黔江河段的大藤峡出口弩滩附近,距桂平黔江彩虹桥6.6 km,地理坐标北纬23°09′,东经110°01′,是红水河(黔江)梯级规划中最末一个梯级。大藤峡水利枢纽工程交通位置图如图3-1所示。

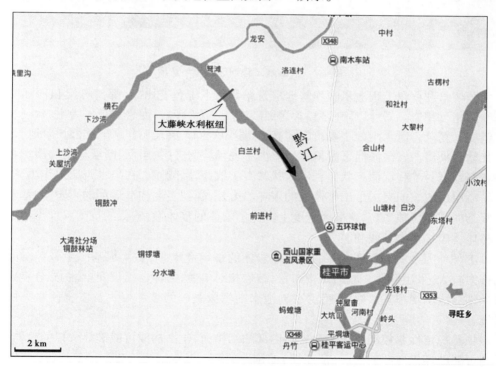

图3-1 大藤峡水利枢纽工程交通位置图

大藤峡水利枢纽工程任务为防洪、航运、发电、补水压咸、灌溉等。水库正常蓄水位61.00 m,相应库容28.13亿 m³。防洪起调水位44.00 m,装机容量1 600 MW。黔江主坝坝型为混凝土重力坝,最大坝高80.01 m,坝长1 343.098 m;左岸黔江副坝坝型为黏土心墙石渣坝,坝长为1 239 m。船闸布置在左岸,船闸等级为二级,通航船泊吨级为3 000 t。南木江副坝位于黔江与南木江交汇口下游约750 m处的南木江上,坝型为黏土心墙石渣坝,坝长647.60 m。目前,正在建的大藤峡工程坝区影像示意图如图3-2所示。

图 3-2　大藤峡工程坝区影像示意图

大藤峡水利枢纽工程泄水闸坝基地层为泥盆系下统莲花山组、那高岭组和郁江阶近岸及滨浅海相沉积岩。岩性以细砂岩、含泥细砂岩、泥质粉砂岩、泥岩及灰岩为主,软硬岩互层及交错变化复杂。泄水闸处主要出露那高岭组第 11～13 层及泥盆系下统郁江阶地层,发育有泥化软弱夹层。岩层倾向下游偏左岸。由于现场软弱夹层、层面、断层等结构面发育且连续性较好,软弱夹层、层面产状与岩层产状基本一致,断层陡倾。在高水头压力作用下,坝基岩体易沿层面或软弱夹层形成整体性的破坏。另外,受到多期构造运动的影响,坝基岩体内存在复杂的构造裂隙系统,这极大程度上降低了岩体的整体性,较低的抗剪强度参数也为岩体的整体性破坏提供了便利。

以上种种因素极大程度上降低了坝基岩体的稳定性水平,易使坝基产生破坏。泄水闸闸门推力较大,采用两孔一联的结构布置,结构相对单薄,为保证工程安全性,充分考虑不利地质条件对泄水闸坝基的影响,有必要对泄水闸坝段基础的破坏模式及安全性水平做进一步研究。

对坝基稳定性起控制作用的是岩体内部的结构面,包括构成可能破坏入口的软弱夹层、层面与可能破坏出口的剪出面(溃曲面)的构造裂隙。泄水闸位于 23#～33# 坝段,经对此 11 个坝段的现场调查及勘察资料可知,受断层的影响,构造裂隙的几何特征分布极其分散,不同坝段的节理裂隙长度、产状各异,这些裂隙构成了坝基岩体可能的剪出面或溃曲面。由于在上述 11 个坝段中,28#、29#、30# 三个坝段具有一定的特殊性,即靠近泄水闸处的坝基岩体,节理裂隙的尺寸较大,且有相当比例的节理裂隙是平行于泄水闸轴线的,这些结构面对坝基岩体的稳定性起到控制作用,易构成坝基岩体破坏的出口。基于上述原因,我们用 28#、29#、30# 三个坝段来进行坝基岩体稳定性分析,其剖面图分别如图 3-3～图 3-5 所示。值得一提的是,这三个剖面的泄水闸下游,表部岩体均为灰岩,岩石强度较高,且软弱夹层不及其他坝段(如第一部分第二章所述的 23# 坝段)泥岩发育。但泄水闸所直接作用的岩体底部

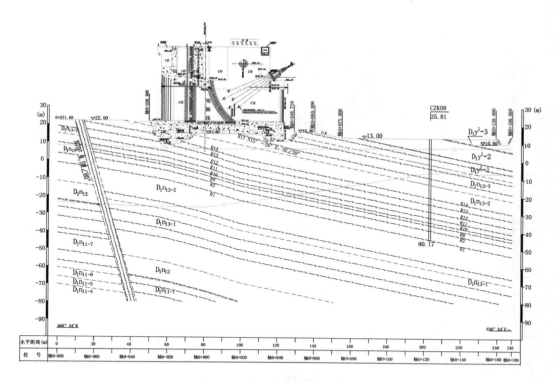

图 3-3　泄水闸 28# 坝段剖面图

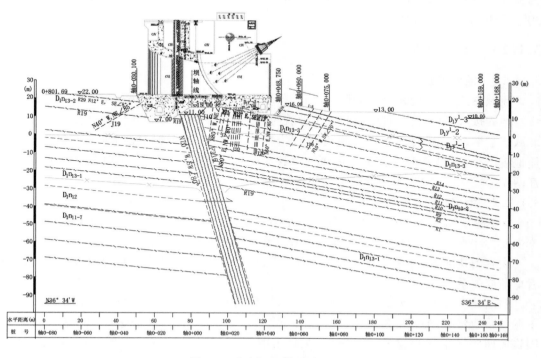

图 3-4　泄水闸 29# 坝段剖面图

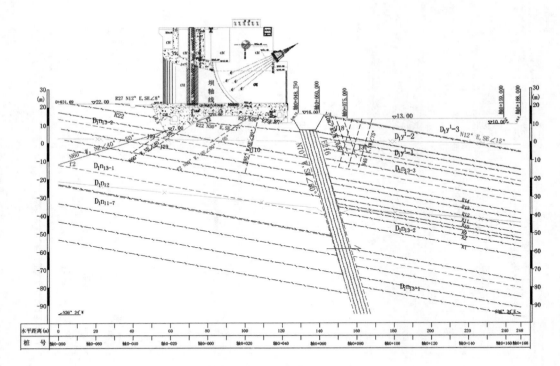

图 3-5　泄水闸 30# 坝段剖面图

为那高岭组泥岩或 D_1y^1-1 岩体,这两部分岩体的软弱夹层均较发育,并不影响 28#、29#、30# 三个坝段危险性高的结论。

3.1.2　区域工程地质条件

3.1.2.1　地形地貌

流域内地形总趋势是西北部高,东南部低平,中部为一长轴方向北东东向的平原台地区。地貌按成因可分为溶蚀地貌、侵蚀地貌与河流地貌。溶蚀地貌分布面积较小,分布于西北武宣盆地、西南蒙圩—大圩一带,多表现为峰丛洼地、峰林谷地、溶蚀平原。侵蚀地貌与河流地貌广布,区内主要河流为黔江、郁江及其支流。在大藤峡一带,由于地壳隆升强烈,沿黔江两岸形成陡峻的 V 字形峡谷。

3.1.2.2　地层岩性

区内多为沉积岩,出露地层从寒武系至第四系,缺失奥陶系、志留系、侏罗系地层,侵入岩主要为印支期侵入的花岗岩。沉积岩由新至老详见表 3-1。

大容山花岗岩体:主要分布于大容山一带,呈岩基产出,岩体由中心相和边缘相组成,两者呈渐变关系。

西山花岗岩体:主要分布于桂平西山一带,呈北北东向椭圆形的岩株产出。西部侵入中下泥盆系地层中,围岩呈角岩化、硅化,蚀变宽度大于 1.2 km。东部侵入中泥盆系地层中,围岩大理岩化,蚀变宽度小于 300 m。岩体由中心相和边缘相组成,两者呈渐变关系。

表 3-1　地层岩性简表

系	统	阶组段	符号	厚度(m)	岩性简述		水文地质特性	岩溶发育情况简述	
第四系	全新统更新统		Q Qn / Qp	15~30 / 0~20 / 4~42	棕黄棕红色亚黏土、黏土含铁锰	棕黄色亚砂土、亚黏土、黏土、砾石	孔隙水透水层		
						砾石、亚黏土、黏土、含砂金	孔隙水隔水层富水性弱		
					角度不整合				
上第三系			N	>3	灰白色粉砂质黏土岩、灰色砾岩		裂隙水隔水层富水性弱	无	
					角度不整合				
白垩系	下统	上组	K₁ᵇ	>70	红色含钙粉砂质泥岩，夹砂砾岩泥岩和薄层石灰岩		裂隙水隔水层富水性弱	无	
		下组	K₁ᵃ	265	紫红色黄绿色粉砂质泥岩夹薄层石灰岩及熔凝灰岩底部砾岩		裂隙水隔水层富水性弱	无	
					角度不整合				
三叠系	下统	红高岭组	T₁h	84~443	泥灰岩、泥质灰岩和粉砂质页岩，下部紫红色细泥岩		裂隙水隔水层富水性弱	无	
		北泗组	T₁b	67~673	灰青灰色灰岩、鲕状灰岩，夹泥灰岩和页岩		裂隙水相对隔水层泉水量小于10 L/s	不甚发育有溶洞、溶井等	
		罗楼组	T₁L	557~855	灰黄灰绿色钙质灰岩夹泥质绿色薄层灰岩		裂隙水相对隔水层水量小于10 L/s	不甚发育有溶洞、溶井等	
二叠系	上统	大隆组	P₂d / P₂	51~1 146 / 410	页岩、粉砂岩夹凝灰岩硅质岩上部夹硅质岩透镜体	顶部硅质岩、上部页岩夹砂岩凝灰岩、中部硅质页岩、下部硅质灰岩	裂隙水隔水层富水性弱	无	
		合山组	P₂h	27~283	硅质岩硅质页岩夹煤线，下部泥质灰岩				
					平行不整合				
	下统	茅口孤峰阶	P₁m / P₁	68~348 / 30~80	含燧石核灰岩	硅质岩、硅质页岩夹锰灰岩	裂隙—岩溶泉裂隙水相对隔水层流量>50 L/s	落水洞、溶洞 / 不甚发育	
		栖霞组	P₁q	145~688	深灰色燧石灰岩含泥质		溶隙—裂隙水富水性中等	有落水洞溶洞等但不发育	
石炭系	上统	上段	C₃²	429	浅灰色块状灰岩	灰白浅灰色厚状灰岩夹白云岩	裂隙—岩溶水强富水，地下河及泉水流量大于50 L/s	落水洞、溶洞地下河等强烈发育，地下水以岩溶管道赋存和运动	
		下段	C₃¹ / C₃	290~1 537 / >614	浅灰色含硅质结核灰岩、浅灰灰色厚层灰岩和白云质岩薄层				
	中统	黄龙组	C₂h	250~790	灰色含燧石结核白云岩夹少量灰岩	浅灰色灰岩夹白云质灰岩	裂隙—岩溶水强富水	地下河、漏斗、溶洞等发育	
		大埔组	C₂d / C₂	345~660 / 570		灰白色厚层块状白云岩	岩溶—裂隙水中等富水	落水洞、溶洞、地下河等一般不甚发育	
	下统	大塘组	C₃d	250~446	硅质岩、硅质页岩、页岩夹细砂岩及含锰层	浅灰色灰岩	裂隙—岩溶水富水性强，地下河及泉水流量大于50 L/s	落水洞、溶洞、地下河等强烈发育，地下水以岩溶管道赋存和运动，在硅质岩页岩地区岩溶不发育	
		岩关阶	C₁y / C₁	122~331 / >213		灰色灰岩、白云质灰岩			
泥盆系	上统	柳江组 融县组 上段	D₃L²	211~292	含硅质团块扁豆状灰岩	浅灰色灰岩，鲕状灰岩下部夹白云质灰岩	岩溶—裂隙水中等富水	落水洞、溶洞、地下河等发育	
		下段	D₃L¹ / D₃y	84~145 / 850	硅质岩、硅质页岩		裂隙水隔水层富水性弱	无	
	中统	东岗岭阶	D₂d	370~667	六峰山三里一带灰岩夹泥质灰岩、下部白云质灰岩夹页岩、桐岑、通挽一带灰岩下部泥质灰岩		岩溶—裂隙水中等富水	落水洞、溶洞地下河等较发育	
	下统	郁江阶 上段	D₁y³	362~842	灰岩、白云质灰岩、底部燧石白云岩				
		中段	D₁y²	290~>461	白云岩灰岩、灰岩夹泥灰岩、页岩		裂隙—岩溶水富水性弱，局部为相对隔水层	有落水洞、溶洞等，但一般不发育	
		下段	D₁y¹	150~261	砂岩夹灰岩和含磷结核				
		那高岭组	D₁n	87~160	泥质粉砂岩夹细砂岩		裂隙水隔水层富水性弱	无	
		莲花山组 上段	D₁L²	70~410	紫红色泥质粉砂岩夹页岩、泥质砂岩				
		下段	D₁L¹	352~544	紫红色石英砂岩、下部粗砂岩、含砾粗砂岩、底部砾岩				
					角度不整合				
寒武系	上组	上段	∈ᵉ⁻³	>263	砂岩、页岩、底部中粗粒砂岩				
		中段	∈ᵉ⁻² / ∈ᵉ⁺²	1 889	灰绿色薄—中厚层细砂岩夹页岩、砂质页岩、泥质砂岩顶部局部含水量少量磷结核底部含细砂不等粒长石英砂岩	砂岩夹页岩和异粒砂岩、下部自页岩团块之砂岩含磷层、底部不等粒砂岩	裂隙水隔水层富水性弱	无	
		下段	∈ᵉ⁻¹			灰绿色砂岩夹页岩			
		中组	∈ᵇ	>280	灰绿色细—中粒砂岩夹粗砾岩，含粗砾砂岩页岩，下部有透镜状磷层				

· 19 ·

3.1.2.3 地质构造

1. 大地构造单元划分

区内涉及的一级大地构造单元为华南褶皱系(Ⅱ),可进一步划分出四个二级大地构造单元,分别为华南褶皱系的湘桂褶皱带(Ⅱ1)、右江褶皱带(Ⅱ2)、钦州褶皱带(Ⅱ3)、云开褶皱带(Ⅱ4),详见图3-6。

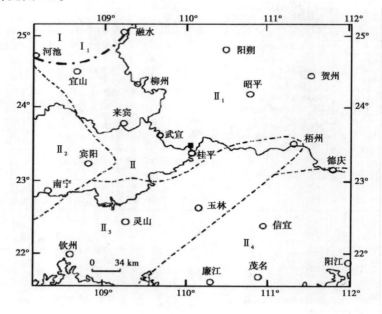

图3-6 大地构造分区图

2. 主要构造带

按地质力学构造体系区内可划分为广西山字形构造体系、北西向构造体系、北东向构造体系、近南北向构造体系、近东西向构造体系。

1)*广西山字形构造*

广西山字形构造的前弧弧顶位于宾阳县城东南;东翼以镇龙山—大瑶山背斜主体,展布于贵港、桂平、武宣、象州、荔浦等地;西翼以大明山背斜为主体,展布于上林县、马山县、都安县等地。广西山字形构造的形成时期是较长的,加里东期即初具眉目,印支期是该体系完成的主要时期,各构造形迹于此时即已形成,燕山期该体系最后完善,局部复杂化,故该体系的形成是经过长期多次构造运动的结果。

2)*北西向构造*

该组断裂主要分布在博白—宾阳—马山一线以西地区,总体走向N50°~60°W,长度大于250 km,断裂线平直。断裂形成于加里东期、华力西期,是长期活动的断裂。印支期表现出右旋剪切—挤压的力学性质,燕山—喜山期表现出左旋剪切—挤压的力学性质。第四纪以来有明显的活动,在中更新世中期至晚更新世有过强烈活动。

3)*北东向构造*

该组断裂主要分布在凭祥—南宁—柳州一线以东地区,总体走向N40°~50°E,舒缓波状延伸,规模宏大,长度大于300 km,往东北方向延出区外。断裂带发育有中—新生代断陷盆地和第四纪槽地(谷地),并有温泉出露。

4）近南北向构造

该组断裂主要分布区域北部和东部,总体走向 N5°～10°E 居多,规模较大。断裂大多形成于加里东期、华力西期,印支—燕山期活动强烈,对盆地沉积有一定控制作用。新生代以垂直差异运动为主,沿该断裂的地震活动频次和强度较其他活动断裂逊色。

5）近东西向构造

该断裂在区域内数量不多,仅在北部出现,但活动较明显,与地震的形成有密切联系。以上各组断裂详见图 3-7。

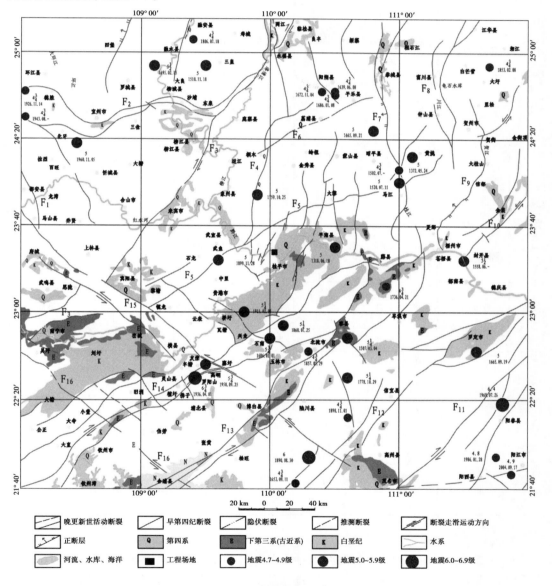

图 3-7　区域构造纲要图

3. 区域主要断裂及其特征

区内断裂以北东向为主,北西向和近南北向次之,近东西向断裂发育较少。

主要断裂及其活动性详见表3-2。

表 3-2　区域主要断裂活动特征一览表

断裂编号	断裂名称		区内长度(km)	走向	断裂性质	区内最新活动时代	区内地震活动
F₂	河池—宜州断裂		230	近东西	逆断	Q₂	1948 年 4¾ 级
F₃	桂林—南宁断裂	来宾东北	650	北东	右旋走滑	Q₂	M≥6.0 级 4 次
		来宾—崇左					
		崇左西南					
F₄	永福—武宣断裂		200	北北东	正断	Q₂	1759 年 5.0 级
F₅	宾阳—大黎断裂		240	北东	逆断	Q₁₋₂	1899 年 5.0 级
F₇	栗木—马江断裂	北段	160	近南北	正断	Q₂	1520 年 5.0 级
		中段					
		南段					
F₁₁	四会—吴川断裂		>350	北东	压剪性	Q₂	1969 年 6.4 级
F₁₃	合浦—北流断裂	容县以北	300	北东	右旋走滑	Q₂	1507 年 5¼ 级
		容县—博白					
		博白西南					
F₁₄	防城—灵山断裂	高峒东北	350	北东	右旋走滑	Q₂	1936 年 6¾ 级
		灵山—高峒				Q₃	
		灵山西南				Q₂	
F₁₅	巴马—博白断裂	巴马—马山	>800	北西	左旋	Q₂	M≥6.0 级 4 次
		马山—横县				Q₂	
		横县—寨圩				Q₃	
		博白—茂名				Q₂	
F₁₆	白色—合浦断裂	西北段(隆安以北)	410	北西	左旋正断	Q₃	5¾ 级
		东南段				Q₂	

4. 近场区主要构造及活动性

坝址 25 km 范围内构造上分属桂中—桂东台陷二级构造区的大瑶山凸起和桂中凹陷两个次级构造单元。该地区从寒武纪至今,经历过不同的地质发展时期和多期构造运动,形成了不同的构造形迹,褶皱、断裂、岩浆岩发育。

燕山期断裂活动最为强烈,次为印支期。印支期构造取向为北北东、北东向,显著特征是北西向断裂开始发育。燕山期在近场区表现为强烈的断裂活动和由此产生的断块差异运动,沉积了厚度巨大的白垩系红色陆相类磨拉石建造,从而基本上奠定了近场区以北北东向构造为主的构造格局。喜山期活动强度减弱,大体继承了中生代末期的构造活动特征,近场区无活动断层。

5. 地震

工程区属于华南加里东褶皱系,从大地构造演化和断裂带内部结构等方面看,印支、燕山运动以来,区域断裂构造活动性和规模表现为由强至弱。新构造运动比较活跃,以间歇性升降运动、断块差异运动及掀斜运动为其主要特色,具有明显的继承性特点和分区现象,反映了区内地震活动的强弱差异,并与地震区带划分有一致性。区域以断裂走滑运动为主导。北东向至北东东向断裂是本区的主要控震构造,也是主要的发震构造。区域不具备发生7.0级和7.0级以上大地震的构造条件,但在适当部位可能发生6.0~6.9级地震。

近场区新构造期以间歇性抬升运动为主,近场区断裂主要是印支、燕山期形成的继承性断裂,规模较大,但晚第四纪以来新构造活动明显减弱。近场区内北西向断裂、北东向断裂和近南北向数量较多,规模较大,新生代至早第四纪曾有过明显的活动,它们的交汇部位是应力集中部位,近场区存在发生5.0级左右地震的可能,不具备发生大于5.5级地震的构造条件。

大藤峡水利枢纽工程坝址区外围区域,属于中强地震活动环境,大于6.0级的地震均发生在坝址外围地区,而大藤峡水利枢纽工程库区范围历史上未发生过大于4.0级以上的地震,地震活动水平不高,强度较小,小震频度较低,属于弱震环境,与区域内深部构造环境、断裂活动水平、现今地应力场特征及发震构造背景等均相一致。

从区域地质地震环境看,大藤峡水利枢纽工程的区域地壳稳定程度相对较好,属于相对较稳定地区,其中大部分属于相对稳定地块,近场区位于构造稳定块段。

大藤峡水利枢纽工程所处的区域地质环境,是属于相对稳定程度较高的地区;坝址区位于泥盆系沉积岩地块上,是一个稳定程度相对高的稳定地块;从区域构造活动的周期看,工程区处于近代活动相对较弱的时段内。

3.1.3 枢纽区工程地质条件

3.1.3.1 地形地貌

大藤峡水利枢纽水库区位于桂中、桂东北地区,地跨桂平、武宣、来宾、象州、柳江和鹿寨等县(市),红水河、柳江和黔江三大干流流经库区。水库呈 Y 字形,当正常蓄水位为 61.00 m 时,回水至红水河的桥巩镇和柳江的中厂附近,长度分别为 190.14 km 和 213.09 km,水库面积 191.43 km²,其中黔江段水库长度约 90 km。

以勒马为界,水库区分为两个库段。下库段位于黔江干流,属大瑶山区,山顶高程多在 300~500 m 以上,河谷深切,滩多水急,绝壁高峰紧迫两岸,构成长约 46 km 的大藤峡峡谷,河谷呈 V 字形,仅局部地段有狭窄的阶地。大藤峡峡谷出口段长约 2 km,是从低山过渡到桂平盆地的丘陵地带,右岸山势较高。构成库盆的主要为泥岩、砂岩等不可溶的沉积岩。

上库段属桂中盆地,为丘陵平原地形,中部低,周边山地高。河谷呈 U 字形,河流坡降平缓。两岸侵蚀堆积阶地有三级,其高程依次为 60~100 m、80~110 m、90~130 m,在石龙和象州一带发育比较典型,三级阶地残缺不全,多以残丘状分布。由于库区碳酸盐岩广泛分布,所以构成了岩溶地貌景观,其组合形态有峰丛洼地、谷地、峰林谷地、岩溶垄岗和残峰、残丘平原等。岩溶的个体形态有地下河天窗、溶井、溶潭、溶洞、溶斗、洼地和地面塌陷等。主要负地形有来宾盆地、武宣盆地、南泗—石芽谷地和桐岭—通挽谷地等。大藤峡水利枢纽工程区现场 Google earth 图如图 3-8 所示。

图 3-8   大藤峡水利枢纽工程区现场 Google earth 图

3.1.3.2   地层岩性

水库区内均为沉积岩,出露地层从寒武系至第四系,缺失奥陶系、志留系和侏罗系和第三系。在坝址下游桂平西山和贵港西北有印支期花岗岩体出露。各时代地层岩性、厚度及分布详见表 3-3。

表 3-3   地层岩性简表

地层时代				厚度（m）	主要岩性	分布位置
系	统	组/阶	代号			
第四系	全新统		Q_h	5 ~ 40	主要由红色和棕黄色黏土、壤土和砂砾石等组成	分布于上库段的盆地、谷地或Ⅰ级阶地上部
	更新统		Q_p			
白垩系	下统		K_1	335	内陆湖相沉积的红色碎屑沉积岩	分布在库区中部的大湾和西南部的韦田等地
三叠系	下统		T_1	708 ~ 1 971	主要为泥质灰岩、灰岩和页岩	分布在旧来宾、古揽向斜等地

地层时代				厚度（m）	主要岩性	分布位置
系	统	组/阶	代号			
二叠系	上统		P_2	410	燧石灰岩、页岩、粉砂岩、凝灰岩	分布在库区西部旧来宾、衣滩和南部古揽向斜、云表向斜中部
	下统		P_1	30~80	燧石灰岩	
石碳系	上统		C_3	290~1 500	碳酸盐岩，在西部塘圩一带的深色碳酸岩中含硅质	广泛分布于水库区上库段
	中统	黄龙组	C_2h/C_2d	600~1 400	大湾、武宣等地为纯碳酸盐岩，北部石祥一带则为燧石碳酸盐岩	
		大埔组				
	下统	大塘阶	C_1d	370~660	桐岭—石芽以南为纯碳酸盐岩，以北则为燧石碳酸盐岩	
		岩关阶				
泥盆系	上统	融县组	D_3r	850	为灰岩和白云质灰岩	分布在大瑶山、莲花山两侧
	中统	东岗岭阶	D_2d	1 100	为不纯碳酸盐岩或纯碳酸盐岩	
	下统	郁江阶	D_1y	400~1 100	为碎屑岩和碳酸盐岩	
		那高岭组	D_1n		为碎屑岩	
		莲花山组	D_1l			
寒武系			∈	2 500	一套浅海相碎屑沉积岩，轻微变质，由灰绿色的中—厚层不等粒砂岩和页岩组成	大瑶山复背斜的轴部

3.1.3.3 地质构造

水库区属湘桂褶皱带、右江褶皱带和钦州褶皱带三个Ⅱ级构造单元。以象州—黄茆—武宣—桐岭—通挽一线分为两个构造区，下库段为龙山大瑶山复背斜，上库段为北泗来宾褶断区。

龙山大瑶山复背斜基底构造以寒武系的褶皱为主，断层次之，以黔江为界，左岸走向为北东东向，右岸为北东向，形成于加里东期。褶曲为紧密线状全形褶皱。盖层为下泥盆系至下石炭系，以断裂为主，褶皱次之，由印支运动形成。褶皱多为短轴平缓开阔褶皱，轴向北北东向。断裂极为发育，主要断裂方向为南北向至北北东向，性质以逆断层为主，正断层次之。

北泗来宾褶断区出露的最老地层为泥盆系中统，盖层构造。以褶皱为主，断裂次之。褶皱较完整，为平缓开阔褶曲，主要形成于华力西—印支期，燕山期则多为继承性的。北部以褶皱为主，方向为南北向；南部以断裂为主，有南北向、北东向及北西向等几组断裂，呈放射状排列,使地块支离破碎,褶皱轴方向以北东向为主,亦有呈 S 形弯曲的。

勒马—通挽—覃塘断裂延伸 90 km,是唯一的自库内延至库外的区域性复合逆断层,其走向在勒马—通挽为 N50°E,至蒙公—覃塘转为南北向,断裂位于泥盆系地层中,错距一般为 300～500 m,断层破碎带宽 20～25 m,是由多条小断层组成的,断层带内有紫红色和灰绿色的压碎岩、碎裂岩及少量的断层角砾岩,胶结较好,显示压性特征。

3.1.3.4 水文地质

水库区地下水类型按赋存条件可分为孔隙水、裂隙水和碳酸盐岩岩溶水三种。在基岩裂隙水中分基岩构造裂隙水和基岩风化带网状裂隙水两个亚类,在碳酸盐岩岩溶水中分为岩溶管道水和岩溶裂隙水两种。

孔隙水主要分布在红水河、柳江、黔江及其支流河谷底部、两侧漫滩、阶地和山间谷地的第四系覆盖层中。

裂隙水分布在基岩裂隙中,主要为由砂页岩和硅质岩组成的碎屑岩,岩层透水性差,富水性弱,存在较高的地下水分水岭,可作为相对隔水岩组。

碳酸盐岩岩溶水主要赋存运移于质纯可溶岩中,但由于各地区的地貌、构造、岩溶发育程度不同,其富水性差异较大。水量丰富地区是以地下河或大泉为其特征,无论地下河或大泉,其储水空间主要是各种不同规模的溶洞。

总体来说,区内地下水接受大气降水补给,向红水河、柳江、黔江及其支流河排泄。碳酸盐岩岩溶水主要是由降落到峰丛洼地谷地的雨水沿溶斗、天窗等转入地下赋存于岩溶管道或裂隙状溶洞中形成的。在岩溶管道或裂隙状溶洞中运移,并以大泉或地下河出口组成地下水排泄区。

3.1.3.5 岩溶发育特征

1.岩性对岩溶发育的影响

可溶岩的存在是岩溶发育的物质基础,而可溶岩的化学成分、结构、构造等性质的不同带来了岩溶发育的差异。

水库区纯碳酸盐岩包括灰岩、燧石灰岩及白云岩,呈大面积连续分布。灰岩分布面积最广,广泛分布于上库段,岩溶最为发育,岩溶现象不但数量多,而且个体大,垂向深,发育大泉和地下河。燧石灰岩次之,主要分布于西北部良塘至西部平塘一带,燧石灰岩中的燧石结核一般分布于层面,局部呈条带状,灰岩质纯,岩溶亦非常发育,岩溶现象数量较多,个体较大,垂向较深,发育大泉和地下河。白云岩面积最小,主要分布于黄崂至三里一带,一般呈条带状,由于受构造破坏,岩溶仍较发育,岩溶现象数量亦较多,发育有大泉。

不纯碳酸盐岩岩溶通道一般为规模较小的溶蚀裂隙系统,溶洞不甚发育,出水点主要为中小型泉水。

碳酸盐岩与碎屑岩互层,由于可溶岩一般质地不纯,所以各岩层一般自成独立的溶蚀裂隙系统,互不沟通。

质纯可溶岩与非可溶岩接触带岩溶发育强烈,发育有线状或串珠状排列的溶斗和大泉。

2.构造对岩溶发育的控制作用

构造复合带岩溶发育强烈,无论是不同构造体系的复合处或是同构造体系内不同序次、不同方向构造形迹的交接部位,均因构造应力集中,容易造成岩石破碎,岩溶比较发育。

岩溶发育方向受一级构造线控制,大型谷地的走向和一级构造线的方向基本吻合,如通挽—桐岭谷地。地下溶岩通道发育方向一般也是和构造线吻合的,近南北向的条形洼地非常发育,次之为近东西向,洼地中岩溶塌陷、漏斗及天窗发育,南北向岩溶管道较发育,东西向较差。

背斜与向斜比较,背斜中岩溶发育,向斜岩溶发育较差,有不少地下河及大泉发育在背斜轴部,如禄新18号地下河和王村15号地下河沿背斜轴部发育。

断裂对岩溶发育起主要控制作用的是张性和张扭性结构面,如山字形前弧内侧的横张断裂,控制了岩溶的发育方向,控制了地下水的补给、径流、排泄条件。压性断裂结构面岩溶并不发育,因其阻水地下河及泉水溢出地表。

3. 岩溶垂向特征

岩溶发育具有呈层性,本区碳酸岩中主要有两层岩溶发育带,第一层高程为 20 ~ 50 m,受库区三大干流侵蚀基准面控制,干流两岸的暗河出口、溶洞多分布于此高程。第二层高程为 70 ~ 100 m,受二级阶地形成时期的侵蚀基准面控制。

岩溶发育数量随深度增加而减少,但规模具有随深度增加而加大的趋势,溶洞充填物随深度增加由充填型变为半充填或空洞。

4. 地下河的分布

桥巩以下的红水河—黔江两岸及黔江—郁江分水岭地段共有地下暗河30条,其中红水河—黔江左岸有7条,右岸分水岭北侧有10条,分水岭南侧有13条,暗河流程短,一般长4 ~ 22 km,最长32 km,水力梯度多为1‰~5‰,出口高程高于河水位,多在30 ~ 116 m。地下水补给河水,流向与地形一致,未发现穿越地形分水岭的暗河。出水口枯水期流量为12 ~ 1 070 L/s,暗河中上游天窗水位在85 ~ 130 m,远高于设计蓄水位。

5. 岩溶形态的密度

岩溶塌陷调查成果表明,岩溶主要发育在质纯的碳酸岩组内,岩性为灰岩、燧石灰岩及白云岩,在上库段大面积连续分布,其岩溶地貌极为发育,据不完全统计,岩溶形态密度为5 ~ 10 点/km²。

3.1.3.6 水库渗漏

下库段位于黔江干流,属大瑶山区,山顶高程多在300 ~ 500 m 以上,河谷深切,岸坡陡峭,分水岭宽厚,V 形河谷,构成长约 46 km 的大藤峡峡谷。两岸分布地层为寒武系和泥盆系的泥岩、砂岩等非可溶岩。不存在库水渗漏的地形地质条件。

上库段左岸虽有岩溶化地层分布,但东侧被由碎屑岩组成的大瑶山所阻隔,附近无相邻河谷,故库水无漏失可能。

上库段右岸,黔江与其相邻河谷郁江的支流鲤鱼江之间的最短距离约 60 km,鲤鱼江的河水位约 45 m,地形分水岭高程一般在 150 m 以上,桐岭—通挽谷地的分水岭高程为 121 m。

分水岭两侧出露的地层,80% 为强岩溶化的地层。在分水岭北侧,构成一系列南北向至北北东向的短轴向斜和背斜。分水岭南侧,在樟木—安村—桐岭一线的北侧,是由二叠系上统隔水岩组构成的,大体为北东走向的付安向斜和古揽向斜,其南侧为由石炭系组成的桐岭—通挽—蒙公谷地,再往南是由寒武系和泥盆系下统隔水岩组构成的,走向东西至北东东的镇龙山穹窿和龙山鼻状背斜。但在覃塘附近,两者被由石炭系组成的与南北走向的覃塘—云表向斜所隔开,与桐岭—通挽—蒙公谷地相连,可溶岩未被完全封闭,容易形成渗漏通道沟通库内外。但从地形、地质条件分析可知,最可能的渗漏途径是沿桐岭—通挽—蒙公谷地而至覃塘平龙水库,长约 60 km。

为了进一步论证向邻谷郁江渗漏的可能性,根据区域水文地质测绘资料,已使用的供水水井及补充的井泉调查资料,编制出黔江—郁江分水岭地段水文地质图。从绘制的地下水等水位线图可以看出,该区共发育 11 条地下暗河,暗河一般长 5~25 km,出口高程一般高于河水位,多在 90~120 m,只有 7# 暗河出口高程 25 m,地下水补给河水,流向与地形一致,均向黔江库区排泄。大致沿樟木—安村—桐岭北侧的付安向斜和右揽向斜为一区域地下水分水岭,分水岭地下水位一般为 140 m,北侧地下水流态也较复杂,其樟木—石芽谷地地下水位最高为 138 m,但地下水均向黔江库区排泄。分水岭南侧为桐岭—通挽—蒙公谷地,除靠近江边的钻孔地下水位埋藏较深外,一般钻孔地下水位仅低于地面数米,谷地分水岭处地下水位为 118 m,地下水分别向黔江和郁江排泄,沿桐岭—通挽—蒙公谷地地下水分水岭剖面图详见图3-9。

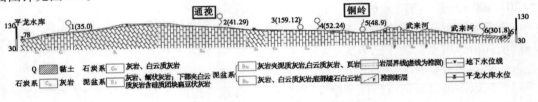

图 3-9 黔江—郁江地下水分水岭剖面图

为了查明是否存在多层水位问题,在桐岭—通挽—蒙公谷地地形分水岭两侧各布置了一个钻孔,孔深均为 100 m。两孔间距约 3 km。该两孔在钻进过程中,分段下塞隔离并观测水位,资料证实该处只有一个统一的含水层,其水位高程分别为 118.03 m(1983 年 1 月 20日)和 118.63 m(1983 年 3 月 22 日)。

本次勘察对桐岭—通挽—蒙公谷地分水岭两侧的井泉进行了复核,水位没有大的变化。处于谷地分水岭库外侧的平龙水库(蒙公水库),测得库水位高程 76 m(检修期间),远大于大藤峡水利枢纽工程正常蓄水位 61 m,说明水库蓄水后不会沿桐岭—通挽—蒙公谷地向库外渗漏。

综上所述,黔江与郁江分水岭地段虽然岩溶化地层未完全封闭,但存在地下水分水岭,其高程在 120 m 以上,远高于拟订的正常蓄水位,未发现多层地下水现象。因此可以认为,在水库蓄水后,原有的地下水补排关系不会改变,该地段不会产生永久性渗漏。

3.1.3.7 水库诱发地震

水利水电科学研究院进行了大藤峡水库诱发地震可能性的研究、分析工作。在进行了库区及外围的区域地质、地震地质及水文地质的野外实地调查,广泛收集现有的区域地质、构造、地震和岩溶等方面资料的基础上,采用地震地质类比分析法、统计检验法和灰色聚类分析法对水库诱发地震的危险性进行预测和评价。

大藤峡水库及其临近地区北东—北东东向断裂发育,由东南向西北依次有博白—岑溪断裂带、灵山—藤县断裂带、凭祥—藤县断裂带和荔浦断裂带。南部的博白—岑溪断裂带和灵山—藤县断裂带的现代活动并不显著,勒马—通挽断裂是该断裂的西段,在大藤峡进口勒马附近斜穿水库,硅化带宽 200~300 m。在通挽附近历史上曾发生过 5.0 级的地震,荔浦断裂带自中、新生代以来没有明显活动。北东—北东东向断裂在发育程度和现代的活动性上都呈现从东南向西北逐渐减少变弱的趋势。

库区周边南北向断裂主要为永福—武宣断裂带,为桂北台隆和桂中台陷区内次级构造单元的分界线,断裂东侧为大瑶山山脉,西侧为平缓的丘陵和台地,证明在新生代以来有一定活动,但现代活动不明显。通过对断裂带内未受构造变动的次生黄土绝对年龄的测定,认为是16万年以前形成的次生黄土。沿断裂曾发生过一次5.0级地震,1970年有仪器记录以来,未记录到2.0级以上地震,该断裂不属于现代活动断裂。该断裂带的主干断裂桐木—东乡断裂离水库最近处18 km左右,分支断裂热水正断层距水库7~8 km。

勒马—通挽断裂显示压性特点,沿断裂很少有泉水出露,导水性较差。永福—武宣断裂的主干断裂为逆断层,附近伴生的一系列正断层导水性较好,如热水村的温泉,则与热水正断层有关,按其温度估计,循环深度在22 m左右,因此该断层可能是沟通深部的水文地质结构面。

上库段碳酸盐岩地层出露面积占80%以上,纯厚层灰岩分布广泛,岩溶地貌发育。

与库水有直接水力联系的地下暗河有8条,它们的展布方向主要受区域构造线控制,出水口高程受干流的侵蚀基准面控制,高程30~50 m。

由于存在明显的岩溶管道系统和暗河,干流河道两侧在覆盖层较薄的地段,因水位升降而在岩溶管道系统产生正负压而产生塌陷,这些自然形成的塌陷往往成群成片分布,具有多期性特点。在岩溶发育地区水库的蓄水和放水也可能引起塌陷,如石龙附近的丰收水库、红河农场的樟村水库蓄水而引起塌陷,使水库漏水。

研究分析表明,可能发生水库诱发地震有构造型和岩溶塌陷型两种形式。

(1)构造型。大藤峡水利枢纽工程所处的桂中、桂东北地震构造区,构造相对稳定,断裂活动性不强,不属于现代活动断裂,属弱震至中强震地震构造区。1899年11月18日在通挽附近的5.0级地震可能与勒马—通挽断裂有关,该断裂附近不排除发生少量微震或4.0级左右弱震的可能。

(2)岩溶塌陷型。大藤峡水利枢纽位于不易积累高应变能的层状岩体地区,坝前新增水头37 m,而水库的中段和尾部10年一遇的洪水已达到甚至超过了水库的正常高水位。因而水库蓄水后不会使库区目前的水文地质条件改变很大。尽管如此,考虑到库区岩溶很发育,曾有过大量的岩溶塌陷现象,历史上也曾发生过3.5级以下的微震、弱震,建库后水位普遍抬高,洪水期的高水位要比建库前持续时间长,岩溶塌陷将有一个调整发育的活跃期,易产生一些新塌陷,老塌陷也可能复活,可能诱发少量的岩溶塌陷型水库地震。

具体地段:在大步至桥巩库段的红河农场附近,强度以微震为主,可能会有少量3.0级左右的弱震发生。双松、衣滩一带、黄茆峡进口铁帽山和古辣一带及龙从地下河出口等处也可能诱发少量微震和个别3.0级的弱震。

水库诱发地震以微震为主,可能产生少量的弱震,震级一般不会大于4.0级,震中地震烈度可能达到Ⅴ~Ⅵ度,对建筑物都不会有大的破坏。

3.1.4 主坝与泄水闸基础工程地质条件

3.1.4.1 地形地貌

泄水闸坝段位于左岸漫滩和Ⅰ级阶地的前缘,地形起伏较大,地面高程23~43 m。其NW向冲沟在Ⅰ级阶地前缘通过,沟深约12 m,沟底基岩出露。

3.1.4.2　地层岩性

第四系覆盖层主要由全新统(Q_4)、晚更新统(Q_3)和中更新统(Q_2)组成。

(1)全新统(Q_4):主要为冲洪积物(Q_4^{pal})和坡残积物(Q_4^{edl})。冲洪积物分布于漫滩,厚度一般为1～3 m。坡残积物(Q_4^{edl})分布于残丘表部,厚度一般为2～8 m。

(2)晚更新统(Q_3):主要分布于黔江两岸Ⅰ级阶地(Q_3^{pal})、溶蚀平原(洼地)的溶余堆积物(Q_3^{del})。Ⅰ级阶地的组成物为二元结构,上部为黏土、粉土等,厚度一般为5～15 m;下部为卵石混合土、混合土卵石等,厚度一般为10～20 m。

(3)中更新统(Q_2^{pal}):主要分布于Ⅱ级阶地残丘,组成物主要为黏土、卵石混合土、混合土卵石等,漂卵石多呈强风化状态,敲击易碎。

基岩岩性为泥盆系下统潮汐相碎屑沉积岩和泥质灰岩、灰岩、白云岩等。泥盆系下统各岩层之间为整合接触,其中莲花山组和那高岭组按岩性、岩相和古生物特征自下而上分为13大层,总厚度约539 m,其中第1～7层属莲花山组,厚度约295 m,第8～13层属那高岭组,厚度约244 m,部分大层又划分若干中层。与水工建筑物有关的岩层为第8～13层,共6层,岩层走向N10°～20°E,倾向SE,倾角20°～22°。岩性包括细砂岩、含泥细砂岩、粉砂岩、泥质粉砂岩、泥岩五种。枢纽区出露的郁江阶有中段和下段,其中下段又划分3个中层。

地层岩性详见表3-4。

表3-4　地层岩性一览表

地层单位		地层代号	厚度(m)	岩性
第四系	全新统	Q_4^{pal}	1～3	黏土①、粉土②、含粉土质砾③、混合土卵石④
		Q_4^{edl}	2～8	黏土⑤、含角砾黏土⑥、混合土碎块石⑦
	晚更新统	Q_3^{pal}	10～30	黏土⑧、粉土⑨、含砾黏土⑩、含黏土砾⑪、黏土质砾⑫、中粗砂⑬、中细砂⑭、卵石混合土⑯、混合土卵石⑰、漂石⑱、漂石混合土⑲
		Q_3^{edl}	1～3	黏土⑳、含角砾粉土㉑、黏土质角砾㉒、粉土质角砾㉓、混合土碎石㉔
	中更新统	Q_2	10～20	黏土㉕、粉土㉖、含砾黏土㉗、黏土质砾㉙、粉土质砾㉚、卵石混合土㉛、混合土卵石㉜
泥盆系下统	郁江阶 中段	D_1y^2	290～461	灰—灰黑色白云岩、灰岩夹泥岩
	郁江阶 下段	D_1y^1-3	130～189	灰—灰黑色灰岩
		D_1y^1-2	9～18	灰黑色灰岩
		D_1y^1-1	8～10	灰黑色泥质灰岩与泥质粉砂岩互层
	那高岭组 13层	D_1n_{13-3}	10～15	灰绿色泥岩、泥质粉砂岩,夹紫红色泥质粉砂岩透镜体
		D_1n_{13-2}	30～47	上、下部为灰黑色泥岩,中部泥岩与泥质粉砂互层
		D_1n_{13-1}	29～32	灰绿色粉砂岩、含泥细砂岩夹灰黑色泥质粉砂岩、泥岩

地层单位			地层代号	厚度（m）	岩性
泥盆系下统	那高岭组	12层	D_1n_{12}	13~45	上、下部为紫红色泥质粉砂岩、粉砂岩及含泥细砂岩，中部为1~2层灰绿色细砂岩，及少量含泥细砂岩
		11层	D_1n_{11-7}	19~34	上部为灰绿色泥岩、泥质粉砂岩，中部以灰黑色泥岩为主，下部为灰绿色细砂岩、粉砂岩、灰色含泥细砂岩夹灰黑色泥岩（泥质粉砂岩）
			D_1n_{11-6}	2~6	紫红色粉砂岩、泥质粉砂岩、含少量细砂岩及含泥细砂岩
			D_1n_{11-5}	3~6	上、下部为灰绿色含泥细砂岩、泥岩及泥质粉砂岩等，中部为灰黑色泥岩、少量泥质粉砂岩
			D_1n_{11-4}	3~12	紫红色粉砂岩、泥质粉砂岩及含泥细砂岩，含少量泥岩、细砂岩及灰绿色岩石透镜体
			D_1n_{11-3}	3~10	上、下部为灰绿色含泥细砂岩、细砂岩及泥质粉砂岩等，中部以灰黑色泥岩为主，含少量紫红色岩石透镜体
			D_1n_{11-2}	2~12	紫红色含泥细砂岩（粉砂岩）与泥质粉砂岩（泥岩）互层，含少量灰绿色岩石透镜体
			D_1n_{11-1}	5~16	灰绿色细砂岩、泥质粉砂岩及泥岩等，含少量紫红、灰黑色岩石透镜体
		10层	D_1n_{10}	10~47	紫红色含泥细砂岩（粉砂岩）与泥岩（泥质粉砂岩）互层，含少量细砂岩及灰绿色岩石透镜体
		9层	D_1n_{9-2}	9~17	灰黑色泥岩，含少量泥质粉砂岩、细砂岩等，顶部为灰绿色泥岩、泥质粉砂岩及粉砂岩等
			D_1n_{9-1}	12~19	灰绿（灰黑）色细砂岩（粉砂岩、含泥细砂岩）与灰黑色泥岩（泥质粉砂岩）互层

1. 现场岩石特征

泄水闸坝基地层主要为郁江阶 D_1y^1-1 层~ D_1y^1-3 层和那高岭组的 D_1n_{13-1} 层~ D_1n_{13-3} 层。现场对郁江阶 D_1y^1-1 层~ D_1y^1-3 层以及那高岭组的 D_1n_{13-3}、D_1n_{13-2} 层进行了详细调查。这些地层主要出露在23#坝段一级消力池位置、27#、28#、29#坝段下游及27#上游铺盖处，下面对调查到的部分分别进行阐述。

1）D_1y^1-3 层

此地层属于泥盆系下统郁江阶下段，岩性主要为灰—灰黑色灰岩、白云质灰岩。现场主要调查了出露在28#坝段下游的该地层，如图3-10所示。由图3-10可知，岩溶分界线右侧的岩体岩溶现象十分发育，而左侧的岩体岩溶现象不发育。岩体完整性较差，由图3-10可知,层面发育,岩层厚度一般为 15～30 cm,呈层状。岩层产状约为 N10°～20°E,SE∠10°～15°。

图 3-10　现场已清理的 28# 坝段全貌图

2)D_1y^1-2 层

此地层属于泥盆系下统郁江阶下段,岩性主要为灰黑色灰岩。现场主要调查了出露在 28#、29# 坝段下游的该地层,图 3-10 右侧为 28# 坝段出露的该地层,图 3-11 为泄水闸结构 29# 坝段下游近泄水闸处出露的该地层。地层厚度为 9～18 m。由图 3-11 可知,层面也很发育,岩层厚度一般为 15～30 cm,呈层状。个别层面上可见方解石脉体,并有擦痕,如图 3-12 所示。岩层产状为 N5°～20°E,SE∠10°～15°。

图 3-11　现场已清理的 29# 坝段全貌图

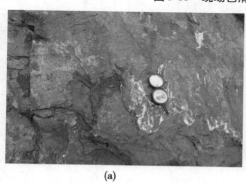

(a)

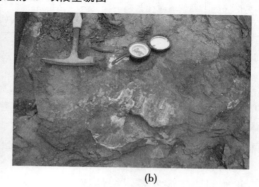

(b)

图 3-12　层面特征

3)D_1y^1-1层

此地层属于泥盆系下统郁江阶下段,岩性主要为灰黑色泥岩与泥质灰岩互层。现场主要调查了29#坝段下游以及27#坝段下游的该地层。图3-8左边为29#坝段出露的该地层,图3-13为27#坝段下游出露的该地层。由图3-13可知,层面也很发育,岩层厚度一般为10~45 cm,呈层状。岩层产状为N10°~20°E,SE∠10°~15°。

图3-13 现场27#坝段下游

4)D_1n_{13-3}层

该地层属于泥盆系下统那高岭组第13层,岩性主要为灰绿色粉砂岩、泥质粉砂岩和灰黑色泥岩。现场主要调查了出露在泄水闸27#坝段上游的该地层,如图3-14所示,此处层面也发育,层厚为15~40 cm,呈层状。岩层产状为N8°~10°E,SE∠10°~15°。

图3-14 27#坝段上游铺盖出露岩层

5)D_1n_{13-2}层

该地层属于泥盆系下统那高岭组第13层。岩性为灰黑色泥质粉砂岩、泥岩。现场主要出露在23#坝段下游。23#坝段下游出露的岩层微层理发育,个别层面可见薄层方解石脉体充填,如图3-15所示。岩层产状为N8°~15°E,SE∠10°~15°。

图 3-15　23#坝段下游出露岩层

D_1n_{13-1}层属于泥盆系下统那高岭组第 13 层。由于 D_1n_{13-1}层埋深较深,现场并未见到。关于地层的其他信息详见《大藤峡水利枢纽工程初步设计报告—工程地质》。

2. 岩体物理力学参数

1)坝基岩层岩体抗剪(断)参数

由于坝基各地层是由不同的岩性组成的,而每一种岩性又很薄,所以在剖面图上均未反映出每一种岩性,而是划分的多岩性组成的岩层。为了便于工程的实际使用,我们用各岩性的地质参数,计算出各岩层的地质参数。具体方法为

$$岩层地质参数 = (\sum 岩性比例 \times 岩性参数值) \times 完整性系数比$$

再用参数值反推岩层的工程地质类别,其结果见表3-5。

表 3-5　坝基岩层抗剪参数

岩层编号	风化状态	相应工程地质类别	岩石/混凝土			岩石/岩石		
			f'	c'(MPa)	f	f'	c'(MPa)	f
D_1y^1-3	弱风化	Ⅲ	0.92	0.76	0.55	0.86	0.82	0.60
D_1y^1-2		Ⅲ	0.94	0.78	0.57	0.88	0.85	0.62
D_1y^1-1		Ⅲ	0.90	0.75	0.55	0.85	0.80	0.60
D_1n_{13-3}		Ⅲ~Ⅳ	0.87	0.72	0.53	0.81	0.79	0.58
D_1n_{13-2}		Ⅲ	0.91	0.75	0.55	0.85	0.82	0.60
D_1n_{13-1}		Ⅲ	0.97	0.84	0.58	0.94	0.97	0.63
D_1n_{12}		Ⅲ	0.99	0.87	0.59	0.97	1.04	0.64
D_1n_{11-7}		Ⅳ	0.77	0.64	0.47	0.72	0.70	0.51
D_1n_{11-6}		Ⅲ	0.99	0.88	0.59	0.98	1.05	0.64
D_1n_{11-5}		Ⅲ~Ⅳ	0.84	0.70	0.51	0.79	0.77	0.55
D_1n_{11-4}		Ⅲ	0.93	0.82	0.56	0.91	0.96	0.61
D_1n_{11-3}		Ⅲ~Ⅳ	0.85	0.71	0.51	0.80	0.78	0.56
D_1n_{11-2}		Ⅲ	0.98	0.87	0.59	0.97	1.03	0.64
D_1n_{11-1}		Ⅲ~Ⅳ	0.87	0.76	0.53	0.85	0.90	0.57

岩层编号	风化状态	相应工程地质类别	岩石/混凝土			岩石/岩石		
			f'	c'（MPa）	f	f'	c'（MPa）	f
D_1n_{13-3}	微风化	II	1.12	1.12	0.66	1.21	1.58	0.71
D_1n_{13-2}		III	1.02	1.02	0.60	1.11	1.45	0.64
D_1n_{13-1}		II	1.13	1.13	0.66	1.23	1.63	0.71
D_1n_{12}		II	1.19	1.19	0.70	1.29	1.72	0.75
D_1n_{11-7}		III	1.03	1.03	0.61	1.12	1.46	0.65
D_1n_{11-6}		II	1.20	1.20	0.70	1.30	1.73	0.75
D_1n_{11-5}		II	1.16	1.16	0.68	1.26	1.64	0.73
D_1n_{11-4}		II	1.19	1.19	0.69	1.29	1.71	0.74
D_1n_{13-3}		III	0.95	0.95	0.56	1.03	1.35	0.60
D_1n_{11-2}		II	1.11	1.11	0.65	1.20	1.60	0.69
D_1n_{11-1}		II	1.17	1.17	0.69	1.27	1.69	0.74

2）坝基岩层岩体变形参数

坝基岩层岩体变形参数计算与抗剪计算方法相同,结果详见表 3-6。

表 3-6　坝基岩层岩体变形参数

岩层编号	风化状态	相应工程地质类别	变形模量（GPa）	弹性模量（GPa）	泊松比
D_1y^1-3	弱风化	III	5	8	0.28
D_1y^1-2		III	8	12	0.26
D_1y^1-1		III	5	8	0.28
D_1n_{13-3}		III ~ IV	3	4	0.32
D_1n_{13-2}		III	3	4	0.32
D_1n_{13-1}		III	4	6	0.30
D_1n_{12}		III	5	8	0.30
D_1n_{11-7}		IV	3	4	0.32
D_1n_{11-6}		III	5	8	0.30
D_1n_{11-5}		III ~ IV	3	5	0.32
D_1n_{11-4}		III	5	7	0.30
D_1n_{11-3}		III ~ IV	3	4	0.32
D_1n_{11-2}		III	4	7	0.30
D_1n_{11-1}		III ~ IV	4	7	0.30

续表 3-6

岩层编号	风化状态	相应工程地质类别	变形模量（GPa）	弹性模量（GPa）	泊松比
D_1n_{13-3}		Ⅱ	5	8	0.26
D_1n_{13-2}		Ⅲ	6	8	0.28
D_1n_{13-1}		Ⅱ	8	12	0.26
D_1n_{12}		Ⅱ	9	14	0.26
D_1n_{11-7}		Ⅲ	5	8	0.28
D_1n_{11-6}	微风化	Ⅱ	10	14	0.26
D_1n_{11-5}		Ⅱ	6	9	0.26
D_1n_{11-4}		Ⅱ	9	13	0.26
D_1n_{11-3}		Ⅲ	5	8	0.28
D_1n_{11-2}		Ⅱ	8	13	0.26
D_1n_{11-1}		Ⅱ	9	13	0.26

3.1.4.3 软弱夹层

软弱夹层力学强度通常比较低,遇水易软化或泥化,对坝基的稳定性有十分重要的影响。现场发育的软弱夹层产状与岩层产状基本一致,泥化带组成物多为泥夹岩屑,厚度小于 3 mm 的占 85%,局部厚达 1~3 cm,见图 3-16、图 3-17。

图 3-16 钻孔岩芯中的软弱夹层

图 3-17 平硐揭露 D_1n_{11-7} 层 R2 软弱夹层

1. 软弱夹层的分布

根据钻孔数值成像资料统计的软弱夹层特征详见表 3-7 和表 3-8。可以看出,那高岭组第 11 层至第 13 层软弱夹层发育,其中以第 11 - 7 层和第 13 - 1 层软弱夹层最为发育。钻孔岩芯和孔内数值成像揭露的软弱夹层间距一般为 3 ~ 5 m,平硐揭露的软弱夹层平均间距为 2 ~ 4 m。软弱夹层组成物以泥夹岩屑为主,上、下界面光滑。

表 3-7 软弱夹层统计

钻孔编号	厚度(m)	地层	夹层厚度(cm)	软弱夹层(条)	组成物
CZK209	15.70	D_1n_{13-3}	1	1	泥夹碎屑,面平直光滑
CZK210	5.51		1	5	泥夹碎屑,面平直粗糙
CZK212	14.06		3	4	泥夹碎屑,面平直光滑
CZK211	20.90	D_1n_{13-2}	1	1	泥夹碎屑,面平直光滑
CZK60	22.25		1	10	泥夹碎屑,面平直光滑
CZK58	20.24		1	1	碎屑夹泥,面平直光滑
CZK209	39.80		1	1	泥夹碎屑,面平直光滑
CZK208	41.66		3	9	泥夹碎屑,面平直光滑
CZK56	29.10		1	1	碎屑夹泥,面平直光滑
CZK10	38.04		1	2	泥夹碎屑,面平直光滑
CZK09	45.00		7	12	泥夹碎屑,面起伏光滑
CZK07	47.61		1	2	碎屑夹泥,面平直光滑

钻孔编号	厚度（m）	地层	夹层厚度（cm）	软弱夹层（条）	组成物
CZK210	23.85	$D_1 n_{13-1}$	2	5	泥夹碎屑,面平直光滑
CZK208	26.76		1	1	碎屑夹泥,面平直光滑
CZK56	29.50		1	1	碎屑夹泥,面起伏粗糙
CZK207	32.25		2	2	泥夹碎屑,面平直光滑
CZK55	31.20		2	3	泥夹碎屑,面平直光滑
CZK206	23.30		2	2	泥夹碎屑,面平直光滑
CZK09	7.28		1	10	泥夹碎屑,面起伏光滑
CZK06	30.60		2	4	碎屑夹泥,面平直粗糙
CZK03	25.33		8	10	碎屑夹泥,面平直光滑
CZK02	21.80		11	15	泥夹碎屑,面平直光滑
CZK01	14.30		9	12	泥夹碎屑,面起伏粗糙
CZK221	26.65		2	1	泥夹碎屑,面平直光滑
CZK219	20.90		1	1	泥夹碎屑,面平直光滑
CZK03	10.07	$D_1 n_{12}$	3	5	泥夹碎屑,面起伏粗糙
CZK01	10.00		5	8	泥夹碎屑,面起伏粗糙
CZK222	10.60		1	5	碎屑夹泥,面平直光滑
CZK55	23.08	$D_1 n_{11-7}$	2	4	泥夹碎屑,面平直光滑
CZK206	34.30		2	3	泥夹碎屑,面平直光滑
CZK54	31.50		4	12	泥夹碎屑,面平直光滑
CZK205	36.51		4	8	泥夹碎屑,面平直光滑
CZK203	11.40		1	3	泥夹碎屑,面平直光滑
CZK53	12.92		1	1	碎屑夹泥,面平直光滑
CZK202	29.00		6	14	泥夹碎屑,面平直光滑
CZK52	28.03		8	18	泥夹碎屑,面起伏粗糙
CZK201	30.50		5	18	碎屑夹泥,面起伏粗糙
CZK51	30.40		4	9	碎屑夹泥,面起伏粗糙
CZK03	34.50		4	11	泥夹碎屑,面平直光滑
CZK02	30.60		5	16	泥夹碎屑,面平直光滑
CZK01	50.24		5	11.5	泥夹碎屑,面起伏粗糙
CZK219	37.10		2	3	泥夹碎屑,面平直光滑

钻孔编号	厚度（m）	地层	夹层厚度（cm）	软弱夹层（条）	组成物
CZK01	5.66	D_1n_{11-6}	1	4	泥夹碎屑,面平直光滑
CZK201	4.40		1	1	泥夹碎屑,面起伏粗糙
CZK203	4.30	D_1n_{11-5}	1	2	泥夹碎屑,面平直光滑
CZK53	6.50		1	4	泥夹碎屑,面平直光滑
CZK52	5.00		2	8	泥夹碎屑,面起伏粗糙
CZK201	4.40		1	2	泥夹碎屑,面平直光滑
CZK51	4.10		1	2	碎屑夹泥,面平直光滑
CZK215	4.00		2	3	碎屑夹泥,面平直光滑
CZK205	4.10	D_1n_{11-3}	1	2	泥夹碎屑,面平直光滑
CZK203	4.30		3	7	泥夹碎屑,面平直光滑
CZK53	11.85		2	3	泥夹碎屑,面平直光滑
CZK202	11.25		4	6	泥夹碎屑,面平直光滑
CZK52	11.80		2	4	泥夹碎屑,面起伏粗糙
CZK201	10.96		3	4	泥夹碎屑,面平直光滑
CZK51	11.70		4	9	碎屑夹泥,面平直光滑
CZK218	7.00		2	3	泥夹碎屑,面平直光滑
CZK215	7.80		1	1	碎屑,面平直光滑
CZK214	11.20		1	1	泥夹碎屑,面平直光滑
CZK203	7.90	D_1n_{11-2}	1	1	泥屑,面平直光滑
CZK218	12.90		1	1	泥夹碎屑,面平直光滑
CZK203	8.20	D_1n_{11-1}	3	4	泥夹碎屑,面平直光滑
CZK53	8.70		1	4	碎屑夹泥,面平直光滑
CZK202	5.73		1	4	泥夹碎屑,面平直光滑
CZK52	3.77		1	2	泥夹碎屑,面平直光滑
CZK51	2.70		1	2	碎屑夹泥,面平直光滑

表 3-8　钻孔及数字成像软弱夹层特征

岩层	岩层厚度（m）	间距（m）	组成物
D_1n_{13-3}	5.51～15.70	5～10	泥夹碎屑,面平直光滑
D_1n_{13-2}	20.90～47.61	7～20	泥夹碎屑或碎屑夹泥,面平直光滑
D_1n_{13-1}	7.28～32.25	2～7	泥夹碎屑,面平直光滑

岩层	岩层厚度(m)	间距(m)	组成物
D_1n_{12}	10.00~10.60	2~10	泥夹碎屑或碎屑夹泥,面平直光滑
D_1n_{11-7}	11.40~50.24	2~8	泥夹碎屑,面平直光滑
D_1n_{11-6}	4.40~5.66	4~5	泥夹碎屑或碎屑夹泥,面平直光滑
D_1n_{11-5}	4.00~6.50	4~5	泥夹碎屑,面平直光滑
D_1n_{11-3}	4.10~11.85	3~5	泥夹碎屑或碎屑夹泥,面平直光滑
D_1n_{11-2}	7.90~12.90	5	泥夹碎屑或碎屑夹泥,面平直光滑
D_1n_{11-1}	2.70~8.70	2~8	泥夹碎屑或碎屑夹泥,面平直光滑

坝基的软弱夹层,密度较大,厚度较薄,延伸长度几米至几十米。这些特点与岩层沉积环境相对稳定和褶曲不发育,岩层单斜一致。由于软弱夹层较多,无法逐一查明具体位置和延伸情况,在设计中可以认为夹层是连续的。

2.软弱夹层的形态

对平硐 PD01 和井下硐 SJ01 的延伸较长的软弱夹层进行详细调查,其中软弱夹层 R2 调查情况详见图 3-18。调查结果表明:

(1)同一条夹层的内部构造变化剧烈,组成物变化较大,以泥夹岩屑型为主,泥型和碎屑夹泥型次之,岩屑型最少。

(2)夹层厚度较为稳定,一般为 1~3 mm,局部较厚,呈透镜体状分布。

(3)沿层面走向和倾向起伏较小,起伏差一般小于 3 cm。

(4)平硐内软弱夹层普遍延伸较长,出露长度大于 5 m,最长达 44 m。

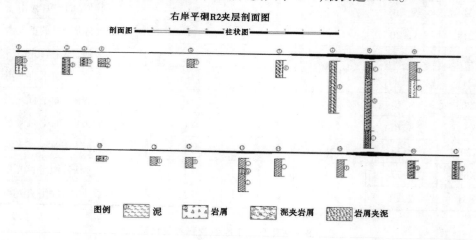

图 3-18　软弱夹层调查地质剖面图

3.现场发育情况

现场调查部分地层进行了软弱夹层的调查。具体阐述如下:

(1)图 3-19 所示的软弱夹层面位于 27# 坝段上游铺盖 D_1n_{13-2} 中,夹层组成物为泥夹碎屑,厚度为 2～3 mm,表面平直粗糙,可见擦痕和铁锈。产状为 N10°E,SE∠12°。

(a)   (b)

图 3-19   27[#]坝段上游铺盖 $D_1 n_{13-2}$ 中的软弱夹层面

(2)图 3-20 所示的软弱夹层面位于 28[#]坝段下游 $D_1 y^1 - 3$ 中,为岩溶现象发育与不发育岩层的分界。现场由于开挖,软层物质已被雨水冲走,露出软层光滑面。夹层组成物为岩屑,厚度为 3～5 mm,表面平直光滑,局部可见方解石。产状为 N13°E,SE∠12°。

图 3-20   28[#]坝段下游 $D_1 y^1 - 3$ 中的软弱夹层面

(3)图 3-21 所示的软弱夹层面为 29[#]坝段下游 $D_1 y^1 - 2$ 与 $D_1 y^1 - 1$ 的分界。夹层组成为泥夹岩屑,厚度为 3～5 mm,表面平直粗糙,可见擦痕。产状为 N12°E,SE∠12°。

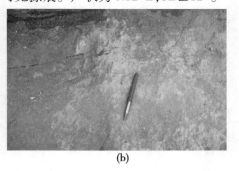

(a)   (b)

图 3-21   29[#]坝段下游 $D_1 y^1 - 2$ 中的软弱夹层面

3.1.4.4 地质构造

主坝区发育有断层、节理裂隙、层面等多种地质构造,但在不同的地层和地貌单元,各种构造发育不同。主坝区多为单斜岩层,产状较稳定。

1. 断层

泄水闸坝段共出露 8 条陡倾角断层,均与坝轴线斜交,详见表 3-9。

表 3-9 泄水闸坝段断层一览表

编号	产状			破碎带宽度(cm)	性质	特征
	走向	倾向	倾角			
F_{178}	N76°W	NE	88°	30	平推断层(反扭)	由黄色断层泥和碎裂岩组成,水平断距 8 m。由岩滩地质点 Dz48、Dz49 测得
F_{205}	N75°W	SW	86°	30~150	平推断层(顺扭)	由角砾岩、碎裂岩组成。由 CTC10 探槽揭露
F_{216}	N60°~65°W	NE	70°~85°	10~30	平推断层(反扭)	由片状岩、碎裂岩组成,断距 15~35 m。由岩滩地质点 Dz66、Dz67、Dz93 测得
F_{223}	N80°W	SW	80°~83°	10~60	平推断层	由片状岩、碎裂岩组成,水平断距 60 cm。由 Dz51 地质点和 CZK56 钻孔揭露。其中,地表宽 10~20 cm,钻孔宽 60 cm
F_{228}	N19°W	SW	85°	100	平推正断层(顺扭)	由断层角砾岩、碎块岩及断层泥组成。CZK09 钻孔揭露。断层带宽 1 m,断层影响带宽度 4.4 m
F_{231}	N80°W	SW	83°	5~10	平推断层	由糜棱岩、断层泥组成,沿断层面滴水。为左岸井下平硐 f2 断层
F_{235}	N75°W	NE	68°~75°	30~50	压性断层	由断层泥和碎裂岩组成,断层泥厚约 3 cm,沿断层漏水。井下硐 f1 和 f3 断层、CZK210 钻孔中揭露
F_{237}	N75°W	SW	75°	4	压性断层	由碎裂岩、断层泥组成,由 CZK209 钻孔揭露

现场规模较大的断层为 F_{216} 断层,F_{216} 断层通过泄水闸,贯穿 29# 坝段及 30# 部分坝段(坝轴线方向:0 + 790 ~ 0 + 830;纵向:轴 0 - 024 ~ 轴 0 + 045),为坝址区规模较大断层,见图 3-22。断层上盘岩体为 D_1n_{13-3} 层,岩性为灰绿色粉砂岩、泥质粉砂岩和灰黑色泥岩夹一层紫红色粉砂岩、含泥细砂岩,为 50 ~ 100 cm 厚层状;下盘岩体为 D_1n_{13-2} 层,岩性为灰黑色

泥质粉砂岩、泥岩,为平推断层(反扭),断距约150 m。断层产状 N70°W,SW∠75~85°,最大宽度为2~4 m,组成物主要为碎石、断层角砾、糜棱岩和少量断层泥,断层泥不连续,宽度一般为3~10 cm,断层面起伏粗糙,局部见擦痕。

图 3-22 F$_{216}$断层现场图

2. 节理裂隙

经过为期半个月的现场实测,在23#坝段下游一级消力池、27#、28#、29#坝段下游及27#坝段上游铺盖处出露的基岩表面共测得986条节理。通过分析现场测得裂隙数据,得到所有节理的极点玫瑰花图,如图3-23所示,可以看出,现场裂隙产状极为离散,但以陡倾角为主。

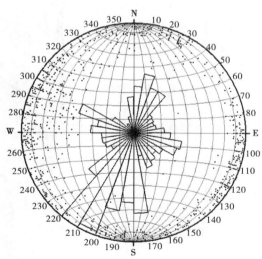

图 3-23 节理裂隙的极点玫瑰花图

现场裂隙极其发育,裂隙特征也各有不同。从现场观察可知,节理壁大多平直光滑,壁内充填细小岩屑和泥,张开度都比较小,为0.5~3 mm,呈剪切特点,以陡倾角为主,如

图 3-24 所示。部分节理表现出张性的特点,其节理壁粗糙,部分壁内充填方解石,张开度为
1~5 mm,如图 3-25 所示。

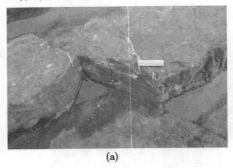

(a)

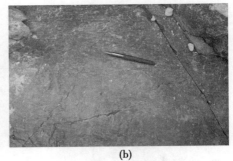

(b)

图 3-24 现场平直光滑的节理特征

(a)

(b)

图 3-25 现场节理裂隙图

另外,出露在软弱夹层和地层分界面附近的节理裂
隙,多表现出不切软层面和地层分界面的的特点,其现
场发育情况如图 3-26 和图 3-27 所示,其中图 3-26 是
$28^{\#}$ 坝段下游地层 D_1y^1-3 岩溶发育和岩溶不发育的分
界,显示了节理不切软弱夹层面,另外图 3-19 也显示了
节理不切软弱夹层;图 3-27 是 $29^{\#}$ 坝段下游 D_1y^1-1 和
D_1y^1-2 的分界,显示了节理不切地层分界面。

3. 层面

现场工作面如图 3-28 所示,该图为 $28^{\#}$ 坝段下游
D_1y^1-2 的相片,可见工作面呈现锯齿状,岩层层面较
发育,主要为平行层理。层面产状基本一致,走向
N5°~20°E,倾向 SE,倾角 10°~20°。层厚一般为 5~
50 cm。

另外,现场调查时发现层面多呈现紧密闭合状态,
水不会在层面发生渗流现象,因此其抗剪强度也较大,
如图 3-29 所示,为 $28^{\#}$ 坝段下游 D_1y^1-3 的相片。

图 3-26 现场节理裂隙图(一)

图 3-27　现场节理裂隙图(二)

图 3-28　现场工作面

图 3-29　现场层面图

3.1.4.5　物理地质现象

1. 岩体风化

1)岩体风化厚度

风化程度与岩性、地质构造、地下水循环密切相关。细砂岩、含泥细砂岩岩体内节理裂隙较发育,岩体内地下水交替频繁,岩体风化相对强烈;粉砂岩、泥质粉砂岩、泥岩岩体内节理裂隙不发育,岩体内地下水活动较弱,岩体风化相对较差;灰岩、白云岩主要为溶蚀风化,表部沿裂隙、层面风化强烈。右岸山坡风化较为强烈,局部全、强风化带较厚;河床和漫滩因长期受水流冲刷,无全、强风化带;左岸Ⅰ级阶地一般无全风化带,但表层强烈溶蚀风化带较厚,且分布不均,最大厚度近20 m。

2)泥质岩石的风化速度

对较易风化泥岩和泥质粉砂岩采用观察和点荷载试验两种方法判断岩石的风化速度。

(1)第一种观察法:不同岩性设定以下几种环境按时观察。

①天然状况下(风吹、日晒、雨淋);②长期浸在水下;③干湿交替。

观察1个月后,发现灰黑色岩石的风化速度比灰绿、紫红色岩石快,干湿交替试件比天然试件快,天然试件比水下试件快。

(2)第二种方法是利用点荷载仪测定试件强度随时间的变化情况。

对天然状况下灰黑色泥岩进行点荷载强度测定,测定成果见表3-10和图3-30。

表3-10 点荷载强度测定成果

观测时段(d)	点荷载强度(MPa)	强度降低率(%)
0	2.13	
2	1.40	34
4	1.14	47
8	0.83	61
12	0.47	78

从表3-10中可以看出,灰黑色泥岩风化速度比较快,天然条件下试件在12 d观测时段内径向强度降低了78%,因此泥质岩石(特别是灰黑色泥岩)开挖暴露后,强度显著降低。

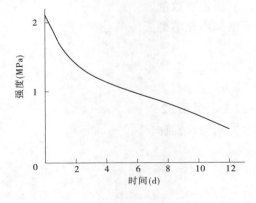

图3-30 强度—时间曲线

2.岩溶发育特征

1)岩性对岩溶发育的影响

可溶岩的存在是岩溶发育的物质基础,而可溶岩的化学成分、结构、构造等性质的不同带来了岩溶发育的差异。

水库区纯碳酸盐岩包括灰岩、燧石灰岩及白云岩,呈大面积连续分布。灰岩分布面积最广,广泛分布于上库段,岩溶最为发育,岩溶现象不但数量多,而且个体大,垂向深,发育大泉和地下河。燧石灰岩次之,主要分布于西北部良塘至西部平塘一带,燧石灰岩中的燧石结核一般分布于层面,局部呈条带状,灰岩质纯,岩溶亦非常发育,岩溶现象数量较多,个体较大,垂向较深,发育大泉和地下河。白云岩面积最小,主要分布于黄峒至三里一带,一般呈条带状,由于受构造破坏,岩溶仍较发育,岩溶现象数量亦较多,发育有大泉。

不纯碳酸盐岩岩溶通道一般为规模较小的溶蚀裂隙系统,溶洞不甚发育,出水点主要为中小型泉水。

碳酸盐岩与碎屑岩互层,由于可溶岩一般质地不纯,所以各岩层一般自成独立的溶蚀裂隙系统,互不沟通。

质纯可溶岩与非可溶岩接触带岩溶发育强烈,发育有线状或串珠状排列的溶斗和大泉。

2)构造对岩溶发育的控制作用

构造复合带岩溶发育强烈,无论是不同构造体系的复合处或是同构造体系内不同序次、不同方向构造形迹的交接部位,均因构造应力集中,容易造成岩石破碎,岩溶比较发育。

岩溶发育方向受一级构造线控制,大型谷地的走向和一级构造线的方向基本吻合,如通挽—桐岭谷地。地下溶岩通道发育方向一般也是和构造线吻合的,近南北向的条形洼地非常发育,次之为近东西向,洼地中岩溶塌陷、漏斗及天窗发育,南北向岩溶管道较发育,东西向较差。

背斜与向斜比较,背斜中岩溶发育,向斜岩溶发育较差,有不少地下河及大泉发育在背斜轴部,如禄新 18 号地下河和王村 15 号地下河沿背斜轴部发育。

断裂对岩溶发育起主要控制作用的是张性和张扭性结构面,如山字形前弧内侧的横张断裂,控制了岩溶的发育方向,控制了地下水的补给、径流、排泄条件。压性断裂结构面岩溶并不发育,因其阻水地下河及泉水溢出地表。

3)岩溶垂向特征

岩溶发育具有呈层性,本区碳酸岩中主要有两层岩溶发育带,第一层高程为 20 ~ 50 m,受库区三大干流侵蚀基准面控制,干流两岸的暗河出口、溶洞多分布于此高程。第二层高程为 70 ~ 100 m,受二级阶地形成时期的侵蚀基准面控制。

岩溶发育数量随深度增加而减少,但规模具有随深度增加而加大的趋势,溶洞充填物随深度增加由充填型变为半充填或空洞。

4)地下河的分布

桥巩以下的红水河—黔江两岸及黔江—郁江分水岭地段共有地下暗河 30 条,其中红水河—黔江左岸有 7 条,右岸分水岭北侧有 10 条,分水岭南侧有 13 条,暗河流程短,一般长 4 ~ 22 km,最长 32 km,水力梯度多为 1‰ ~ 5‰,出口高程高于河水位,多为 30 ~ 116 m。地下水补给河水,流向与地形一致,未发现穿越地形分水岭的暗河。出水口枯水期流量 12 ~ 1 070 L/s,暗河中上游天窗水位为 85 ~ 130 m,远高于设计蓄水位。

5)岩溶形态的密度

岩溶塌陷调查成果表明,岩溶主要发育在质纯的碳酸岩组内,岩性为灰岩、燧石灰岩及白云岩,在上库段大面积连续分布,其岩溶地貌极为发育,据不完全统计,岩溶形态密度为 5 ~ 10 点/km²。

6)泄水闸坝基岩体岩溶的发育

在 28# 坝段下游 D_1y^1 – 3 中,有一段岩体岩溶现象十分明显,如图 3-31 所示。岩层中遍布溶孔,孔径为 10 ~ 30 cm,充填方解石,形成凹凸不平的溶蚀面,可以判定该处岩性为白云质灰岩。由于白云质灰岩中含有白云石和方解石,而白云石的溶解速率小于方解石的溶解速率,因此形成了图 3-31 所示的溶蚀面。

现场发现一处大型溶蚀槽,位于 28# 坝段下游 D_1y^1 – 3 地层中,岩溶沿构造节理溶蚀延

(a)   (b)

图 3-31 $28^{\#}$ 坝段下游 $D_1y^1 - 3$ 地层中的岩溶现象

伸的,如图 3-32 所示。溶槽表面凹凸不平,其宽度最大约为 2 m,平均宽约 0.7 m,深约 0.8 m,较为曲折,总长约 20 m。

(a)   (b)

图 3-32 $28^{\#}$ 坝段下游 $D_1y^1 - 3$ 地层中的溶蚀槽

3.2   坝基的岩体结构特征研究

3.2.1   研究现状

3.2.1.1   岩体结构理论研究

岩体结构是指结构面在岩体中的空间分布、组合规律及其所导致的岩体被切割状态。岩体结构的主体是结构面,在很大程度上决定了工程岩体的稳定性。岩体结构理论为分析和解决实际工程问题提供充分而可靠的理论依据和指导作用。岩体的破坏通常和岩体中的不连续面的存在有着必然的联系,我国工程地质界将其总结为"岩体稳定性的结构控制论"。

20 世纪 50 ~ 60 年代以 L. Muller 等代表的奥地利学派认为结构面是构成岩体和岩块力学与工程特性差异的根本所在,由此而开始了岩体结构面和岩体结构研究为中心的岩体力学时代。谷德振、孙玉科提出了"岩体结构"概念,为将复杂的岩体抽象为科学的结构类型提供了分类依据,并提出了岩体结构控制岩体稳定性的观点。经过长期实践和研究孙广忠于 1984 年进一步提出"岩体结构控制论"是岩体工程地质力学和岩体力学的基础理论,并全面、系统地以"岩体结构控制论"为依据建立了岩体变形、岩体破坏及岩体力学性质的基本规律,认为岩体内的结构面及其控制下形成的岩体结构控制着岩体的变形、破坏机制及其力学法则,从而建立了完整的岩体结构力学体系。

从 20 世纪 70 年代开始,Hudson 等用概率统计方法对不连续面几何特征进行了定量研究。1976 年,R. J. Shanley 和 M. A. Mahtb 在数学地质上发表了"产状组数划分分析"的论文,丰富了概率统计对产状数据研究的内容。1976 年,S. D. Priest 和 J. A. Hudson 建立了由 Deer 提出的岩石质量指标与测线法的测线长度及不连续面线性密度的关系。1978 年,国际岩石学会实验室和野外标准化专门委员会提出了《对岩体结构面定量描述的推荐方法》,其中规定了对结构面 10 个描述指标,包括结构面产状、抗压强度、间距、充填情况、渗流、组数和块体大小等。在对岩体结构面定量研究的基础上,1981 年进一步提出了不连续面间距测量的精度估算方法。1981 年,S. D. Priest 和 J. A. Hudson 提出了测线法测量半迹长的方法。1984 年,美国亚历桑那大学 P. H. S. W. Kulatilake 等提出了岩体结构面平均迹长估算方法,1986 年又研究了窗口内出露的可见迹长与真实三维空间结构面大小的相互关系,并将这种关系以概率密度函数形式表示出来。在随机结构面网络计算模拟技术方面,1989 年,潘别桐系统介绍了结构概率模拟的基本原理和方法。1995 年,陈剑平在《随机不连续面三维网络计算机模拟原理》中,详尽论述了在计算机上实现三维网络计算机模拟的基本原理,并开发编制了三维模拟软件。

20 世纪 90 年代以来,对节理裂隙和大型结构面的研究手段和方法方面有了较大的进展,已经利用分形理论来描述岩体结构面的复杂程度,Pinnaduwa H. S. W. Kulatilake(1997)提出了盒分维值在节理化岩体统计均质分区中的应用;王金安、谢和平等(1997)研究了剪切过程中岩石节理粗糙度分形及其力学特征。黄润秋等(2001)建立了一套较为完整的、有较强针对性的和适用性的复杂岩体结构精细描述的理论和方法,并在工程实践中得到了成功应用。

运用常规现场调查方法进行结构面现场测绘,需要耗费大量的人力和财力,而且还会受到现场工作条件限制。为此,许多学者致力于探索简便易行的测量方法,以便快捷地确定出结构面的相关资料。其代表性的成果有:T. R. Rei、J. P. Harrison(1997)运用数字照相摄像法研究岩石露头的结构面特征;John Kemeny、Randy Post(2003)提出了根据数字图象获得的二维信息推求结构面三维空间的展布的方法;吴志勇等(2003)基于计算机视觉理论,以野外数码摄像机快速高效拍照,结合相应的室内计算机处理,获得了结构面间距、迹长、单位面积裂隙总条数等结构面特性指标。还有不少学者采用物探、遥感来研究岩体中结构面的特征,对于工程意义上的岩体结构研究有一定意义。

3.2.1.2 岩体结构面成因机制的研究

岩体结构面是在漫长地质历史演化过程中形成的,它经历了由成岩建造到构造改造和浅表生改造的过程。人们针对岩体结构面的成因,国内外有不少研究者都做过许多研究和探讨,例如国内许兵《三峡工程坝址花岗岩缓倾角结构面成因综合研究》、成都理工大学地质灾害防治与地质环境保护国家重点实验室黄润秋等在《复杂岩体结构精细描述及其工程应用》、《中国西南地壳浅表层动力学过程及其工程环境效应》等中研究了岩体结构研究中的难点问题,特别是结构面的形成机制,各类结构面描述指标体系;国外有 R. E Goodman、R Taglor、T. A Brekke 等。但是结构面的成因研究仍然是结构面研究中相对薄弱的一部分,经作者检索国内外有关岩体结构面研究的文献上千余篇,主要集中在结构面表面形态特征、充填及张开特征及其物理力学性质等方面的研究。有关结构面成因的仅有数十篇,而且成因研究又主要以沉积岩型的居多,对变质岩研究相对较少,且结合大型水电工程开挖相对较少。20世纪80年代以前,在岩石力学和工程地质学家的眼里,岩体结构面被经典地认为是岩石建造与构造改造的产物。80年代后期,张悼元、王兰生和黄润秋等提出了岩体结构面的表生改造成因和时效变形理论,丰富了岩体结构面的成因理论。总体看来,结构面的成因理论正在趋于完善。这些理论的研究方法如下:

(1)与区域地质的大环境联系起来,从区域的地层岩性、区域构造、区域构造应力场及区域物理化学场等大环境中研究局部的岩体结构面成因,为结构面形成的建造及改造确定大的方向,特别是为结构面期次的划分等提供良好的证据。这主要建立在大量的野外勘测和地质调查的基础上,进行宏观分析。

(2)设计各种应力路径的岩石力学综合试验研究,以及从微观入手,运用扫描电镜、透射电镜、包体测温测压及化学分析等方法进行微观构造、差异应力等的研究,从而阐明结构面形成的物理力学机制。

(3)在地质力学宏观分析的基础上,建立概念模型,利用地质力学模拟和数值模拟,进行结构面形成机制的综合分析。

3.2.1.3 节理岩体力学性质研究

由于结构面中有节理、层理、剪切带和断层等的存在,岩体表现出各向异性。大量对节理岩体模型的研究根据节理的连续性可以分为两类:连续节理模型和断续节理模型。Yang等研究了连续节理对合成岩石模型单轴抗压强度和变形性质的影响,发现岩体的破坏模式可以分为三类,即劈裂破坏、沿节理表面滑移破坏和混合破坏。研究证实了节理的倾向使岩体的强度和变形表现为各向异性。Kulatilake等通过对含连续节理岩石块体的单轴压缩试验,得到了类似的研究成果。物理和数值试验均表明节理岩体的单轴抗压强度随着裂隙张量分量的增大而降低,且两者呈非线性关系。Tien等通过物理模型试验研究了横向各向同性岩石试样的破坏机制。研究结果表明,横向各向同性岩石试样的破坏模式受到节理倾向和围压系数的影响可以分为两类:沿节理平面滑移的破坏和非沿节理平面滑移的破坏。其中,非沿节理平面滑移的破坏又可以细分为穿过节理平面的张拉破坏、沿节理平面的张拉劈裂破坏和穿过节理平面的滑移破坏。

3.2.1.4 岩体结构面研究的水利工程应用

20世纪50年代,以缪勒为代表的奥地利学者认识到了结构面在岩体力学特性和工程稳定性等问题中起到重要控制作用,并对该问题进行了研究,该研究开启了以岩体结构面特性和岩体结构特征研究为中心的岩体力学时代。20世纪60年代,谷德邦、孙广忠提出了"岩体结构"的概念及岩体结构控制岩体稳定和重要观点,这是我国工程地质界(岩体工程界)的学者在评价岩体工程性质方面获得的巨大成果,极大地推进岩体结构研究的发展。1979年,谷德振出版了岩体结构控制论的基础性和代表性经典著作——《岩体工程地质力学基础》,书中写到"岩体受力后变形、破坏的可能性、方式和规模受岩体自身结构所制约",这是最早明确地提出了岩体结构控制论的著作,奠定了该理论的重要地位。到了20世纪80年代,孙广忠在谷德振等研究的基础上继续研究对"岩体结构控制论"进行发展,认为岩体的变形和破坏由岩体材料的变形、破坏和岩体结构的变形、破坏构成,两者共同控制了岩体的变形和破坏规律;认为岩体的力学性质还与岩体赋存的地质条件有关,岩体在不同的围压和温度下具有不同性质,并首次将岩体划分为连续、碎裂、块裂及板裂四种介质类型,从而建立了完整的岩体结构力学体系,这一理论至今仍是我国水利水电工程建设中的指导性理论和思想,在该理论的指导下成功建造了一大批大型水利工程。

随着国民经济的发展和大型建设项目的实施,涉及大量的工程地质建设项目,如水利工程隧道、水电工程的地下洞室等。这些工程的一项主要研究工作就是分析岩体应力重分布特点及变形破坏规律,这些都要受到岩体结构的控制。例如,康立勋通过研究块状结构岩体中自重应力传播的法则,得到了岩体的应力大小受岩块数量以及岩块几何参数控制的结论,并将研究结果用于计算煤炭地下采场顶结构载荷。隧道工程中岩爆和岩体结构关系密切,完整性好的岩体易发生岩爆,当节理裂隙发育到一定程度一般不会发生岩爆;岩层的层厚状态及层面与洞室的空间组合关系与岩爆有重要的关系;优势节理组与最大主应力的夹角大小也与岩爆紧密相关。水利工程中坝肩基岩变形破坏形式主要受控于岩体的岩性和结构特性。例如,陈昌彦用概化岩体结构和物性两类信息进行了边坡工程地质结构及开挖的三维模拟,并成功地应用到长江三峡永久船闸边坡工程的三维地质结构模拟和信息的再现;郑德超、夏元友、徐卫亚等把分形理论应用到工程地质学中,开展了岩体结构要素的分形研究,对岩体结构类型进行了半定量、定量划分,并应用到三峡、清江水布垭等水电站;沈军辉(2003)指出溪洛渡水电站坝区玄武岩发育的一组缓倾角断层,控制了坝区谷坡岩体的浅表生改造,进一步指出了岩体构造结构对斜坡地貌演化、变形破坏的控制作用。

在泄水闸坝基稳定性评价中对岩体中发育的不连续面进行详细的研究是最重要的环节。岩体是在漫长的地质历史过程中经受过各种地质作用后形成的,由岩块和切割岩块的各种结构面组成,并赋存于一定的地质环境中的地质体。岩体结构就是岩体内结构面和结构体在岩体内的排列、组合形式。岩体结构控制岩体的变形、破坏机制和力学性质等。岩体中结构面的存在,导致岩体具有不连续性、不均一性和各向异性,结构面是岩体中力学强度相对薄弱的部位,控制着荷载条件下岩体的变形破坏方式和强度特征,体现了外部营力对岩体的改造程度,决定着岩体结构和岩体工程性质的复杂性,是岩体稳定性的重要因素。

3.2.2　随机节理、裂隙统计

岩体的不连续面包括了岩体中原生和次生的各类不连续面。本章中,影响泄水闸坝基岩体的结构面主要为断层、层面与构造应力作用下产生的节理、裂隙,前两者的发育特征主要为确定性的,在现场确定其位置与特征也是较为方便的。而节理裂隙数目庞大,随机特征明显,给泄水闸坝基岩体的分析带来了一定的难度,需对其进行专门性研究。本章将主要针对各坝段岩体中由于构造应力作用下产生的节理、裂隙进行研究。节理裂隙规模大小不一,规模太小的节理、裂隙对坝基的稳定性影响较小,现场测量起来任务量也会陡增。因此,对规模小于 0.5 m 的节理,本次研究不予考虑。在现场调查过程中,是对各个坝段的节理、裂隙进行系统的窗口测量法研究。结合坝基各个坝段及已经清理出来的地区,选取 4 个坝段7 个取样窗口进行结构面数据采集,共采集了 986 条裂隙。这 7 个窗口的信息见表 3-11。

表 3-11　窗口的坐标、长度及取样个数

坝段	窗口	岩性	零点 GPS 坐标	横轴,纵轴延伸方向	裂隙条数(个)
28#	1	D_1y^1-3（岩溶不发育）	23°27′33.11″N,110°2′2.03″E	横轴233°,纵轴323°	98
	2	D_1y^1-3（岩溶发育）	23°27′33.42″N,110°2′1.54″E	横轴323°,纵轴233°	179
	3	D_1y^1-2	23°27′33.42″N,110°2′1.54″E	横轴323°,纵轴233°	390
29#	4	D_1y^1-2	23°27′35.41″N,110°2′0.31″E	横轴53°,纵轴143°	139
23#	5	D_1n_{13-2}	23°27′33.73″N,110°1′59.07″E	横轴143°,纵轴233°	80
27#	6	D_1y^1-1	23°27′33.73″N,110°1′59.07″E	横轴195°,纵轴285°	50
	7	D_1n_{13-3}	23°27′37.32″N,110°1′56.72″E	横轴130°,纵轴40°	50

　　由于坝基经历多期的地质构造作用,坝段内节理、裂隙并不具有显著的规律性,而是具有显著的随机特性。对于随机产出的节理、裂隙,必须进行详细的、系统的调查才能获取足够的信息进行进一步的分析和评价。过去进行系统的分析评价节理、裂隙通常采用测线法,但由于测线在测量过程中忽略了太多的信息,对于节理、裂隙特征的评价不够客观。因此,近年来提出了采用窗口测量的办法来获取露头上的节理、裂隙的信息。为了更多地获取随机节理、裂隙的坐标信息,产出状态信息、几何尺寸信息、表面形态信息、充填物信息、风化程度、力学性质等信息。本次调查设计了节理、裂隙现场统计调查表。其中,28#坝段部分节理、裂隙的统计调查表如表 3-12 所示。

　　表中的节理端点坐标需要在现场进行量测,节理两个端点的坐标,坐标系的原点在现场确定,具体的原点见表 3-11;节理、裂隙的表面形态是一个很复杂的现象,至今无法进行定量的描述,国际岩石力学与工程学会曾经建议采用 Barton 的节理粗糙度描述方法,但由于该方法并不很成熟,且实际操作亦有很大的困难,所以本次工作在现场调查中将节理、裂隙的形态简化为齿状、波状和平直等,以便现场描述;深度是指一些张开裂隙的可见深度;物质成分是指裂隙中充填的物质成分,分为风化岩块、岩屑、岩粉和泥。为了现场调查的方便记忆,根据《工程岩土学》(唐大雄,等 2000 版 P7)中的第三个方案,即 92 年的地矿部标准《土工试验标准》,暂做如下的规定,即当充填物的粒径大于 1 cm 时为岩块;当充填物的粒径在 1 mm ~ 1 cm 时为岩屑;当充填物的粒径小于 1 mm,但用手捏无滑感时可粗略地定为岩粉;若有滑感则可定为泥。充填度是指张开的裂隙中,充填物所占的百分比;由于本次节理、裂隙的测量主要是在地表进行的,所以节理、裂隙含水的情况用"充满、潮湿和干燥"三种状态来描述;节理壁一列填写的是其风化程度,分别有未风化、微风化、弱风化、强风化和全风化。

表 3-12 28[#]坝段部分节理、裂隙统计调查表

序号	节理、裂隙端点坐标（m）				产状（°）		几何描述			充填特征				节理壁	备注
	X_1	Y_1	X_2	Y_2	倾向	倾角	延伸（m）	宽度（mm）	表面形态	物质成分	粒度成分	充填度（%）			
1	20.30	10.30	19.00	11.00	285.00	67.00	1.48	1.00	平直光滑	无充填	—	0		泥化,发黄	
2	21.40	8.20	20.80	9.10	285.00	90.00	1.08	1.00	平直光滑	无充填	—	0		泥化,发黄	
3	25.10	2.20	24.50	3.20	295.00	42.00	1.17	1.00	平直光滑	无充填	—	0		泥化,发黄	
4	25.60	1.20	26.50	2.10	32.00	61.00	1.27	1.00	平直光滑	无充填	—	0		泥化,发黄	
5	36.10	1.20	26.70	4.80	305.00	80.00	10.06	3.00	波状弯曲	无充填	—	0		泥化,发黄	
6	25.40	2.00	26.10	5.10	305.00	80.00	3.18	4.00	平直光滑	无充填	—	0		泥化,发黄	
7	22.25	3.95	21.10	4.10	275.00	85.00	1.16	3.00	波状弯曲	岩屑	砂－砾	50		泥化,发黄	
8	18.70	0.77	14.90	14.00	295.00	70.00	13.76	50.00	平直光滑	岩屑	碎石块	40		泥化,发黄	
9	24.86	0.30	23.24	-0.55	34.00	73.00	1.83	2.00	平直光滑	方解石	—	100		方解石	
10	23.36	0.15	24.28	0.51	34.00	73.00	0.99	1.00	平直光滑	方解石	—	100		方解石	
11	24.32	0.42	22.15	-0.50	34.00	73.00	2.36	2.00	平直光滑	方解石	—	100		方解石	
12	21.10	0.00	24.50	2.05	34.00	73.00	3.97	2.00	平直光滑	方解石	—	100		方解石	
⋯	⋯	⋯	⋯	⋯	⋯	⋯	⋯		⋯	⋯	⋯	⋯		⋯	⋯

在对现场进行裂隙测量之后,根据采集的裂隙坐标绘出现场裂隙的迹线图。

图 3-33 为 $28^{\#}$ 坝段 $D_1y^1 - 3$(岩溶不发育)裂隙迹线图。

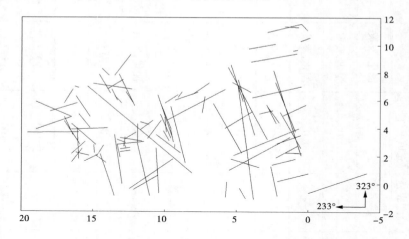

图 3-33 $28^{\#}$ 坝段 $D_1y^1 - 3$(岩溶不发育)裂隙迹线图

图 3-34 为 $28^{\#}$ 坝段 $D_1y^1 - 3$(岩溶发育)裂隙迹线图。

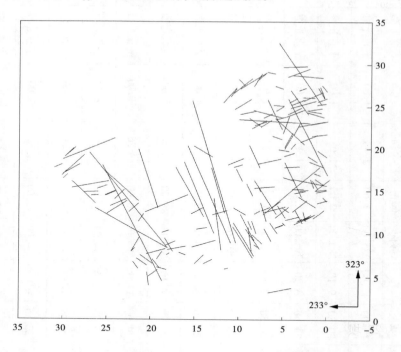

图 3-34 $28^{\#}$ 坝段 $D_1y^1 - 3$(岩溶发育)裂隙迹线图

图 3-35 为 $28^{\#}$ 坝段 $D_1y^1 - 2$ 裂隙迹线图。

图 3-36 为 $29^{\#}$ 坝段 $D_1y^1 - 2$ 裂隙迹线图。

图 3-37 为 $23^{\#}$ 坝段 D_1n_{13-2} 裂隙迹线图。

图 3-38 为 $27^{\#}$ 坝段 $D_1y^1 - 1$ 裂隙迹线图。

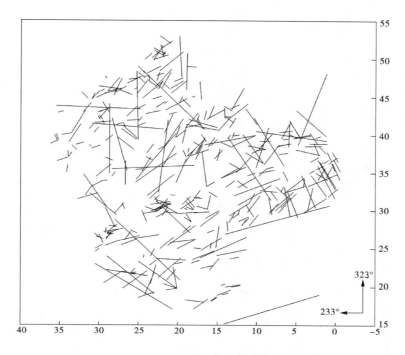

图 3-35　28#坝段 D_1y^1-2 裂隙迹线图

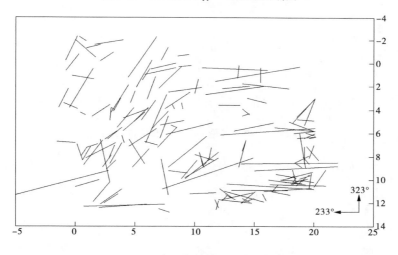

图 3-36　29#坝段 D_1y^1-2 裂隙迹线图

图 3-39 为 27#坝段 D_1n_{13-3} 裂隙迹线图。

3.2.3　现场节理裂隙结构特征简述

根据现场实际测量情况,对所测得的节理描述总结如下。

3.2.3.1　D_1y^1-3 地层

此段岩体可分为两部分,即岩溶发育与岩溶不发育的岩层,具体如第 1.2.2 部分所述。由于岩溶程度不同,岩性性质具有一定的差异,在一定的地应力作用下,节理裂隙几何特征

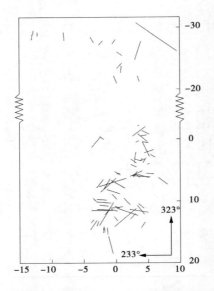

图 3-37　23[#]坝段 $D_1 n_{13-2}$ 裂隙迹线图

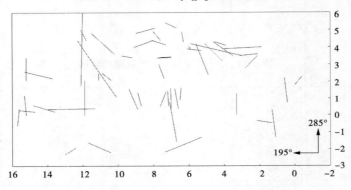

图 3-38　27[#]坝段 $D_1 y^1 - 1$ 裂隙迹线图

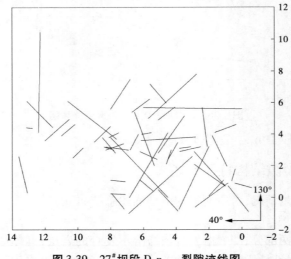

图 3-39　27[#]坝段 $D_1 n_{13-3}$ 裂隙迹线图

可能有一定的差异。为了表征不同空间岩体的结构特征,本书将 D_1y^1-3 岩层上述两部分分别阐述与研究,具体如下。

1. 岩溶不发育段

在 $28^\#$ 坝段共测得 98 条裂隙,具体位置如表 3-11 所示。出露的岩性为灰—灰黑色白云岩,岩壁表面较为平整。图 3-40 为 $28^\#$ 坝段 D_1y^1-3(岩溶不发育)的裂隙的极点玫瑰花图。本次作图时的每个玫瑰花瓣以 $10°$ 为单位。从图 3-40 看出裂隙倾角大部分为 $70°\sim90°$,倾角大于 $80°$ 的裂隙有 50 条,只有 2 条裂隙的倾角小于 $70°$。

根据现场数据计算可得裂隙平均宽度为 2 mm,占总数 24% 的裂隙是闭合的。图 3-41 为裂隙宽度直方图,图中 x 为裂隙宽度,y 为每一个宽度区间内的裂隙条数占所有裂隙条数的频率,以后不再赘述。从图中可以得到裂隙宽度为 $0\sim8$ mm,常见宽度为 $1\sim3$ mm。

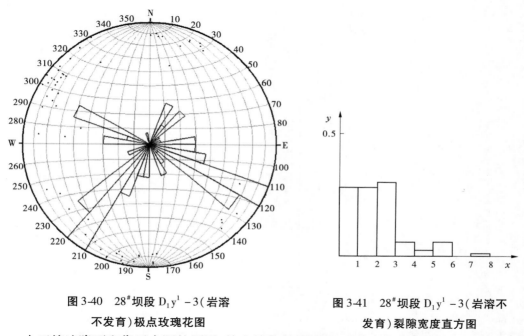

图 3-40 $28^\#$ 坝段 D_1y^1-3(岩溶   图 3-41 $28^\#$ 坝段 D_1y^1-3(岩溶不
不发育)极点玫瑰花图   发育)裂隙宽度直方图

由于接连降雨和靠近水源的原因,故充填物较为湿润。裂隙的表面形态以平直光滑为主,其次为波状。节理壁为弱风化。裂隙充填物多为方解石脉和风化泥。如图 3-42 所示,可以看出裂隙的填充物为方解石脉,方解石脉为白色。

根据现场计算结果得到平均迹长为 2.42 m,迹长最大值为 6.4 m。图 3-43 为裂隙迹长直方图,从图中看出迹长小于 3 m 的裂隙较多。随着迹长增加裂隙个数呈现下降的趋势。

2. 岩溶发育段

在 $28^\#$ 坝段共测得 179 条裂隙。出露的岩性主要为灰—灰黑色白云岩。岩壁表面岩溶强烈且凹凸不平。图 3-44 为该段极点玫瑰花图,从图中可以看到倾角主要为 $60°\sim90°$,倾角小于 $60°$ 的裂隙仅为 5 条。

根据现场数据计算可得裂隙平均宽度为 2 mm,占总数 31% 的裂隙是闭合的。图 3-45 为裂隙宽度直方图,从图中可以得到裂隙宽度为 $0\sim7$ mm,常见宽度为 $1\sim3$ mm。

 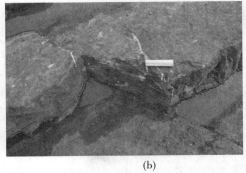

(a)   (b)

图 3-42　28#坝段 D_1y^1 – 3（岩溶不发育）裂隙填充物

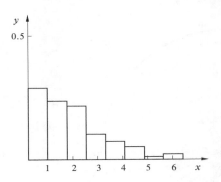

图 3-43　28#坝段 D_1y^1 – 3（岩溶不发育）裂隙迹长直方图

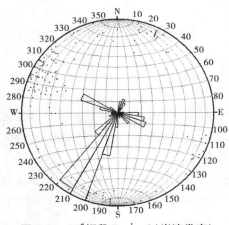

图 3-44　28#坝段 D_1y^1 – 3（岩溶发育）
极点玫瑰花图

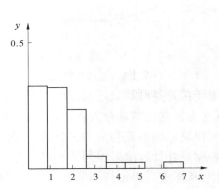

图 3-45　28#坝段 D_1y^1 – 3（岩溶发育）
裂隙宽度直方图

　　裂隙表面形态主要是平直光滑，其次为波状。由于该段岩溶发育，节理壁岩溶发育，有发黄泥化的现象，填充物有黄泥、方解石脉及岩屑砂砾，如图 3-46 所示。

　　根据现场计算结果得到平均迹长为 2.09 m，迹长最大值为 9.45 m。图 3-47 为裂隙迹长直方图，从图中看出迹长小于 3 m 的裂隙较多。随着迹长增加裂隙个数呈现下降的趋势。

图 3-46　28#坝段 D_1y^1-3（岩溶发育）裂隙细节图

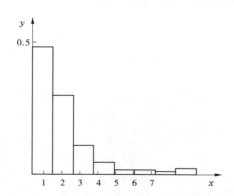

图 3-47　28#坝段 D_1y^1-3（岩溶发育）裂隙迹长直方图

3.2.3.2　D_1y^1-2 地层

现场在 28#坝段与 29#坝段测量了 D_1y^1-2 地层的节理裂隙数据，具体如表 3-11 所示。由于 29#坝段岩体距离断层较近，受断层力学影响较 28#坝段的岩体大，可能导致两段岩体结构特征迥异。为了表征不同空间岩体的结构特征，本书将 D_1y^1-2 岩层分为 28#与 29#两个坝段进行分别阐述与研究，具体如下。

1. 28#坝段

在 28#坝段共测得 390 条裂隙，具体位置如表 3-11 所示。出露的岩性为灰黑色灰岩。图 3-48 为该段极点玫瑰花图，从图中可以看到倾角大多为 60°～90°，裂隙倾角小于 60°有 8 条。

根据现场数据计算可得裂隙平均宽度为 2 mm，占总数 31% 的裂隙是闭合的。图 3-49 裂隙宽度直方图，从图中可以得到裂隙宽度为 0～8 mm，常见宽度为 1～3 mm。

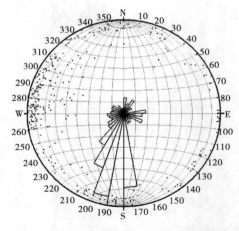

图 3-48   28#坝段 D_1y^1 – 2 极点玫瑰花图

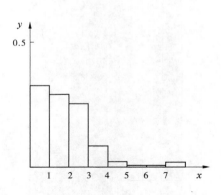

图 3-49   28#坝段 D_1y^1 – 2 裂隙宽度直方图

该段裂隙的表面形态以平直光滑为主,其次为波状。裂隙节理壁为弱风化。该段有一个较长大的裂隙,如图 3-50 所示。此裂隙平均宽度可以达到 50 mm,局部裂隙宽度可达 100 mm,由于张开较大和现场的冲洗,填充物为黑色碎石及岩屑。迹长约 14 m,此裂隙产状为 295°∠70°。

根据现场计算结果得到平均迹长为 2.25 m,迹长最大值为 14 m。图 3-51 为裂隙迹长直方图,从图中看出迹长小于 4 m 的裂隙占了大多数。随着迹长增加裂隙个数呈现下降的趋势。

图 3-50   28#坝段 D_1y^1 – 2 中最发育的裂隙

2. 29#坝段

在 29#坝段共测得 139 条裂隙,具体位置如表 3-11 所示。出露的岩性为灰黑色灰岩。图 3-52 为该段的极点玫瑰花图,可以看到裂隙的倾角大多位于 70°~90°,倾角小于 70°的裂隙有 10 条,其中倾角最小为 40°。

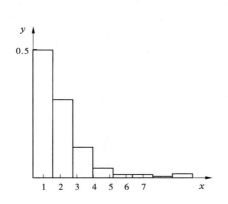

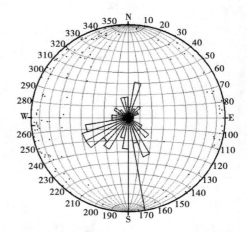

图 3-51　28# 坝段 D_1y^1 –2 裂隙迹长直方图　　　图 3-52　29# 坝段 D_1y^1 –2 极点玫瑰花图

　　根据现场数据计算可得裂隙平均宽度为 2 mm，占总数 24% 的裂隙是闭合的。图 3-53 为裂隙宽度直方图，从图中可以得到裂隙宽度为 0～7 mm，常见宽度为 1～3 mm。

　　裂隙充填物以黄泥、岩屑与砂砾为主，而方解石填充较少。其中，16% 的裂隙出现了发黄泥化的现象。裂隙的表面形态以平直光滑为主，其次为波状。裂隙的节理壁为弱风化，其中部分裂隙有强烈的岩溶现象。

　　根据现场计算结果得到平均迹长为 2.17 m，迹长最大值为 6.8 m。图 3-54 为裂隙迹长直方图，从图中看出多数裂隙的迹长小于 5 m，随着迹长增加裂隙个数呈现下降的趋势。

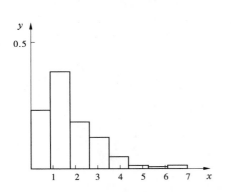

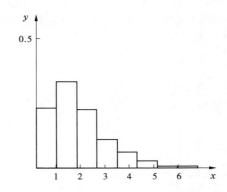

图 3-53　29# 坝段 D_1y^1 –2 裂隙宽度直方图　　　图 3-54　29# 坝段 D_1y^1 –2 裂隙迹长直方图

3.2.3.3　D_1y^1 –1 地层

　　在 27# 坝段下游共测得 50 条裂隙，具体位置如表 3-11 所示。出露的岩性为灰黑色灰岩与泥质粉砂岩互层。裂隙的节理壁为弱风化。图 3-55 为该段的极点玫瑰花图，裂隙倾角大多为 60°～90°，裂隙倾角最小为 57°。

　　根据现场数据计算可得裂隙平均宽度为 2 mm，占总数 48% 的裂隙是闭合的。图 3-56 为裂隙宽度直方图，从图中可以得到裂隙宽度为 0～5 mm，常见宽度为 1～3 mm。

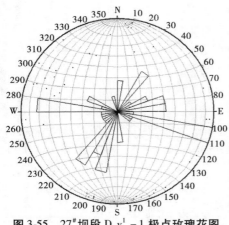

图 3-55　27#坝段 D_1y^1-1 极点玫瑰花图

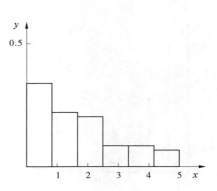

图 3-56　27#坝段 D_1y^1-1 裂隙宽度直方图

　　裂隙的表面形态多为平直光滑,其次为波状。裂隙的节理壁为弱风化。裂隙充填物多为岩性、砂砾及方解石脉。

　　根据现场计算结果得到平均迹长为 1.3 m,迹长最大值为 4.2 m。图 3-57 为裂隙迹长直方图,从图中看出迹长小于 2 m 的裂隙占了大多数。随着迹长增加裂隙个数呈现下降的趋势。

3.2.3.4　D_1n_{13-3} 地层

　　在 27#坝段上游共测得裂隙 50 条,具体位置如表 3-11 所示。出露的岩性为灰绿色泥岩与粉砂岩。该段为弱风化。地层的产状为 110°∠18°。图 3-58 为极点玫瑰花图,裂隙倾角多为 70°~90°。倾角小于 70°的裂隙有 5 条,最小倾角为 39°。

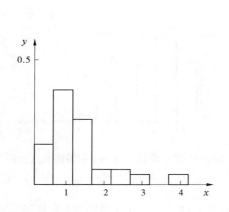

图 3-57　27#坝段 D_1y^1-1 裂隙迹长直方图

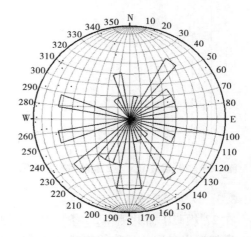

图 3-58　27#坝段 D_1n_{13-3} 极点玫瑰花图

　　在此调查面底部有一个软弱夹层,充填物多为黄泥与岩屑,宽度约 2 mm。如图 3-59 所示。

　　图 3-60 为裂隙宽度直方图,从图中可以看到裂隙宽度为 0~6 mm,常见裂隙为 1~2 mm。随着裂隙宽度增加,裂隙的条数呈现下降趋势。占总数 64% 的裂隙是闭合的。

图 3-59　调查面底部软弱夹层

根据现场计算结果得到平均迹长为 2.14 m,迹长最大值为 6.37 m。图 3-61 为裂隙迹长直方图,从图中看出多数裂隙的迹长小于 3 m。随着迹长增加裂隙个数呈现下降的趋势。

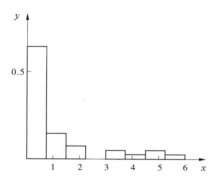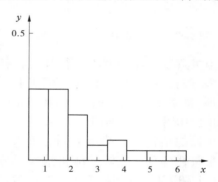

图 3-60　27# 坝段 D_1n_{13-3} 裂隙宽度直方图　　图 3-61　27# 坝段 D_1n_{13-3} 裂隙迹长直方图

3.2.3.5　D_1n_{13-2} 地层

在 23# 坝段共测得 98 条裂隙,具体位置如表 3-11 所示。出露的岩性为灰黑色泥岩。图 3-62 为该段的极点玫瑰花图,可以看到裂隙倾角大多为 70°～90°。其中倾角小于 70° 的裂隙有 7 条,最小倾角为 50°。

根据现场数据计算可得裂隙平均宽度为 2 mm,占总数 38% 的裂隙是闭合的。图 3-63 为裂隙宽度直方图,从图中可以得到裂隙宽度为 0～8 mm,常见宽度为 1～3 mm。

裂隙的节理壁为弱风化。裂隙充填物为岩屑、砂砾及方解石脉。裂隙表面形态多为平直光滑,其次为波状。

根据现场计算结果得到平均迹长为 1.6 m,迹长最大值为 4.43 m。图 3-64 为裂隙迹长直方图,从图中看出迹长小于 2 m 的裂隙占了大多数。随着迹长增加裂隙个数呈现下降的趋势。

3.2.4　随机节理、裂隙的优势分组

由上文的极点玫瑰花图可以看出,研究区内的随机节理、裂隙的发育特征有一个共同的特点,那就是极点在极点玫瑰花图中是不均匀分布的,即随机分布。因此,仅从上述的图形中是难以得出该区节理、裂隙发育特征的。但是,实际上大部分节理裂隙的形成都受到地质构造作用的影响,也就是说节理裂隙都是岩体受到了某一力场的作用的结果,它们在某种程度上还是表现出一定的分组规律的。

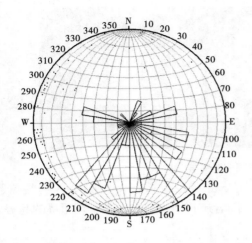

图 3-62　23#坝段 D_1n_{13-2} 极点玫瑰花图

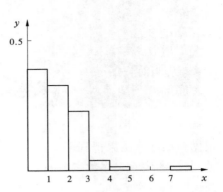

图 3-63　23#坝段 D_1n_{13-2} 裂隙宽度直方图

但极点玫瑰花图并不能很好地将各分区的优势方向的产状区分出来。事实上不同组的节理、裂隙,对不同走向、倾向和坡角的坝段所产生的作用是完全不同的,故要进一步地将四个坝段的结构面优势组数划分出来。为了获得最符合各分区实际的随机结构面分组结果,这里采用基于施密特下半球等面积投影网的概率统计优势分组法。

3.2.4.1　随机结构面的优势组划分的基本原理

为了获得可靠的优势组数划分,采用基于概率统计理论的随机结构面优势级数划分方法进行研究。

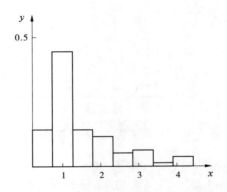

图 3-64　23#坝段 D_1n_{13-2} 裂隙迹长直方图

该方法的思路是这样的,所谓分组,实际上是对不连续面极点进行相对集中的划分,而要做到极点相对集中的划分,用肉眼的方法是很难实现的,这里采用寻找密度点的办法。所谓密度点,是在一个极点的周围一定范围内有足够多的极点数。这里根据传统的概率统计理论,假定当一个极点周围的一定范围内含有 6 个不连续面极点时,这个点就称之为密度点。而该算法的基本过程是对投影网中的每一个极点都进行一次试算,以寻求参与分组的所有不连续面极点中含有密度点的个数,再进一步计算密度点与密度点之间的距离。当密度点间的距离满足一定条件时,将其归入一组,对每一个密度点都进行同样的试算,可以得到相对密集的极点群。然后将这些极点群与非密度点进行试算,也求出它们之间的距离,最后将他们相对集中地划分,最终得到的分组,就是所要求的不连续面优势分组。

上面从理论上叙述了不连续面优势组数划分的方法,从方法的叙述过程中可以看出不连续面优势组数的划分方法是比较复杂的,尽管各种规则已经比较明确,但事实上通过人为的方法是很难操作的,必须通过计算机编程的方法由计算机自动搜索方可实现。下面将给出具体的编程思想:

(1)动态变换小球半径。

考虑小球半径 r 是在某一个区间内变化的,因此先给定一个小球半径区间,并给出一个增量步长值,以便进行动态地变换小球半径 r 值。

(2)搜索密度点。

当给定一个小球半径 r 时,对投影到施密特上半球中的每一个极点进行循环,也就是使每一个极点都有机会成为小球的球心,并计算在以 r 为半径的小球范围内覆盖的极点的个数,通过公式 $P(D > K) = \alpha$ 来判断作为球心的极点是否为密度点,如果是密度点则用累加器记录下该点,当对各极点的循环结束时,可以获得一系列密度点。

(3)密度点组合。

把各密度点按一定的规则组合起来,构成分组的雏形,这一过程也要对上述记录下的每一个密度点来进行,可以按照下述的简单规则进行组合,先取出一个密度点使其与每一个其他的密度点进行两两组合判断,如果某两个密度点符合某一条件,将这两个点组合成一个密度区,衡量两个密度点是否能够进入同一个密度点区时按照下述的原则,计算两个密度点在上半球投影中的空间距离,如果这个距离 $\leqslant r$,就可以将这两个点划入同一个密度点区。当对每一个密度点搜索完了后,就可以获得若干个密度点区。

(4)密度点区与非密度点的组合。

通过密度点的组合可以获得区内若干密度点区,但不连续面优势组数的划分并没有结束,还有密度点没有考虑进来,这一步骤的目的就是把非密度点与密度点区进行组合,组合时是以密度点区的中心与非密度点之间距离的相对远近来判断的,距离较近者归入一个优势组中,直到把所有的非密度点组合完毕。对应于一个小球半径分组的不连续面优势组数划分过程也就结束了。但这一过程的结束并不意味着优势组数划分的结束,因为不连续面优势组数划分的结果是否合理应当进行比较才能得出结论。因此,下一个步骤是进行最优小球半径的搜索过程。

(5)搜索最优小圆半径。

第二～四步骤是对于某一个小球半径进行的不连续面优势组数划分运算,划分出的结果组数要根据目标函数公式 $P(D > K) = 1 - \sum_{i=0}^{k} \dfrac{e^{-m} m!}{j!}$ 来计算 $F(P)$ 值。由于程序设计过程中小球半径是一个动态变化的过程,因此程序是在第一步骤动态变换小球半径的控制下进行总的流程运算,每一个小圆半径通过第二～五步骤的运算可以得到一个对应的 $F(P)$ 值。通常情况下,取最小的 $F(P)$ 值所对应的小球半径即为最优的小球半径 r。

总结上述各步骤可以通过的流程图来表示,如图 3-65 所示。

以上介绍的就是采用概率统计的方法进行岩体随

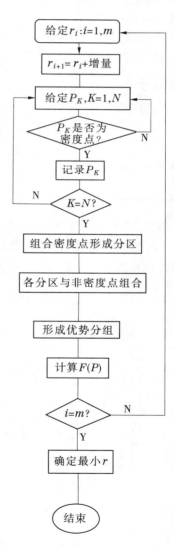

图 3-65 优势分组流程图

机结构面优势组数划分的整个过程,自己编写了这一应用程序,并已经过多个工程的实践与应用,证明该方法用于岩体随机结构面的优势分组是可靠的。下面就用这个程序对研究区内各窗口的结构面进行优势组数的划分。

3.2.4.2 各窗口随机结构面优势组数的划分

采用上述方法,获得了四个坝段共 7 个窗口的优势组数划分结果,现分别叙述如下:通过计算机程序对散点图中密度点的判定,选择有效的小球半径搜索和目标函数的控制,得出各窗口的优势组划分。

$28^\#$坝段 3 个窗口的分组结果如表 3-13 所示。

表 3-13 $28^\#$坝段 3 个窗口分组结果

窗口编号	组序	裂隙个数	平均倾向(°)	平均倾角(°)	备注
$28^\#$坝段 D_1y^1-3 (岩溶不发育)	1	45	303	79	陡倾角
	2	53	203	83	陡倾角
	总计	98			
$28^\#$坝段 D_1y^1-3 (岩溶发育)	1	113	297	79	陡倾角
	2	66	198	82	陡倾角
	总计	179			
$28^\#$坝段 D_1y^1-2	1	308	294	81	陡倾角
	2	82	212	82	陡倾角
	总计	390			

由表 3-13 结果可以看出,$28^\#$坝段两个优势分组均是陡倾角产出。图 3-66 为 $28^\#$坝段 D_1y^1-3(岩溶不发育)分组后极点玫瑰花图;图 3-67 为 $28^\#$坝段 D_1y^1-3(岩溶发育)分组后极点玫瑰花图;图 3-68 为 $28^\#$坝段 D_1y^1-2 分组后极点玫瑰花图。

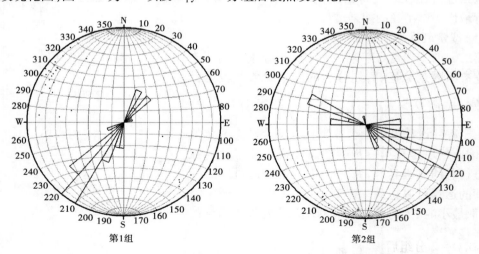

图 3-66 $28^\#$坝段 D_1y^1-3(岩溶不发育)分组后极点玫瑰花图

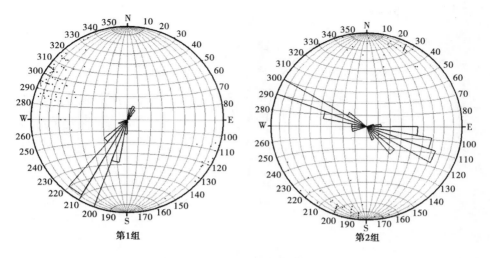

第1组   第2组

图3-67   28#坝段 D_1y^1-3（岩溶发育）分组后极点玫瑰花图

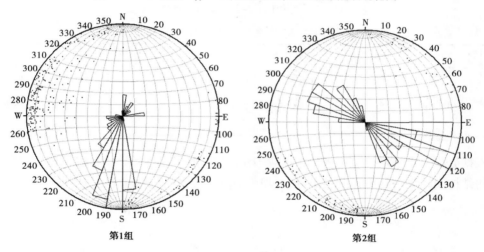

第1组   第2组

图3-68   28#坝段 D_1y^1-2 分组后极点玫瑰花图

29#坝段1个窗口的分组结果如表3-14所示。

表3-14   29#坝段1个窗口的分组结果

窗口标号	组序	裂隙个数	平均倾向（°）	平均倾角（°）	备注
29#坝段 D_1y^1-2	1	60	327	80	陡倾角
	2	79	253	82	陡倾角
	总计	139			

根据表3-14可以看出，29#坝段 D_1y^1-2 中，两个优势分组都是陡倾角。图3-69为29#坝段 D_1y^1-2 分组后极点玫瑰花图。

23#坝段1个窗口的分组结果如表3-15所示。

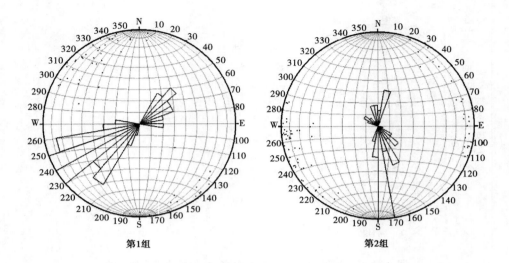

第1组   第2组

图 3-69　$29^{\#}$ 坝段 $D_1 y^1 - 2$ 分组后极点玫瑰花图

表 3-15　$23^{\#}$ 坝段 1 个窗口的分组结果

窗口标号	组序	裂隙个数	平均倾向(°)	平均倾角(°)	备注
$23^{\#}$ 坝段 $D_1 n_{13-2}$	1	22	296	80	陡倾角
	2	58	213	83	陡倾角
	总计	80			

根据分组的结果可以看出来，$23^{\#}$ 坝段 $D_1 n_{13-2}$ 中，两个优势分组的倾角都是陡倾角，第二组的结构面较第一组少，图 3-70 为 $23^{\#}$ 坝段 $D_1 n_{13-2}$ 分组后极点玫瑰花图。

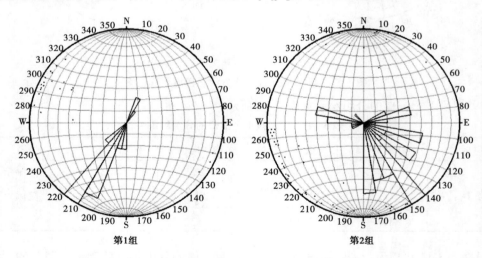

第1组   第2组

图 3-70　$23^{\#}$ 坝段 $D_1 n_{13-2}$ 分组后极点玫瑰花图

$27^{\#}$ 坝段 2 个窗口的分组结果如表 3-16、表 3-17 所示。

表 3-16　27#坝段 $D_1y^1 - 1$ 1 个窗口的分组结果

窗口标号	组序	裂隙个数	平均倾向(°)	平均倾角(°)	备注
27#坝段 $D_1y^1 - 1$	1	20	293	73	陡倾角
	2	30	185	82	陡倾角
	总计	50			

表 3-17　27#坝段 D_1n_{13-3} 1 个窗口的分组结果

窗口标号	组序	裂隙个数	平均倾向(°)	平均倾角(°)	备注
27#坝段 D_1n_{13-3}	1	29	273	80	陡倾角
	2	21	176	83	陡倾角
	总计	50			

从表 3-16 中可以看出两个优势分组都是陡倾角,第二组的结构面较第一组少,图 3-71 为 27#坝段 $D_1y^1 - 1$ 分组后极点玫瑰花图。

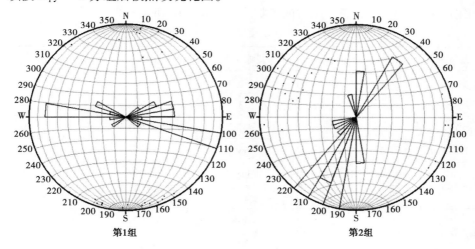

第1组　　　　　　　　　　　第2组

图 3-71　27#坝段 $D_1y^1 - 1$ 分组后极点玫瑰花图

从表 3-17 可以看出两个优势分组的倾角都是陡倾角,图 3-72 为 27#坝段 D_1n_{13-3} 分组后极点玫瑰花图。

从表 3-18 中分析得到:总体上,29#坝段两个优势分组中一组近垂直(143°)于剖面方向,一组近平行剖面方向,其中与剖面方向垂直的那组裂隙对坝基的稳定性有影响。其他坝段近垂直于剖面方向的那组裂隙和剖面的垂直方向有一定夹角,但夹角都较小。出于工程保守性和后期数值建模考虑,将所有坝段的两个优势分组大致分为近垂直于剖面方向与近平行于剖面方向。

由表 3-18 可知,不同坝段/岩层的节理、裂隙产状差异较大,除 29#坝段 $D_1y^1 - 2$ 岩体的裂隙平均倾向与坝基剖面方向近平行/垂直外,其余坝段/岩层的平均裂隙倾向均与剖面方向呈现一定的夹角,20°~40°不等。从三维角度上考虑,与剖面垂直的裂隙对岩体的破坏起到关键作用,当裂隙方向改变后,岩体稳定性变好。当裂隙与剖面平行时,此裂隙仅为岩体

·69·

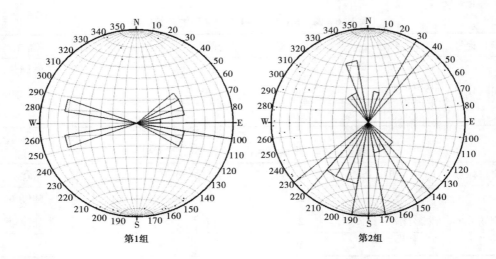

第1组   第2组

图 3-72 $27^{\#}$坝段 D_1n_{13-3} 分组后极点玫瑰花图

破坏的分离面,不构成岩体破坏的溃曲面/剪出面,不影响二维分析计算的结果。

剖面走向为 143°,现把各个坝段的产状总结如表 3-18 所示。

表 3-18   各坝段优势分组结果汇总

编号	组序	裂隙个数	倾向(°)	倾角(°)
$28^{\#}$坝段 D_1y^1-3（岩溶不发育）	1	45	303	79
	2	53	203	83
$28^{\#}$坝段 D_1y^1-3（岩溶发育）	1	113	297	79
	2	66	198	82
$28^{\#}$坝段 D_1y^1-2	1	308	294	81
	2	82	212	82
$29^{\#}$坝段 D_1y^1-2	1	60	327	80
	2	79	253	82
$23^{\#}$坝段 D_1n_{13-2}	1	22	296	80
	2	58	213	83
$27^{\#}$坝段 D_1y^1-1	1	20	293	73
	2	30	185	82
$27^{\#}$坝段 D_1n_{13-3}	1	29	273	80
	2	21	176	83

在建立坝基岩体稳定性分析的二维模型时,需沿剖面方向绘制裂隙(具体可见第 4.2 节)。在表观上,这些裂隙是垂直于剖面方向的。而从三维角度来考虑,大多坝段/岩层的裂隙并不符合这一条件。考虑节理产状方面的因素,二维分析的分析结果是偏保守的,但可以简化计算模型,达到工程合理分析的目的。所以,我们将与剖面夹角较小的一组裂隙视作

与剖面平行;另外一组视为与剖面垂直,此组节理也是影响坝基岩体稳定性的关键因素。

3.2.5　赤平投影分析

赤平极射投影简称赤平投影,是以球体作为投影工具,将物体置于球心,以投影球的北极或南极作为发射点,将物体的点线面投影于赤道平面上的方法。最早应用于天文学中,20世纪80年代才开始被用于岩体的稳定性分析。在边坡稳定性分析中,它是以刚体假设为基础的,将岩体上各组结构面及坡面投影到赤道平面上,通过分析其空间组合关系,并可对岩体的稳定性做出评价。

赤平投影法主要用来表示线、面的方位及其相互之间的角距关系和运动轨迹,把物体三维空间的几何要素(面、线)投影到平面上来进行研究。它是一种简便、直观、形象的综合图解方法。赤平投影图法的特点是:只反映物体线和面产状及角距的关系,而不涉及它们的具体位置、长短大小和距离远近。它以一个球体作为投影工具,以球的中心(球心)作为比较物体的几何要素(点、线、面)的方向和角距的原点,并以通过球心的一个水平面作为投影平面。通过球心并垂直于投影平面的直线和投影球面的交点,称为球极。赤平投影图是将物体的几何要素置于球心。由球心发射射线将所有的点、直线、平面自球心开始投影到球面上,就得到了点、直线、平面的球面投影。由于球面上点、直线、平面的方向和它们之间的角距既不容易观测也不容易表示。于是,再以投影球的南极或北极为发射点,将点、直线、平面的球面投影(点和线)再投影到赤道平面上。这种投影就称为赤平极射投影,由此得到的点、直线、平面在赤道平面上的投影图。

为了分析方便,采用自行编制的赤平极射投影计算机分析程序 Stereoprojection 来处理。对于坝基的几何参数只考虑坝基的倾向,并假设坝基的顶面为水平的,对各坝基进行赤平极射投影的分析。在进行赤平极射投影分析过程中需要将分析的结果用赤平极射投影的方法图示出来。采用随机节理优势分组的结果来进行分析。

图 3-73 为 28$^#$坝段 $D_1y^1 - 3$(岩溶不发育)赤平投影图(图中 L 为层面,J 为结构面,余同);图 3-74 为 28$^#$坝段 $D_1y^1 - 3$(岩溶发育)赤平投影图。

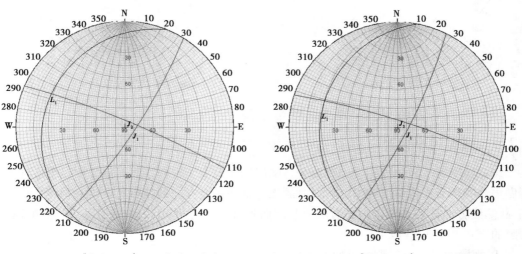

图 3-73　28$^#$坝段 $D_1y^1 - 3$(岩溶不发育)　　　图 3-74　28$^#$坝段 $D_1y^1 - 3$(岩溶发育)

图 3-75 为 28$^#$坝段 $D_1y^1 - 2$ 赤平投影图,图 3-76 为 29$^#$坝段 $D_1y^1 - 2$ 赤平投影图。

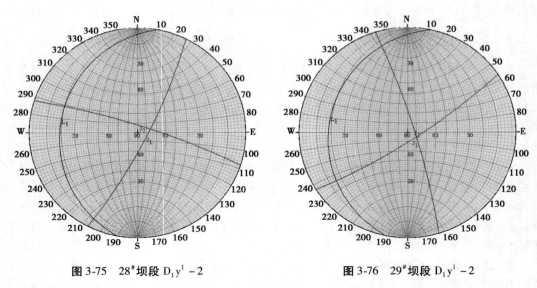

图 3-75 28#坝段 D_1y^1-2 **图 3-76** 29#坝段 D_1y^1-2

图 3-77 为 23#坝段 D_1n_{13-2} 赤平投影图,图 3-78 为 27#坝段 D_1y^1-1 赤平投影图。

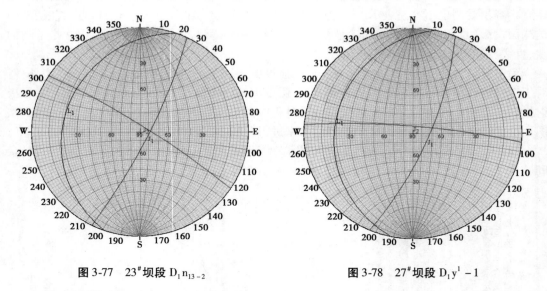

图 3-77 23#坝段 D_1n_{13-2} **图 3-78** 27#坝段 D_1y^1-1

图 3-79 为 27#坝段 D_1n_{13-3} 赤平投影图。

3.2.6 裂隙频率计算

裂隙频率等于与测线相交的裂隙个数除以测线长度。根据 3.2.2 部分中二维迹线图分别做出测线从而求得裂隙频率。可以判断出与剖面垂直方向的裂隙对于坝基稳定性更为不利,故测线方向选取剖面方向。裂隙取与剖面垂直方向夹角 30°以内的裂隙,具体测线截取裂隙的方式如图 3-80 所示。

29#坝段测线截取裂隙结果如表 3-19 所示。

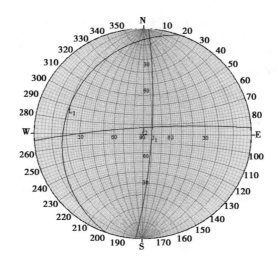

图 3-79 27#坝段 $D_1 n_{13-3}$

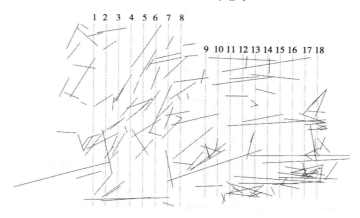

图 3-80 29#坝段 $D_1 y^1 - 2$ 测线截取裂隙示意图

表 3-19 29#坝段 $D_1 y^1 - 2$ 裂隙间距计算结果

测线编号	测线长度（m）	裂隙条数	裂隙频率	裂隙间距（m）
1	15.17	4	0.26	3.79
2	15.17	6	0.40	2.53
3	15.17	5	0.33	3.03
4	15.17	4	0.26	3.79
5	15.17	5	0.33	3.03
6	15.17	4	0.26	3.79
7	15.17	5	0.33	3.03
8	12	8	0.53	1.90
9	12	7	0.58	1.71

测线编号	测线长度（m）	裂隙条数	裂隙频率	裂隙间距（m）
10	12	7	0.58	1.71
11	12	8	0.67	1.5
12	12	12	1	1
13	12	14	1.17	0.86
14	12	11	0.92	1.09
15	12	11	0.92	1.09
16	12	12	1	1
17	12	11	0.92	1.09
18	12	9	0.75	1.33
裂隙频率均值	0.48			
平均间距（m）	2.07			

从表 3-19 可以得到裂隙频率为 0.48，裂隙平均间距取 2 m。

裂隙间距是坝基岩体稳定性数值模拟分析的重要参数，控制了岩体溃曲面或剪出面的位置或范围。后续的建模步骤，充分考虑了这一裂隙间距参数，具体见第 4.2 节，在此不再赘述。

值得一提的是，我们仅计算了 29# 坝段 $D_1y^1 - 2$ 岩层的裂隙平均间距。此岩层的裂隙具有十分突出的特点：一组裂隙的平均倾向与剖面方向一致，且此组节理裂隙数量较多，易构成坝基岩体的溃曲面或剪出面，属于危险程度最高的一组裂隙。其余坝段/岩层的节理裂隙平均倾向大多与剖面方向存在夹角，对应的岩体稳定性会相应增大。受断层力学性质的影响，此段岩层的裂隙平均迹长较大。较大的岩体软弱面系统，易使岩体沿此软弱面系统溃曲/剪出。另外，此段岩体距离泄水闸较近，也是容易破坏的区段。

由上文所述，29# 坝段 $D_1y^1 - 2$ 岩层为稳定性最差的区段，同时此段裂隙的平均间距（2 m）小于其他坝段裂隙的平均间距。为工程保守性与计算方便考虑，统一把其他坝段的裂隙间距取与 29# 坝段一致，即裂隙的平均间距取 2 m。

3.3 三维裂隙网络模拟

3.3.1 研究现状（三维裂隙网络模拟的理论发展及应用）

3.3.1.1 三维裂隙几何要素

为了更为准确地分析岩体的力学与变形性质，需充分考虑岩体空间内的结构面系统，需要采用三维裂隙网络模拟,采用露头面上的二维裂隙生成岩体空间内的三维裂隙系统。一般而言,生成三维裂隙网络包括如下几个步骤:统计均质区划分、优势分组、裂隙产状偏差较正、迹长校正、直径计算、密度计算。

针对每一模拟步骤,研究现状如下所述。

1. 统计均质区划分

岩体内结构面的发育是随机的,极不均匀。如针对整体岩体进行统一模拟,则会忽略岩体结构面不均匀的特性。进行三维裂隙网络模拟的第一步即将统计意义上均匀的区域划分出来,针对每一个统计均质区进行模拟。

Mliller(1983)首次提出岩体统计均质区的概念并利用概率论中的方法对统计均质区进行了划分。Mahtab(1984)等提出将裂隙产状投影到单位圆上的方法对统计均质区进行了划分。

在国内,陈剑平(1996)等对 Miller 法进行修正,将地质的观点和等面积投影法结合起来,用于对均质区进行划分,并取得了良好的效果。范留明(2003)等将不连续面间距作为划分依据,提出了密度分区法,在某水电站均质区划分的应用中证明了该法的可行性。张文(2011)等采用基于随机数学的列联表卡方检验方法,提出和证明了裂隙岩体均质区的划分存在空间效应,并在考虑空间效应的基础上,对具体工程中的裂隙岩体进行统计均质区划分,取得了更接近实际的划分结果。李明(2012)等运用卡方检验法,将节理产状和迹长同时考虑到统计均质区划分中,在工程实践上取得了较好的划分结果。李晓昭(2014)等对关联表和施密特投影网相结合的划分方法进行了改进。宋盛渊(2015)等采用相关系数法,根据不连续面间距对统计均质区进行划分,通过移动空间样本的方法,证明了均质区的划分存在空间效应,并通过声波测试技术验证了划分结果的有效性。阮云凯(2015)等运用 K – S 检验法并考虑裂隙迹长对统计均质区进行了划分。后来,阮云凯(2016)等又提出多裂隙参数的划分方法,即用权的最小平方法和相关系数法确定各参数权重和相似性系数,叠加后确定均质系数来进行划分。

2. 优势分组

岩体中的结构面并不是完全随机且没有规律的,而是可分为较为集中的若干组,不同组裂隙反映了历史上构造应力的巨大变化。我们一般针对裂隙组单独进行模拟,最终将不同裂隙分组合并起来,形成一段岩体区域的三维裂隙网络。前人对此做了大量的研究,并在此研究方向取得了较大的发展与进步。

Shanley 等首次提出了一种客观的结构面产状聚类算法,Hammah(1998)将模糊 C 均值聚类算法应用于结构面优势组的划分。

冯羽等(2011)将传统分析法、模糊等价聚类方法和模糊 C 均值聚类算法(FCM 算法)进行组合,即用传统法直观得到节理分组数,再用模糊等价聚类法计算出每组产状的均值,最后将得到的均值作为初始值代入 FCM 算法计算。组合法提高了产状优势方位的准确性和运算效率,并通过工程实践证明了该法的可靠性。宋金龙等(2012)提出了基于粒子群算法(PSO 法)的 FCM 算法,即将粒子群法的优化目标设为 FCM 算法的初始化分,利用 FCM 的局部寻优提高粒子群算法的精度。此法克服了分组数上的人为因素且精度较高,收敛速度较快。李继明(2012)对 K 均值聚类算法进行了改进,并将其运用到优势分组上。徐黎明等(2013)将变尺度混沌优化算法运用到优势组的划分上来,同时将多种结构面参数考虑进优势组划分,克服了只用结构面产状来进行优势组划分的不准确性,使得优势组划分更接近实际,并通过计算机模拟验证了此法的正确性且在工程中得到了可靠的分组结果。郭牡丹等(2014)在之前的研究中提出了结构面特征分级法(CSPC法),通过层次分析原理计算出CSPC值、倾向和倾角的权重,运用可变模糊聚类分析方法划分优势组。该法说明了在结构面优势分组时,非常有必要考虑结构面力学特征因素的影响,该法相对于只用单一产状分组的划分方法的划分结果更加实际。对于FCM法中需要事先确定聚类中心的缺陷,张奇等(2014)提出基于凝聚层次聚类分析方法的结构面优势分组,这种方法不需确定初始聚类中心并能剔除噪声点和野值。运用新方法和FCM法在随机生成的结构面产状中进行优势分组,证明此法在有无孤值点的情况下均好于FCM法,并将其运用到松塔水电站坝肩结构面优势分组中,取得了满意的结果。刘健等(2014,2015)针对最大、最小距离法中存在的问题做出了改进,即引入密度项来保证优势产状位于高密度区,并在人造和实测产状数据的试算中取得了可靠稳定的分组效果。宋盛渊等(2015)对粒子群算法进行发展,通过量化结构面表面形态、填充物性质等,引入多种结构面参数来划分优势组,使得分组更加接近实际。秦胜伍等(2016)提出基于粗糙集理论的FCM算法,此法能自动搜索聚类中心并克服陷入局部最优解的问题,并在浙江某隧道岩体结构面优势分组中得到了可靠的结果。

3. 裂隙产状偏差校正

现场所采集的裂隙是二维露头面上发育的。不同产状区间内的裂隙比率并不能代表三维空间内的相应比率。例如,与露头面夹角较小的裂隙被采集的概率较小,故这组裂隙在三维空间所占的比率要比在二维露头面上所占的比率大。所以,在进行三维裂隙网络模拟时,还需对产状偏差进行校正。

国内外对产状的偏差校正方面进行了大量的研究工作。Robertson(1970)研究不同统计节理的数对节理产状结果影响。Terzaghi考虑了裂隙产状和观测面方位的关系,提出权重法对由此产生的采样误差进行修正。赵鑫(2006)在其硕士论文中通过建立三维裂隙网络模型模拟,分析检查面大小即裂隙统计数目的多少,来研究取样数量对产状的影响,并给出建议统计裂隙数量。黄磊(2014)在其博士论文中通过详细的数学推导研究了Terzaghi法的误差来源,对于由公式近似替代所产生的理论误差,给出了网格大小和样本密度的建议值,给出了推导产状概率密度函数的数值解法,并建议用累积分布曲线来判断产状分布形式。马明等(2010)在前人研究方法的基础上,从裂隙出露概率不同的角度提出了产状校正的方法并从数值模拟和实际工程验证了可行性。

4. 迹长校正

关于迹长的估算及校正,目前主要以测线法和窗口法为主。测线法在估计节理平均迹长时要考虑迹长的概率分布,但在实际中很难确定。窗口法优点是不需要知道迹长的概率分布和迹线长度,但它假定迹线中点均匀分布。

P. H. S. Kulatilake根据裂隙端点与统计窗之间关系,用点估计法估算平均迹长。Mauldon等应用圆形统计窗估算平均迹长。袁绍国等(2000)研究了节理长度概率密度分布对迹长测量的影响,给出了线测量得出的迹长平均值和分布形式与真实情况的对比,说明根据测量节理迹长来反推空间节理分布并不完全准确。窗口取样法是对各种对迹长偏差校正的方法中相对较好的方法,但它的计算过程仍存在不足。对此问题,陈剑平等(2001)对窗口迹长估值算法的公式进行了修正,并结合实测数据将修正算法与原算法进行对比,提出了一种校正迹长均值更接近实际值的修正算法。王贵宾等(2006)扩展了测线法估计节理迹长的理论基础,利用全部节理数据增加了测线法估计节理迹长的准确性。在圆形窗口法的取样方法研究中,杨春和等(2006)用计算机按同心圆法和相切圆法生成不同位置和半径的取样窗口,并记录每个取样窗口的数据和分析结果,经过分析表明相切法的结果更稳定、更合理。吴琼等(2008)把结构面迹长和迹线与统计窗边线交角看作服从一般概率分布,基于窗口法推导了迹长计算公式。申艳军等(2011)研究了节理平均迹长受统计窗口位置的影响,将同样窗口在不同位置测量所产生的差异归因于节理发育存在地质韵律特征,并给出了选择统计窗位置、尺寸及迹长估算的方法。

程昊等(2013)从节理成因的地质角度,考虑了结构面产状对迹长计算的影响。对S. D. Priest 等提出的,由半迹长测线法求全迹长概率密度函数和迹长均值的方法给予改进。

5. 直径计算

裂隙的大小是三维裂隙网络模拟的重要参数。迄今为止,一般将裂隙视为圆盘,即可采用直径来刻画裂隙的大小。

Barton 等认为是椭圆,Glynn 等认为是泊桑面,Robertson 则认为是薄圆盘。Zhang 假设直径服从负指数分布形式,建立了由露头面上全迹长估算直径公式。黄磊等(2011)基于半迹长测线法,研究了结构面迹长与圆盘直径的关系。黄磊等(2012)基于 Monte Carlo 法模拟结构面集合要素分布,通过编程试算,使试验半迹长分布逼近实测分布而得到直径分布参数,通过多次试算取平均值的方法来降低结果的离散性,提出了能适用于多种直径分布形式的基于半迹长测量法的结构面圆盘直径算法。黄磊等(2012)对半迹长法中的估计结构面直径的 Priest – Zhang 算法进行修正,修正后的算法在风化严重,扰动露头等裂隙较多且长的情况精度有更明显的提高。为了避免窗口法中结构面中心均匀分布假设造成的偏差。张奇等(2015)基于窗口法原理,提出在矩形取样窗口内布置多条测线的新方法,并给出了节理平均迹长的估算公式和二维全迹长概率密度分布形式,根据二维迹长与圆盘三维直径的关系,推到出结构面平均直径估计方法和圆盘概率密度函数的估计。

6. 密度计算

裂隙的密度是三维裂隙网络模拟的另外一个重要参数。密度大小决定了岩体内裂隙的数量,进而决定了岩体的完整性水平。

S. D. Priest 和 J. A. Hudson 发表"岩石中的不连续面间距",建立了 RQD 与测线长度及不连续面线性频率的关系。王良奎等(2002)在前人研究的基础上,运用概率论和数理统计的方法提出了一种面密度与体积密度之间的关系,将平面信息转化成空间信息。王辉等(2005)基于测线取样法,通过对测线长度加权,由特定方向线密度推导任意测线方向线密度,再由线密度与体密度之间的关系推出体密度的方式,提出了求结构面密度分布(线密度、体密度)的方法。周福军等(2013)将分形理论引入不连续面密度的计算中来,证明了不连续面面密度和体密度分别与二维分形数和三维存在相同的增长关系,即可以用分形特征表征不连续面密度特征,并证明运用不连续面的三维分形维数能消除不连续面各向异性能更真实地反映结构面空间信息。郑健等(2015)提出了结构面面密度估算的数字化方法,在建立迹线三维模型后,由计算机自动布置测窗并进行信息后处理得到结构面面密度,这种方法充分运用了三维扫描和近景摄影技术的发展,有着广阔的前景。

3.3.1.2　三维裂隙网络模拟及应用

岩体中的结构面对岩体的强度与变形的重要作用早已为业界认识,但是现场实测的裂隙仅是在露头面上采集的,是二维的,仅用这部分裂隙不能完整地反映岩体在三维空间中的裂隙发育特征。三维裂隙网络模拟则可以求解裂隙的平均迹长、平均产状、密度等参数,从而获得三维空间内裂隙的展布特征。三维裂隙网络模拟是基于概率统计基础上发展起来的描述岩体结构的重要方法。在原理方面,目前三维裂隙网络模拟要研究的方面包括结构面的产状、大小、间距(或密度)、现场测量的取样偏差的纠正等。

三维裂隙网络模拟中关于结构面的产状的研究,Fisher 根据结构面产状在半球分布中关于平均矢量的圆对称分布提出了著名的结构面 Fisher 分布;Watson 提出适用于结构面产状的 Watson 分布,并从概率统计方面提出了结构面的相似判别方法;Shanley 与 Mahtab 采用下半球施密特等面积投影网与概率统计的方法,通过目标函数将烦琐的结构面划分为不同类别以实现优势分组的划分;陈剑平等对 Shanley 与 Mahtab 提出的方法进行了改进;卢波等、Tokhmechi 等、徐黎明等都相继提出了不同的方法对结构面进行分组。

露头面上采集的二维裂隙的迹长与根据其推断得到的三维空间的裂隙大小是裂隙网络模拟的基本要素。关于结构面的大小,Cruden、Priest 与 Hudson 提出了测线法估计平均迹长的方法,充分考虑了结构面采样的截长与截短误差;Pahl 建议过当结构面具有单值性状时平均迹长的估值方法;Kultilake 与 Wu 将测线法扩展到窗口法的平均迹长的估值上,该法对截长偏差进行了一定的修正。在国内,也有很多学者致力于岩体结构面的平均迹长的求算。杨春和等利用圆形窗口法原理,估计了结构面的平均迹长;王贵宾等与钱海涛等也从不同的角度阐述与计算了结构面的平均迹长。在平均迹长的基础上可计算得到三维岩体空间内的结构面大小。

在得到结构面的大小后,岩体内结构面的间距或密度即为生成岩体内结构面的重要因素。关于结构面密度的计算,Skemopton 等、Fookes 与 Denness 采取结构面的个数来刻画其密度;Piteau 用测线法计算了单位距离内的结构面法线方向上结构面的数量即结构面的密度;Kultilake 与 Wu 建立了结构面的一维间距(裂隙频率)与三维结构面密度的关系式;杨春和等利用 Zhang 和 Einstein 提出的圆形窗口法计算平均迹长的原理,在估计平均迹长的同时计算出迹线的中点面密度。

现场的裂隙测量多是在一定大小的取样窗口中进行的。由于取样窗口的大小或露头面的限制,不可避免地存在取样偏差,在三维裂隙网络模拟过程中必须纠正这一偏差。Kultilake 与 Wu 提出了有限不连续面切割有限取样域的概率求法的假定,提出了圆盘不连续面在铅直取样窗口内取样偏差的校正法;随后,Kultilake 等发展了该法,提出了可针对其他形态结构面的矢量校正法。Priest、Wathugala 等在 Terzaghi 提出的方法基础上,使产状偏差校正运用到测线法收集的裂隙上;Maudon 将测线视作无限长的圆柱体,此圆柱体可随半径的设置而变化,从而消除了结构面收集时的边缘效应。

在得到结构面的各项参数的统计特征(如概率分布类型、均值与方差等)以后,即可采用 Monte-Carlo 模拟对各项参数进行融合,得到一定空间内的结构面的具体位置与大小。徐光黎等、陈剑平等总结了各种分布类型随机数的蒙特卡罗生成方法,并对蒙特卡罗模拟误差进行了估计。

三维裂隙网络模拟具有很高的科研与工程意义。国内外学者们采用三维裂隙网络模拟的方法对实际工程进行了分析并得到了很好的分析结果。陈剑平与卢波等分别采用遗传算法与投影法计算了岩体的三维连通率;陈剑平等在三维裂隙网络基础上应用遗传算法搜索不连续面和岩桥组合破坏的临界路径来确定连通率,并提供了三维综合抗剪强度指标;张文针对在建乌东德水电站库区裂隙岩体,采用三维裂隙网络模拟的方法生成了岩体内的裂隙系统,并采用 Matlab 语言对裂隙进行了可视化操作,进而分析该库区裂隙岩体的结构特征。潘别桐等将结构面网络模拟方法引进国内并编制了相应程序,同时利用网络模拟图研究了三峡坝址区的结构面分布。中国水利水电科学院的汪小刚、陈祖煜等编制了结构面网络模拟程序 PREC 并多次应用于国内大型水电工程研究。黄磊等提出了适用于半迹长测线法的岩体结构面迹长与直径关系新模型及新算法关系模型,在汶川地震中得到了成功应用;潘别桐、井兰如等对长江三峡水利枢纽三斗坪坝基和船闸岩体进行了二维结构概率模型专题研究,建立了结构面参数概率模型,模拟坝基和船闸岩体节理网络发育形式;邬爱清和周火明结合三峡永久船闸的施工开挖,对典型区段岩体节理进行了调查和统计,根据对典型区段资料的处理分析,将岩体三维网络模拟与关键块体理论结合起来对三峡船闸高边坡岩体进行结构概化模型研究;张奇基于岩体节理三维网络模拟技术,求解在建松塔水电站坝肩岩体的裂隙连通率;王晓明依托在建乌东德水电站工程,基于三维裂隙网络模型,采用带宽投影法求算裂隙的二维和三维连通率,分析连通率的分布特征和尺寸效应;陈志杰等在湖北省兴山县某水库地质灾害防治工程中应用三维裂隙网络模拟技术,为评价该水库库岸岩体结构特征及工程整治提供依据;王良奎应用三维节理网络模拟技术对隧道块体危岩进行超前地质预报;宋晓晨根据岩体节理三维网络模型确定岩体节理的空间分布,并基于此进行裂隙岩体的渗流特性研究。

如第 3.1 部分所述,我们对 $23^\#$、$27^\#$、$28^\#$、$29^\#$ 坝段的 D_1y^1-3、D_1y^1-2、D_1y^1-1 与 D_1n_{13-2} 岩层进行了裂隙的采集。采集到的裂隙均为二维平面上出露的。要进行坝基稳定性的分析,仅了解露头面上裂隙的几何参数是不够的,尚需对岩体内部的裂隙发育特征进行研究。迄今为止,仅有三维裂隙网络模拟这种方法可获取整个三维空间内的裂隙展布特征。所以,本章进行了三维裂隙网络的模拟(具体见 3.3.2 部分);为获取断续裂隙的等效力学参数,分别进行了连通率的计算与裂隙等效力学参数的计算,具体见 3.3.3、3.3.4 部分所述。

需要指出的是,本章进行的三维裂隙网络模拟仅针对 D_1y^1-2 与 D_1y^1-3 岩体。这是因为,与 D_1n_{13-2} 和 D_1y^1-1 岩体相比,三维裂隙网络模拟更适于 D_1y^1-2 与 D_1y^1-3 岩体,但是这并不影响 D_1n_{13-2} 与 D_1y^1-1 岩体的直接建模计算。在 D_1n_{13-2} 与 D_1y^1-1 岩体中,软弱夹层的间距较薄,为 2~5 m,具体如 3.1 部分所述。而大于夹层间距的裂隙往往较多,故多数裂隙是贯通整个夹层的,没有必要进行三维裂隙网络模拟。对于 D_1y^1-2 与 D_1y^1-3 岩体,这些岩层较厚(往往大于 10 m),裂隙迹长相对则较小(具体如 3.2 部分所述),裂隙是不贯通的。确定 D_1y^1-2 与 D_1y^1-3 岩体的强度,必须知道裂隙在空间内的发育特征,有必要进行三维裂隙网络模拟研究。

3.3.2　三维裂隙网络模型的建立

3.3.2.1　待用三维裂隙网络的生成

此步主要用于验证 3.3.2.2 部分中假设与输出结果的正确性,也是 3.3.2.3 部分的关键步骤。生成三维裂隙网络须确定裂隙在三维空间的参数,即位置、产状、裂隙的大小、裂隙的密度。

　　一般情况下,我们认为裂隙随机分布在一定大小的三维空间内。在生成三维裂隙网络之前,需确定三维空间的大小。待分析的岩层 D_1y^1-2 与 D_1y^1-3 厚度为 10~20 m,空间需大于此尺寸(见图 3-81)。由于三维裂隙网络模拟具有一定的边缘效应,故仍需扩大尺寸进行分析。本书中,生成的三维裂隙网络尺寸为 50 m(x 轴方向)×40 m(y 轴方向)×40 m(z 轴方向)。采用泊松分布的方法在三维空间内生成裂隙的几何中心坐标点。即假设裂隙数为 n,沿 x 轴随机生成 n 个 0~50 的数值,分别沿 y 与 z 轴生成 n 个 0~40 的数值,随机组合 x、y、z 轴上的数值,即可生成裂隙的几何中心坐标点。通过此步确定了裂隙的密度(可视为裂隙数)与裂隙位置,如图 3-82 所示。

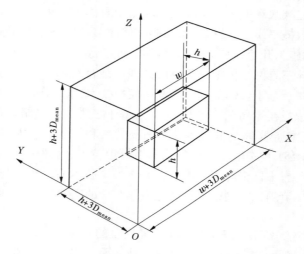

图 3-81　三维裂隙网络模型的扩展尺寸示意图

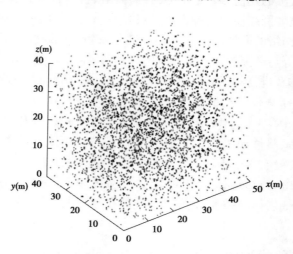

图 3-82　三维裂隙网络的三维展示图(图中的点为裂隙的几何中心点)

　　裂隙的产状服从 Fisher 分布、Bingham 分布,双变量正态分布,经验分布。在本书的研究中,我们充分借鉴现场调查的裂隙产状信息来生成三维空间内的产状数据,即采用经验分布来生成产状数据,具体如 3.3.2.3 部分所示。值得一提的是,在露头面上的裂隙频率与在三维空间内的裂隙频率不同。具体可参考 Terzaghi(1965)(见 3.3.2.3 部分)。裂隙面与露头面夹角越大,露头面上的裂隙频率越能代表三维空间内的裂隙频率。具体修正过程如 3.3.2.3 部分所示。

迄今为止,多将裂隙的形状视为圆盘、矩形、方形、直角三角形、平行四边形、菱形与斜三角形。圆盘是迄今三维裂隙网络模拟最常采用的一种形状,在本书的分析中,我们也将裂隙的形状视为圆盘,即可以采用裂隙圆盘的直径来表达裂隙的大小。裂隙的直径一般服从正态分布、对数正态分布与伽马分布,通过假设圆盘直径服从的概率密度函数生成三维空间内的裂隙直径数据,图 3-83 为上述三种分布的概率密度函数曲线示意图。

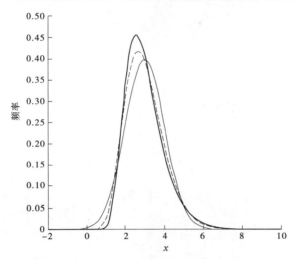

图 3-83　三种分布形式的概率密度曲线(均值均为 3,方差均为 1,
蓝色为正态分布,绿色为伽马分布,红色为对数正态分布)

确定了裂隙数与裂隙的位置、产状与直径数据以后,就可以采用 Monte-Carlo 模拟,随机组合圆盘圆心点、产状与直径大小,即可生成三维裂隙的位置。图 3-84 是采用 Matlab 程序生成的一个待用的三维裂隙网络可视化图,在此图中,裂隙条数为 3 500 条,裂隙圆盘半径 r 服从参数 $\mu = 0.237\ 6$、$\sigma = 0.565\ 8$ 的对数正态分布[$E(r) = 1.488\ 4$,$D(r) = 0.835\ 9$]。

在待用的三维裂隙网络模拟程序中,裂隙的密度(裂隙数)、大小是假设的,这也是 3.3.2.2 与 3.3.2.3 部分中需要求解的。裂隙的位置分布形式及产状与现场是对应的。

3.3.2.2　结构面直径的计算

结构面直径的概率密度函数是三维裂隙网络模拟最为重要的,也是最难获取的一个结构面参数。在此部分中专门讲解获取直径概率密度函数的随机数学方法,具体步骤如下:

(1)假设露头面上迹线中点与圆盘中心点的距离为 u,与圆盘相交的裂隙的半径为 r,生成 u/r 的随机数。

三维空间内裂隙的位置是随机的,即裂隙与露头面的相交位置也是随机的。u 应均匀分布为 $0 \sim r$。所以,u/r 服从 $U(0,1)$。可以采用生成均匀分布随机数的方法生成 n 个 u/r 值。

为验证此结论的合理性,生成待用的三维裂隙网络,此裂隙网络服从 D_1y^1-3(岩溶发育)第一组裂隙产状的经验分布,有 100 000 个裂隙,在不同的直径概率密度函数下,记录每

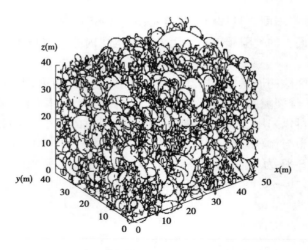

图 3-84　三维裂隙网络的三维显示图

一个与露头面相交裂隙的 u/r，其频率曲线如图 3-85 所示。

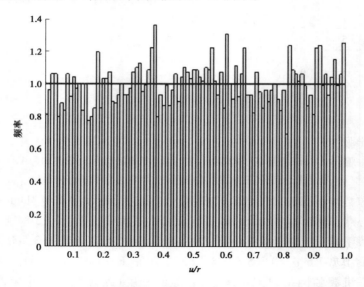

图 3-85　三维裂隙网络与露头面相交的裂隙的 u/r 值的分布

（2）确定 r^2 的均值 $E(r^2)$。

由（1）可知 $u/r \sim U(0,1)$，即 $E(u/r)=1/2$，$D(u/r)=1/12$，采用如下步骤来确定 $E(ch^2/r^2)$，其中 ch 为半迹长。

因为
$$r^2 = ch^2 + u^2$$

所以
$$1 = ch^2/r^2 + u^2/r^2$$
$$E(ch^2/r^2) = 1 - E(u^2/r^2) = 1 - [E(u/r)]^2 - D(u/r)$$
$$= 1 - (1/2)^2 - 1/12 = 2/3$$

虽然有 $r^2 = ch^2 + u^2$，仍认为 ch^2 与 r^2 是相互独立的，这是因为大量离散的 r^2 已严重削弱了其与 ch^2 之间的相互关系。认为 $E(ch^2/r^2) = E(ch^2)/E(r^2)$，即 $E(r^2) = 1.5E(ch^2)$。为验证此结论，采用生成待用三维裂隙网络，裂隙条数为 50 000 条，与露头面相交截出迹线，当此三维裂隙网络服从不同的分布时,得到的 $E(r^2)$ 与 $E(ch^2)$ 列于表 3-20。

表 3-20   三维裂隙网络与露头面相交的裂隙的 $E(r^2)$ 与 $E(ch^2)$ 对比

三维空间中 r 的分布形式	三维空间中 $E(r)$	三维空间中 $D(r)$	α	β	与露头面相交的 $E(r^2)$	与露头面相交的 $E(ch^2)$	$E(r^2)/E(ch^2)$
伽马分布	1	0.1	10	0.1	1.349 7	0.908 0	1.486 5
	1	1	1	1	5.915 8	3.897 4	1.517 9
	5	0.1	250	0.02	25.292 4	16.820 9	1.503 6
	5	1	25	0.2	28.116 2	18.716 6	1.502 2
对数正态分布	1	0.1	−0.047 7	0.308 7	1.333 4	0.900 9	1.480 0
	1	1	−0.346 6	0.832 6	10.304 8	7.091 8	1.453 1
	5	0.1	1.607 4	0.063 2	25.301 5	16.877 2	1.499 2
	5	1	1.589 8	0.198 0	28.093 6	18.622 4	1.508 6
正态分布	1	0.1	—	—	1.294 3	0.872 1	1.484 1
	1	1	—	—	3.647 6	2.446 1	1.491 2
	5	0.1	—	—	25.325 4	17.025 6	1.487 5
	5	1	—	—	27.874 8	18.591 3	1.499 3

由上述步骤,可以根据现场的迹长数据确定 $E(r^2)$。

(3)确定 r^2 的方差 $D(r^2)$。

假设 r^2 可能服从正态分布、对数正态分布与伽马分布。以服从正态分布为例,假设一 $D(r^2)$ 值,结合步骤(2)中的 $E(r^2)$,可生成 r^2 的随机数。由 $ch^2/r^2 = 1-(u/r)^2$,根据(1)中 u/r 的随机数,即可生成 ch^2/r^2 的随机数。r^2 与 ch^2/r^2 的随机数相乘即可得到 ch^2 的随机数。

不断调整 $D(r^2)$ 数值,使模拟与现场的 $D(ch^2)$ 对应。值得一提的是,现场的 ch 存在舍短,即小于 0.5 m 以下的节理并未统计。但此影响可忽略,具体如 3.3.2.4 部分所示。

(4)确定 r^2 服从的概率密度函数类型与 r 的随机数。

不同的分布类型下,通过步骤(3)均可确定一 $D(r^2)$。但对于每一种概率密度函数类型,生成 ch 的随机数是有差异的。所以,计算 ch 随机数与现场 ch 的卡方值,以卡方值最小的概率密度分布函数类型作为最终 r^2 服从的类型。卡方值 χ^2 的计算公式如下:

$$\chi^2 = \sum_{i=1}^{k} \frac{(O_i - E_i)^2}{E_i} \tag{3-1}$$

式中,k 为将数据划分的组数;O_i 为各组的现场实测值;E_i 为模拟出的各组的理论值。

根据 r^2 的概率密度函数,可生成 r^2 的随机数,对每个随机数开方即可得到 r 的随机数。

(5)确定三维空间内裂隙半径 r' 的频数。

上述的 r 为与露头面相交的裂隙半径。但不同大小的裂隙与露头面相交的概率不同。比如,通过上述步骤计算得到的较小的 r 较少,但实际三维空间内的较小的 r 可能会比较多,这是因为较小的交切概率减小了 r 的数量。所以,需要根据 r 来推导三维空间内裂隙的半径 r'。

可采用下式来获取三维空间内一定产状与半径范围的裂隙数量:

$$n'_{ab} = n_{ab} \int_a^b \frac{2r\sin\theta}{L} dr \qquad (3\text{-}2)$$

式中，n_{ab} 为三维空间内半径位于 a 与 b 之间的裂隙数；n'_{ab} 为与露头面相交的半径位于 a 与 b 之间的裂隙数；θ 为裂隙平均产状的法线与露头面法线的夹角；L 为露头面法线方向上三维空间的长度。

（6）确定 r' 的概率密度函数。

由式（3-2）可获得 r' 的频数直方图。随后，可采用单样本 K-S 检验与总体分布的卡方检验确定三维空间内裂隙半径的均值、方差与服从的概率密度函数类型。

单样本 K-S 检验统计量的计算公式为

$$D = \max \left| F_n(x) - F_0(x) \right| \qquad (3\text{-}3)$$

式中，$F_0(x)$ 为理论分布的分布函数；$F_n(x)$ 为样本的累计频率函数。

当自由度相同时，D 值越小，说明拟合程度越高。总体分布的卡方检验统计量的计算公式即是式（3-1）。当自由度相同时，χ^2 值越小，说明拟合程度越高。

3.3.2.3 最终三维裂隙网络的生成

以上计算了三维裂隙网络模拟的关键参数（直径）。在这里，阐述其他参数的获取。以下分别阐述裂隙产状频率的校正、裂隙迹长的校正与裂隙密度的计算。

1.裂隙产状频率的校正

在野外获得的不连续面产状数据，只是与露头面相交的部分。通常一组不连续面多由不同的产状极点构成，产状极点的观测频率不同于真实频率，这就是产状取样偏差。因此，需要对由于取样产生的裂隙产状观测频率进行校正。R.D.Terzaghi（1965）指出，不连续面与露头面相交的概率受不连续面与露头面的交角影响。对于某一产状区段（平均倾角为 α），当现场实测的裂隙数为 N'_{α} 时，可以采用下式校正裂隙的产状频率。

$$N_\alpha = \frac{\dfrac{N'_{\alpha i}}{\sin\alpha_i} N}{\sum \dfrac{N'_{\alpha i}}{\sin\alpha_i}} \qquad (3\text{-}4)$$

式中，N 为最终三维裂隙网络中的裂隙总个数；N_α 为最终三维裂隙网络中校正后的该产状区段的裂隙条数。

2.裂隙迹长的校正

一般情况下，裂隙迹长存在两端不可见、两端可见与仅一端可见的情况。但对于此工程而言，在水平面上获取裂隙数据，几乎所有的裂隙都是两端可见的，故不需要对裂隙迹长进行校正。

但现场的裂隙迹长存在舍短，在 3.3.2.4 部分中会对此进行讨论。

3.裂隙密度的计算

在 3.3.2.1 部分中，可生成待用三维裂隙网络。采用此三维空间内的裂隙数来表征裂隙的密度。不断调整裂隙数，并与露头面相交截出迹线，统计迹线的数量，如果迹线数量 N 服从公式为

$$N = \frac{A'}{A} n \qquad (3\text{-}5)$$

式中,n 为现场实测的裂隙数;A 为现场测区的面积;A' 为三维裂隙网络中露头面的面积。

则认为此裂隙数 N 可作为最终的三维裂隙网络模拟结果。

3.3.2.4 三维裂隙网络模拟过程与结果

1.生成 u/r 的随机数,确定 $\mathrm{E}(r^2)$ 和 $\mathrm{D}(r^2)$

如 3.3.2.2 部分所述,利用生成 u/r 的随机数,由现场实测的迹长数据确定 $\mathrm{E}(r^2)=1.5\,\mathrm{E}(ch^2)$,同时试算 $\mathrm{D}(r^2)$ 的方法,来确定 r^2 服从的分布类型及参数。

在 3.3.2.3 部分中已经提到,现场的 ch 存在舍短,但这并不会对 $\mathrm{D}(ch^2)$ 造成较大的影响。为验证此结论,生成服从各种分布的 r^2 的随机数,其中 $\mathrm{E}(r^2)=3$,$\mathrm{D}(r^2)=1$。由这组 r^2 值,与 ch^2/r^2 的随机数相乘即可得到舍短前的 ch^2 的随机数,开方可得一组 ch 的随机数。将其中小于 0.25 的值全部剔除,再平方,得到舍短后的 ch^2 的随机数。舍短前后的 $\mathrm{E}(ch^2)$ 与 $\mathrm{D}(ch^2)$ 值列于表 3-21 中。可以看到,舍短与否对 $\mathrm{D}(ch^2)$ 影响不大。

表 3-21 舍短前后 $\mathrm{E}(ch^2)$ 与 $\mathrm{D}(ch^2)$ 值对比 $[\mathrm{E}(r^2)=3,\mathrm{D}(r^2)=1]$

r^2服从的分布类型	舍短前 $\mathrm{E}(ch^2)$	舍短后 $\mathrm{E}(ch^2)$	舍短前 $\mathrm{D}(ch^2)$	舍短后 $\mathrm{D}(ch^2)$
对数正态分布(log)	2.000 8	2.203 9	1.333 7	1.303 5
伽马分布(gam)	2.001 4	2.024 8	1.333 7	1.302 8
正态分布(norm)	2.007 7	2.035 6	1.325 9	1.298 0

根据现场实测数据,绘制了现场各优势分组 ch^2 的分布频率直方图,如图 3-86 所示。从图中可以看到,ch^2 的众数不是 ch^2 的最小值,这再一次说明对迹长的舍短是合理的。

2.确定 r^2 服从的概率密度函数类型与 r 的随机数

对于不同的分布类型,经过步骤(1),总能得到一个与现场 $\mathrm{D}(ch^2)$ 对应的 $\mathrm{D}(r^2)$ 值。如 3.3.2.2 部分所述,为了得到 r^2 服从的概率密度函数类型,应计算生成的 ch 随机数与现场 ch 的卡方值,以卡方值最小的概率密度分布函数类型作为最终 r^2 服从的类型。经计算,得到各地层的各优势分组模拟的 r^2 服从的分布,如表 3-22 所示。

表 3-22 各地层的各优势分组的 r^2 模拟结果

地层	优势分组	现场 $\mathrm{E}(ch^2)$	现场 $\mathrm{D}(ch^2)$	r^2				
				均值	方差	分布	α	β
$\mathrm{D_1y^1}$-3(岩溶发育)	1	1.195 3	5.948 7	1.793 0	10.6	对数正态分布	-0.145 1	1.207 5
	2	3.909 0	51.404 1	5.863 4	90.5	对数正态分布	1.123 8	1.135 7
$\mathrm{D_1y^1}$-3(岩溶不发育)	1	1.617 8	4.581 2	2.426 7	7.6	伽马分布	0.774 9	3.131 8
	2	1.857 7	15.409 6	2.786 6	27.6	对数正态分布	0.266 8	1.231 3
$\mathrm{D_1y^1}$-2	1	2.069 1	20.271 3	3.103 7	36.5	对数正态分布	0.349 5	1.251 5
	2	1.607 7	11.350 7	2.411 6	20.3	对数正态分布	0.129 3	1.225 6

图 3-87 为 $\mathrm{D_1y^1}$-3(岩溶发育)第 1 优势分组的 r^2 服从不同分布时生成的半迹长 ch 的模拟值及现场值的分布情况。

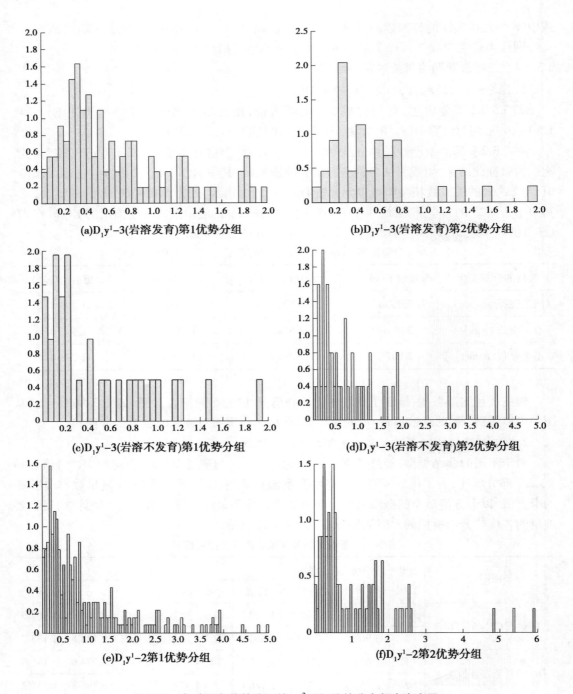

(a)D_1y^1-3(岩溶发育)第1优势分组

(b)D_1y^1-3(岩溶发育)第2优势分组

(c)D_1y^1-3(岩溶不发育)第1优势分组

(d)D_1y^1-3(岩溶不发育)第2优势分组

(e)D_1y^1-2第1优势分组

(f)D_1y^1-2第2优势分组

图 3-86   各地层各优势分组的 ch^2 现场值的分布频率直方图

图 3-88 为 D_1y^1-3（岩溶发育）第 2 优势分组的 r^2 服从不同分布时生成的半迹长 ch 的模拟值及现场值的分布情况。

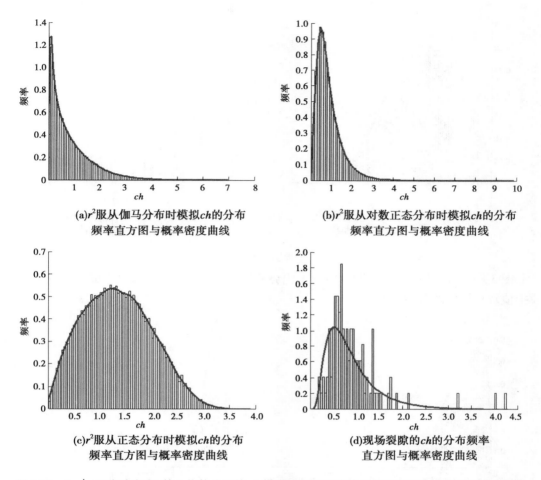

(a)r^2服从伽马分布时模拟ch的分布
频率直方图与概率密度曲线

(b)r^2服从对数正态分布时模拟ch的分布
频率直方图与概率密度曲线

(c)r^2服从正态分布时模拟ch的分布
频率直方图与概率密度曲线

(d)现场裂隙的ch的分布频率
直方图与概率密度曲线

图 3-87 D_1y^1-3(岩溶发育)第 1 优势分组的 ch 模拟值与现场值的分布频率直方图与概率密度曲线

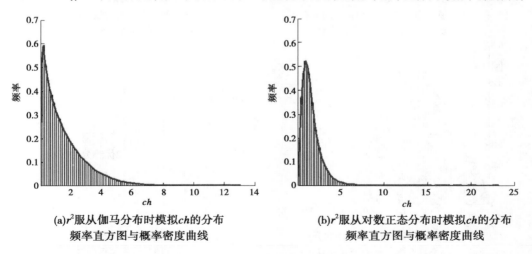

(a)r^2服从伽马分布时模拟ch的分布
频率直方图与概率密度曲线

(b)r^2服从对数正态分布时模拟ch的分布
频率直方图与概率密度曲线

图 3-88 D_1y^1-3(岩溶发育)第 2 优势分组的 ch 模拟值与现场值的分布频率直方图与概率密度曲线

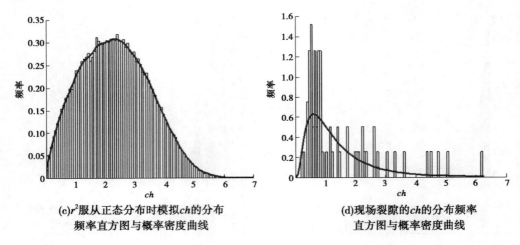

(c)r^2服从正态分布时模拟ch的分布
频率直方图与概率密度曲线

(d)现场裂隙的ch的分布频率
直方图与概率密度曲线

续图 3-88

图 3-89 为 D_1y^1-3(岩溶不发育)第 1 优势分组的 r^2 服从不同分布时生成的半迹长 ch 的模拟值及现场值的分布情况。

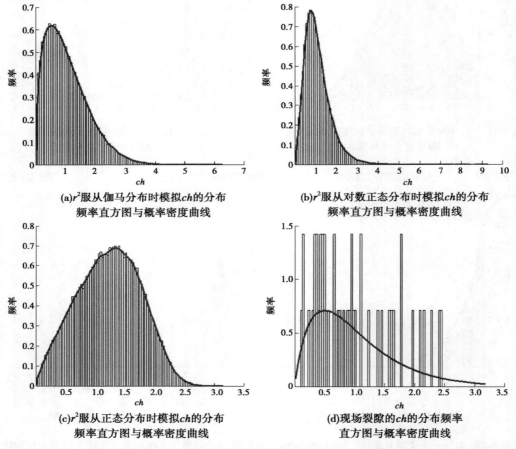

(a)r^2服从伽马分布时模拟ch的分布
频率直方图与概率密度曲线

(b)r^2服从对数正态分布时模拟ch的分布
频率直方图与概率密度曲线

(c)r^2服从正态分布时模拟ch的分布
频率直方图与概率密度曲线

(d)现场裂隙的ch的分布频率
直方图与概率密度曲线

图 3-89 D_1y^1-3(岩溶不发育)第 1 优势分组的 ch 模拟值与现场值的分布频率直方图与概率密度曲线

图 3-90 为 D_1y^1-3(岩溶不发育)第 2 优势分组的 r^2 服从不同分布时生成的半迹长 ch 的

模拟值及现场值的分布情况。

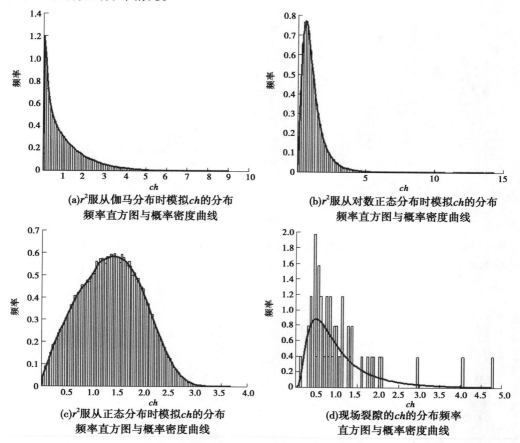

(a)r^2服从伽马分布时模拟ch的分布
频率直方图与概率密度曲线

(b)r^2服从对数正态分布时模拟ch的分布
频率直方图与概率密度曲线

(c)r^2服从正态分布时模拟ch的分布
频率直方图与概率密度曲线

(d)现场裂隙的ch的分布频率
直方图与概率密度曲线

图 3-90　D_1y^1-3(岩溶不发育)第 2 优势分组的 ch 模拟值与现场值的分布频率直方图与概率密度曲线

图 3-91 为 D_1y^1-2 第 1 优势分组的 r^2 服从不同分布时生成的半迹长 ch 的模拟值及现场值的分布情况。

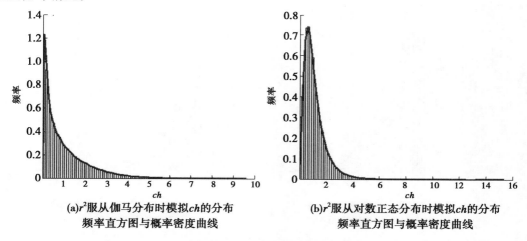

(a)r^2服从伽马分布时模拟ch的分布
频率直方图与概率密度曲线

(b)r^2服从对数正态分布时模拟ch的分布
频率直方图与概率密度曲线

图 3-91　D_1y^1-2 第 1 优势分组的 ch 模拟值与现场值的分布频率直方图与概率密度曲线

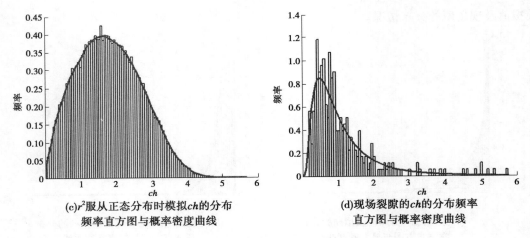

(c)r^2服从正态分布时模拟ch的分布
频率直方图与概率密度曲线

(d)现场裂隙的ch的分布频率
直方图与概率密度曲线

续图 3-91

图 3-92 为 D_1y^1-2 第 2 优势分组的 r^2 服从不同分布时生成的半迹长 ch 的模拟值及现场值的分布情况。

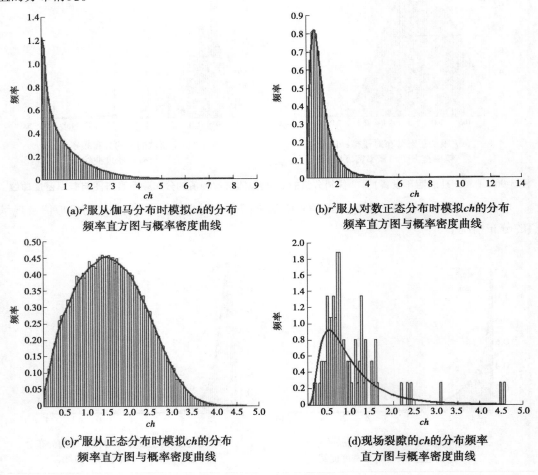

(a)r^2服从伽马分布时模拟ch的分布
频率直方图与概率密度曲线

(b)r^2服从对数正态分布时模拟ch的分布
频率直方图与概率密度曲线

(c)r^2服从正态分布时模拟ch的分布
频率直方图与概率密度曲线

(d)现场裂隙的ch的分布频率
直方图与概率密度曲线

图 3-92 D_1y^1-2 第 2 优势分组的 ch 模拟值与现场值的分布频率直方图与概率密度曲线

得到 r^2 的随机数后，开方即可得到一组 r 的随机数。这就是模拟的三维空间中与露头面相交的裂隙的圆盘半径。

3. 模拟三维空间内裂隙半径 r' 的随机数并确定其概率密度函数

经过步骤 2，可得到一组 r 的随机数。但是，这仅仅是三维空间中与露头面相交的裂隙的圆盘半径。在 3.3.2.3 部分中已经提到，不同半径的裂隙与露头面相交的概率是不同的。为了得到三维空间内裂隙半径 r'，采用式（3-2）反算三维空间中每一个半径区间 $[a，b]$ 内的裂隙条数 n_{ab}，然后在每一个半径区间内生成相应数量的 r' 的随机数。

r' 的模拟与概率密度函数计算结果如表 3-23 所示。

表 3-23　各地层的各优势分组的 r' 模拟结果

地层	优势分组	r'				
		均值	方差	分布	α	β
D_1y^1-3（岩溶发育）	1	0.772 3	0.263 2	对数正态分布	−0.441 1	0.604 6
	2	1.488 4	0.835 9	对数正态分布	0.237 6	0.565 8
D_1y^1-3（岩溶不发育）	1	0.689 0	0.446 4	伽马分布	1.063 4	0.647 9
	2	0.942 6	0.405 3	对数正态分布	−0.247 0	0.613 0
D_1y^1-2	1	0.971 8	0.452 1	对数正态分布	−0.224 1	0.625 4
	2	0.880 9	0.349 7	对数正态分布	−0.312 9	0.609 9

图 3-93 为 D_1y^1-3（岩溶发育）第 1 优势分组的 r 与 r' 的分布情况对比。

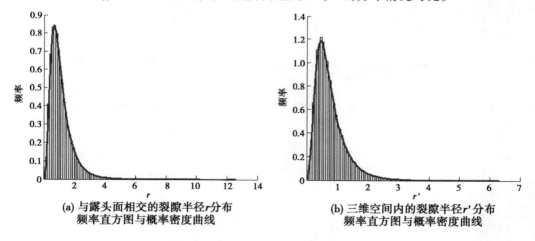

(a) 与露头面相交的裂隙半径 r 分布　　　　(b) 三维空间内的裂隙半径 r' 分布
　　频率直方图与概率密度曲线　　　　　　　　频率直方图与概率密度曲线

图 3-93　D_1y^1-3（岩溶发育）第 1 优势分组的 r 与 r' 的分布频率直方图与概率密度曲线

图 3-94 为 D_1y^1-3（岩溶发育）第 2 优势分组的 r 与 r' 的分布情况对比。

图 3-95 为 D_1y^1-3（岩溶不发育）第 1 优势分组的 r 与 r' 的分布情况对比。

图 3-96 为 D_1y^1-3（岩溶不发育）第 2 优势分组的 r 与 r' 的分布情况对比。

图 3-97 为 D_1y^1-2 第 1 优势分组的 r 与 r' 的分布情况对比。

图 3-98 为 D_1y^1-2 第 2 优势分组的 r 与 r' 的分布情况对比。

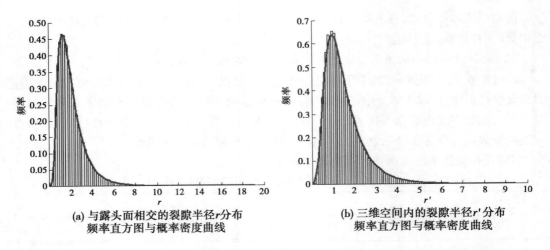

(a) 与露头面相交的裂隙半径r分布
频率直方图与概率密度曲线

(b) 三维空间内的裂隙半径r'分布
频率直方图与概率密度曲线

图 3-94　D_1y^1-3（岩溶发育）第 2 优势分组的 r 与 r' 的分布频率直方图与概率密度曲线

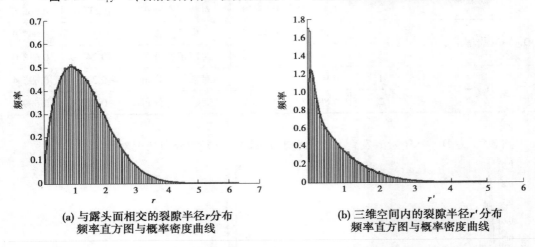

(a) 与露头面相交的裂隙半径r分布
频率直方图与概率密度曲线

(b) 三维空间内的裂隙半径r'分布
频率直方图与概率密度曲线

图 3-95　D_1y^1-3（岩溶不发育）第 1 优势分组的 r 与 r' 的分布频率直方图与概率密度曲线

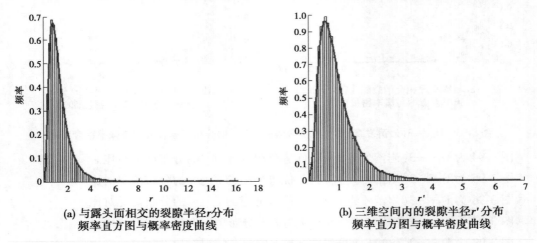

(a) 与露头面相交的裂隙半径r分布
频率直方图与概率密度曲线

(b) 三维空间内的裂隙半径r'分布
频率直方图与概率密度曲线

图 3-96　D_1y^1-3（岩溶不发育）第 2 优势分组的 r 与 r' 的分布频率直方图与概率密度曲线

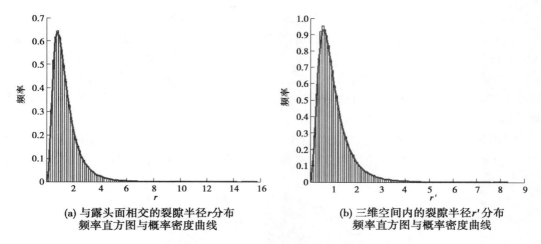

(a) 与露头面相交的裂隙半径r分布
频率直方图与概率密度曲线

(b) 三维空间内的裂隙半径r'分布
频率直方图与概率密度曲线

图 3-97 D_1y^1-2 第 1 优势分组的 r 与 r' 的分布频率直方图与概率密度曲线

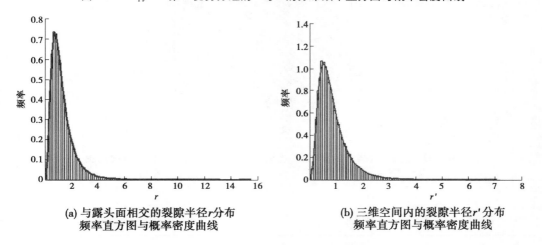

(a) 与露头面相交的裂隙半径r分布
频率直方图与概率密度曲线

(b) 三维空间内的裂隙半径r'分布
频率直方图与概率密度曲线

图 3-98 D_1y^1-2 第 2 优势分组的 r 与 r' 的分布频率直方图与概率密度曲线

4.裂隙的密度

经过步骤3,确定了各地层的各优势分组三维裂隙网络的裂隙半径 r' 的概率密度函数。为了得到与现场实测结果相匹配的裂隙密度(如 3.3.2.3 部分所述,采用三维空间裂隙数 N' 来表征裂隙密度),采用试算的方法,即生成待用三维裂隙网络,裂隙条数为 N' 条,裂隙的圆盘半径 r' 服从步骤 3 中拟合的概率密度函数,与露头面相交截出迹线,统计与露头面相交的迹线的数量 N。不断调整 N' 的值,直至得到的 N 满足式(3-5)。各地层的各优势分组的 N' 值列于表 3-24。

表 3-24 各地层的各优势分组的裂隙密度 N' 模拟结果

地层	D_1y^1-3(岩溶发育)		D_1y^1-3(岩溶不发育)		D_1y^1-2	
优势分组	1	2	1	2	1	2
三维空间裂隙数 N'	3 500	12 500	16 300	13 500	16 200	5 000

5.检验拟合效果——半迹长 ch 值的模拟分布与实测分布对比

为了观察拟合的效果,对于每一地层岩性的每一优势分组,生成相应的三维裂隙网络,其中的裂隙条数采用步骤 4 计算出的 N',裂隙的圆盘半径 r' 服从表 3-23 中的分布形式。模拟一个露头面与此三维裂隙网络相交,统计与露头面相交的裂隙的半迹长 ch 值,与现场实测的裂隙的半迹长 ch 值对比,分别确定其概率密度函数,计算结果列于表 3-25 和表 3-26。

图 3-99 为 D_1y^1-3(岩溶发育)第 1 优势分组的三维裂隙网络的三维显示图,图 3-100 为此三维裂隙网络与露头面相交的裂隙半迹长 ch 与现场 ch 值的拟合情况示意图。

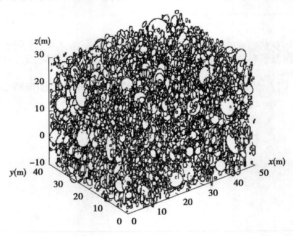

图 3-99　D_1y^1-3(岩溶发育)第 1 优势分组的三维裂隙网络的三维显示图

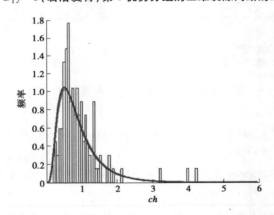

图 3-100　D_1y^1-3(岩溶发育)第 1 优势分组的三维空间内与露头面相交的裂隙的半迹长 ch 分布
直方图与概率密度曲线(红色为模拟结果,蓝色为现场拟合曲线)

图 3-101 为 D_1y^1-3(岩溶发育)第 2 优势分组的三维裂隙网络,图 3-102 为此三维裂隙网络与露头面相交的裂隙半迹长 ch 与现场 ch 值的拟合情况示意图。

图 3-103 为 D_1y^1-3(岩溶不发育)第 1 优势分组的三维裂隙网络,图 3-104 为此三维裂隙网络与露头面相交的裂隙半迹长 ch 与现场 ch 值的拟合情况示意图。

图 3-105 为 D_1y^1-3(岩溶不发育)第 2 优势分组的三维裂隙网络,图 3-106 为此三维裂隙网络与露头面相交的裂隙半迹长 ch 与现场 ch 值的拟合情况示意图。

表 3-25 三维裂隙网络与露头面相交的裂隙的半迹长 ch 拟合结果

地层	优势分组	与露头面相交的裂隙条数 N	均值	方差	总体分布的卡方检验					单样本 K-S 检验		
					自由度	χ^2	α	β	分布	自由度	K-S 值	分布
D_1y^{1-3}（岩溶发育）	1	465	0.857 3	0.399 9	12	15.432 3	-0.371 1	0.659 1	对数正态分布	15	0.098 4	对数正态分布
	2	259	1.617 3	1.315 5	12	34.747 2	1.988 2	0.813 4	伽马分布	15	0.028 5	伽马分布
D_1y^{1-3}（岩溶不发育）	1	529	1.052 3	0.624 1	12	8.093 5	1.774 3	0.593 1	伽马分布	15	0.008 8	伽马分布
	2	623	1.071 6	0.671 7	12	11.085 4	-0.161 1	0.678 6	对数正态分布	15	0.005 2	对数正态分布
D_1y^{1-2}	1	768	1.122 6	0.732 2	12	15.582 3	-0.113 4	0.676 8	对数正态分布	15	0.019 1	对数正态分布
	2	204	0.993 9	0.528 3	12	19.286 1	-0.220 4	0.654 6	对数正态分布	15	0.027 0	对数正态分布

表 3-26 各地层的各优势分组现场实测裂隙的半迹长 ch 拟合结果

地层	优势分组	平均倾向	平均倾角	现场条数	均值	方差	总体分布的卡方检验					单样本 K-S 检验		
							自由度	χ^2	α	β	分布	自由度	K-S 值	分布
D_1y^{1-3}（岩溶发育）	1	297°	79°	113	0.905 2	0.379 4	27	54.563 7	-0.289 9	0.616 9	对数正态分布	30	0.090 7	对数正态分布
	2	198°	82°	66	1.475 2	1.760 6	27	41.449 9	0.092 4	0.769 9	对数正态分布	30	0.127 2	对数正态分布
D_1y^{1-3}（岩溶不发育）	1	303°	79°	45	1.035 8	0.557 2	27	32.312 1	1.925 5	0.537 9	伽马分布	30	0.086 1	伽马分布
	2	203°	83°	53	1.056 9	0.755 0	27	43.226 5	-0.202 9	0.718 6	对数正态分布	30	0.078 3	对数正态分布
D_1y^{1-2}	1	294°	81°	308	1.094 6	0.874 0	12	22.759 7	-0.183 6	0.740 2	对数正态分布	15	0.033 5	对数正态分布
	2	212°	82°	82	1.013 3	0.588 1	12	48.882 0	-0.213 1	0.672 9	对数正态分布	15	0.089 5	对数正态分布

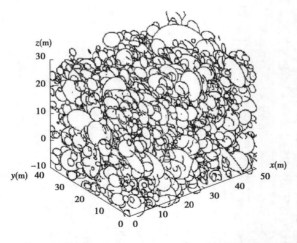

图 3-101 　 D_1y^1 -3（岩溶发育）第 2 优势分组的三维裂隙网络的三维显示图

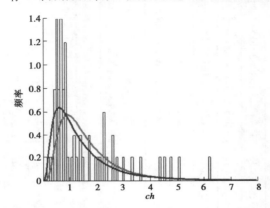

图 3-102 　 D_1y^1 -3（岩溶发育）第 2 优势分组的三维空间内与露头面相交的裂隙的半迹长 ch 分布
直方图与概率密度曲线（红色为模拟结果,蓝色为现场拟合曲线）

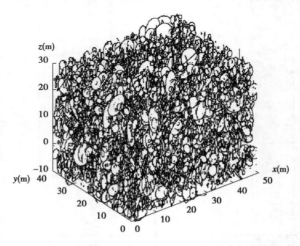

图 3-103 　 D_1y^1 -3（岩溶不发育）第 1 优势分组的三维裂隙网络的三维显示图

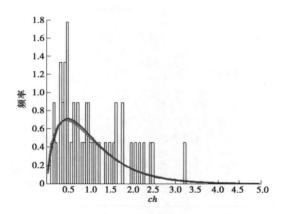

图 3-104 D_1y^1-3(岩溶不发育)第 1 优势分组的三维空间内与露头面相交的裂隙的半迹长 ch 分布直方图与概率密度曲线(红色为模拟结果,蓝色为现场拟合曲线)

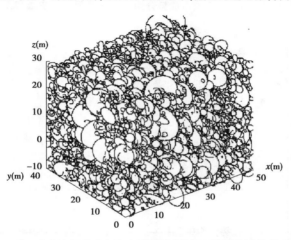

图 3-105 D_1y^1-3(岩溶不发育)第 2 优势分组的三维裂隙网络的三维显示图

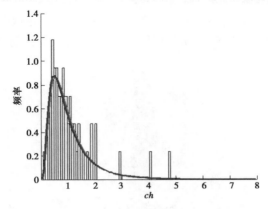

图 3-106 D_1y^1-3(岩溶不发育)第 2 优势分组的三维空间内与露头面相交的裂隙的半迹长 ch 分布直方图与概率密度曲线(红色为模拟结果,蓝色为现场拟合曲线)

图 3-107 为 D_1y^1-2 第 1 优势分组的三维裂隙网络的三维显示图,图 3-108 为此三维裂隙网络与露头面相交的裂隙半迹长 ch 与现场 ch 值的拟合情况示意图。

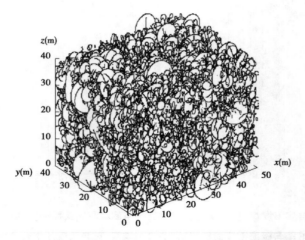

图 3-107　D_1y^1-2 第 1 优势分组三维裂隙网络的三维显示图

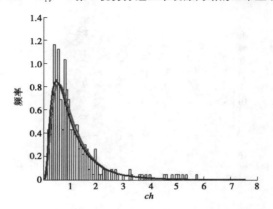

图 3-108　D_1y^1-2 第 1 优势分组的三维空间内与露头面相交的裂隙的半迹长 ch 分布

直方图与概率密度曲线(红色为模拟结果,蓝色为现场拟合曲线)

图 3-109 为 D_1y^1-2 第 2 优势分组的三维裂隙网络的三维显示图,图 3-110 为此三维裂隙网络与露头面相交的裂隙半迹长 ch 与现场 ch 值的拟合情况示意图。

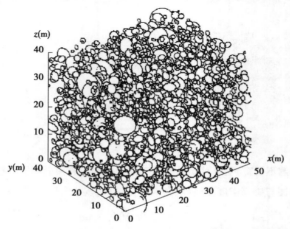

图 3-109　D_1y^1-2 第 2 优势分组的三维裂隙网络的三维显示图

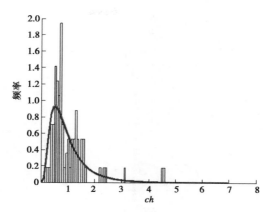

图 3-110　D_1y^1-2 第 2 优势分组的三维空间内与露头面相交的裂隙的半迹长 ch 分布

直方图与概率密度曲线(红色为模拟结果,蓝色为现场拟合曲线)

由以上各优势分组的半迹长 ch 值的模拟分布与实测分布对比图可以看到,以上模拟过程得到的模拟迹长的分布与现场相符合。

各地层的各优势分组的迹长、半径、密度模拟结果汇总于表 3-27。

3.3.3　裂隙连通率

在裂隙岩体稳定性分析中,必须考虑剖面上的裂隙特征。在分析计算中,通常将假想破坏面简化为一条贯通的裂隙。然而现场的裂隙并不是完全贯通的,这条假想的裂隙的力学参数的选取就需要以裂隙连通率的计算为前提。本节讨论连通率的计算问题。计算连通率需要先用一个平面与三维裂隙网络进行截切,在这个剖面内进行连通率的计算。

3.3.3.1　计算剖面上裂隙的生成

在 3.3.2 部分中生成了 28# 坝段各地层岩性各优势分组的三维裂隙网络。由于现场的裂隙的产状是多种多样的,首先将同一地层的不同优势分组的三维裂隙网络加以合并,然后再获取计算剖面。

在 3.3.2 部分中已经提到,把裂隙视为圆盘,并忽略裂隙的厚度及其在厚度方向上的起伏。决定裂隙圆盘位置、大小与形态的参数有圆盘中心点的坐标、圆盘直径及裂隙的倾向与倾角。以这些参数即可建立裂隙圆盘的解析表达式;由于稳定性计算剖面的走向为 143°(即与坝轴线垂直),因此在这里选取走向为 143° 的铅直平面 $y = y_0$ 作为计算剖面,并与三维裂隙网络相截切。裂隙在计算剖面上的迹线由下式确定:

$$\left.\begin{aligned}
&A(x - x_c) + B(y - y_c) + C(z - z_c) = 0 \\
&(x - x_c)^2 + (y - y_c)^2 + (z - z_c)^2 \leqslant D^2/4 \\
&A = \sin\beta\cos\alpha \\
&B = \sin\alpha\sin\beta \\
&C = \cos\beta \\
&y = y_0
\end{aligned}\right\} \tag{3-6}$$

式中,α 为裂隙圆盘的倾向;β 为裂隙圆盘的倾角;D 为裂隙圆盘的直径;(x_c, y_c, z_c) 为裂隙圆盘中心点的坐标。

表 3-27　各地层的各优势分组模拟主要参数汇总

地层	优势分组	平均倾向	平均倾角	现场条数	r' 均值	r' 方差	r' 分布	r' α	r' β	现场实测半迹长 ch 均值	方差	分布	α	β	三维裂隙网络与露头面相交的半迹长 ch 均值	方差	分布	α	β	三维空间裂隙数 N	裂隙密度 (m⁻³)
D₁y¹⁻³（岩溶发育）	1	297°	79°	113	0.772 3	0.263 2	对数正态分布	−0.441 1	0.604 1	0.905 2	0.379 4	对数正态分布	−0.289 9	0.616 9	0.857 3	0.399 9	对数正态分布	−0.371 1	0.659 1	12 500	0.156 25
	2	198°	82°	66	1.488 4	0.835 9	正态分布	0.237 6	0.565 8	1.475 2	1.760 6	正态分布	0.092 4	0.769 9	1.617 3	1.315 5	伽马分布	1.988 2	0.813 4	3 500	0.043 75
D₁y¹⁻³（岩溶不发育）	1	303°	79°	45	0.689 0	0.446 4	伽马分布	1.063 4	0.647 9	1.035 8	0.557 2	伽马分布	1.925 5	0.537 1	1.052 3	0.624 1	伽马分布	1.774 3	0.593 1	16 300	0.203 75
	2	203°	83°	53	0.942 6	0.405 3	对数正态分布	−0.247	0.613 0	1.056 9	0.755 0	对数正态分布	−0.202 9	0.718 0	1.071 9	0.671 7	对数正态分布	−0.161 1	0.678 6	13 500	0.168 75
D₁y¹⁻²	1	294°	81°	308	0.971 8	0.452 1	正态分布	−0.224 1	0.625 1	1.094 6	0.874 0	正态分布	−0.183 6	0.740 2	1.122 2	0.732 2	正态分布	−0.113 4	0.676 8	16 200	0.202 50
	2	212°	82°	82	0.880 9	0.349 7	正态分布	−0.312 9	0.609 9	1.013 3	0.588 1	正态分布	−0.213 1	0.672 9	0.993 1	0.528 3	正态分布	−0.220 4	0.654 6	5 000	0.062 50

对于28#坝段的三个地层，利用3.3.2部分中已经生成的待用三维裂隙网络，固定计算剖面的走向，改变y_0的值，可以生成多个计算剖面，图3-33~图3-44为其中的12个剖面。

三维网络中的裂隙是随机分布的，且与真实发育的裂隙的统计特征是一致的，亦可认为切割成的二维剖面上裂隙的统计特征与真实发育的裂隙的统计特征是一致的，故可将生成的计算剖面来代替相同统计特征不同位置的真实岩体中的裂隙，进而计算连通率。

3.3.3.2 Dijkstra算法

连通率计算的思想是：在二维尺度中寻找一条贯通的破坏面，使其尽可能多地通过裂隙。统计破坏面经过的裂隙的长度之和，与该破坏面的总长度之比，即为计算得到的连通率。由于现场的裂隙的平均倾角为79°左右，因此使破坏面的入口和出口间的连线的倾角也为79°。由于沿入口与出口之间的最短路径就是要寻找的贯通破坏面，问题就归结到如何寻找入口与出口之间的最短路径上了。而Dijkstra算法为我们解决了这一问题。

Dijkstra算法是Dijkstra于1959年提出的计算两点间最短路径的一种方法，具有原理简单、计算快捷的优点。本节就采用Dijkstra算法计算连通率。

Dijkstra算法的具体步骤如下：

（1）假设S为起点，S与任一顶点x之间的最短距离为$d(x)$。令$d(S)$为零，对于非S的x点，$d(x)$为无穷大。以"着色"来代表选择的点，开始时先对S着色，令$y=S$。

（2）对于没有选择或着色的点，需重新分配$d(x)$的值：

$$d(x) = \min\{d(x), d(y) + a(y,x)\} \tag{3-7}$$

式中，$a(y,x)$为y与x之间的距离。

选择$d(x)$最小值的x点，对其着色。除对顶点着色外，还可以对顶点之间的弧(y,x)着色，使$y=x$。

（3）若算法的终点T已被着色，则搜索停止；否则，转第（2）步进行计算。

以图3-111为例，用Dijkstra算法找出从S到T的最短路径的步骤如下：

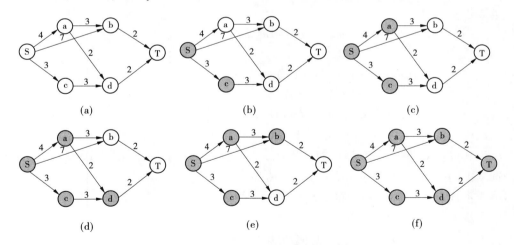

图3-111　Dijkstra算法计算步骤示意图

第1步开始，只有S着色[见图3-111(a)]，$d(S)=0$。而且对于所有$x\neq S$，$d(x)=\infty$。

第2步$y=S$，即

$$d(a) = \min\{d(a), d(S) + a(S,a)\}$$

$$= \min\{\infty, 0+4\} = 4$$

$$d(b) = \min\{d(b), d(S)+a(S,b)\}$$

$$= \min\{\infty, 0+7\} = 7$$

$$d(c) = \min\{d(c), d(S)+a(S,c)\}$$

$$= \min\{\infty, 0+3\} = 3$$

$$d(d) = \min\{d(d), d(S)+a(S,d)\}$$

$$= \min\{\infty, 0+\infty\} = \infty$$

$$d(t) = \min\{d(t), d(S)+a(S,t)\}$$

$$= \min\{\infty, 0+\infty\} = \infty$$

由于 $d(c) = 3$ 是最小值,所以对 c 点着色,并对确定 $d(c)$ 的弧 (S,c) 着色,见图 3-111(b)。

第 3 步顶点 t 未着色,返回第 2 步。

第 2 步 $y = c$,即

$$d(a) = \min\{d(a), d(c)+a(c,a)\}$$

$$= \min\{4, 3+\infty\} = 4$$

$$d(b) = \min\{d(b), d(c)+a(c,b)\}$$

$$= \min\{7, 3+\infty\} = 7$$

$$d(d) = \min\{d(d), d(c)+a(c,d)\}$$

$$= \min\{\infty, 3+3\} = 6$$

$$d(t) = \min\{d(t), d(c)+a(c,t)\}$$

$$= \min\{\infty, 3+\infty\} = \infty$$

由于 $d(a) = 4$ 是最小值,所以对顶点 a 着色,并对确定 $d(a)$ 的弧 (S,a) 着色,见图 3-111(c)。

第 3 步顶点 t 未着色,返回第 2 步。

第 2 步 $y = a$,即

$$d(b) = \min\{d(b), d(a)+a(a,b)\}$$

$$= \min\{7, 4+3\} = 7$$

$$d(d) = \min\{d(d), d(a)+a(a,d)\}$$

$$= \min\{6, 4+2\} = 6$$

$$d(t) = \min\{d(t), d(a)+a(a,t)\}$$

$$= \min\{\infty, 4+\infty\} = \infty$$

由于 $d(d) = 6$ 是最小值,所以对 d 着色,并确定 $d(d)$ 的弧有两条[即 (c,d) 和 (a,d)],可任选其中的一条,对其着色,选 (c,d),见图 3-111(d)。

第 3 步顶点 t 未着色,返回第 2 步。

第 2 步 $y = d$,即

$$d(b) = \min\{d(b), d(d)+a(d,b)\}$$

$$= \min\{7, 6+\infty\} = 7$$

$$d(t) = \min\{d(t), d(d)+a(d,t)\}$$

$$= \min\{\infty, 6+2\} = 8$$

由于 $d(b) = 7$ 是最小值,所以对点 b 着色,对确定 $d(b)$ 的弧 (S,b) 着色,见图 3-111(e)。

第 3 步顶点 t 未着色,返回第 2 步。

第 2 步 $y=b$,即

$$d(t) = \min\{\ d(T), d(b)+a(b,T)\ \}$$
$$= \min\{8,7+2\} = 8$$

对点 T 及弧 (d,T) 着色。最终的最短路径树形图由弧 (S,c)、(S,a)、(c,d)、(S,b) 和 (d,T) 组成,见图 3-111(f)。

从 S 到 T 的最短路径由弧 (S,c)、(c,d) 和 (d,T) 组成,其长度为 $3+3+2=8$。

由此,可以用 Dijkstra 算法搜索入口和出口之间的最短路径,进而计算连通率。在采用 Dijkstra 算法搜索最短路径之前,需生成斜坡剖面上的裂隙,而这在 3.3.3.1 部分中的式(3-6)已经完成了。值得一提的是,需要剔除与剖面交角较小的裂隙,这是因为这些裂隙在稳定性计算中不提供破坏面,只提供分离面,在最短路径搜索中基本上没有作用。我们规定,仅保留那些走向与坝轴线走向夹角在 30° 以内的裂隙。

Dijkstra 算法针对点进行搜索。所以,在实际搜索时,需将裂隙迹线进行离散化。本节统一将剖面内的裂隙分为 4 个裂隙点(三等分)。将同一裂隙内两点的距离设为岩桥中相同距离的 0.01 倍。

在搜索最短路径之前,需限定路径的入口与出口。在 3.3.2 部分中已经提到,生成的三维裂隙网络尺寸为 50 m(x 轴方向)×40 m(y 轴方向)×40 m(z 轴方向)。采用的入口的 z 坐标均为 30 m,出口 z 坐标均为 −10 m,但是在确定入口和出口的 x 坐标时要特别注意,由于现场实测裂隙的平均倾角在 79° 左右,因此须使出口和入口相连的直线的倾角为 79°,这一点在前面已经提及。只要确定一个入口和对应的出口,采用 Dijkstra 算法搜索,即可形成一个待定最短路径。此最短路径保证了入口与出口之间经过的裂隙长度最长,抗剪强度最小。在 Dijkstra 算法的设计过程中,将二维裂隙系统的边界假设为裂隙,其长度计算方法与系统中的裂隙相同,故在限定入口与出口后,Dijkstra 算法会根据其周围发育的裂隙动态地选择某一裂隙作为新的入口与出口。

需要指出的是,采用 Dijkstra 算法搜索时,完全忽略了力的影响,只考虑了裂隙的几何因素,故搜索到的路径可能在力学意义上是不可取的。因此,在 Dijkstra 算法的运用过程中,应综合考虑最短路径的整体形态与可能受到的力的大小与方向,对不可能产生或很难产生的最短路径进行剔除或降低其对最终结果的影响。

3.3.3.3 连通率计算结果

对 3.3.3.1 部分中生成的计算剖面施以 Dijkstra 算法,得到的最短路径如图 3-112 ~ 图 3-123 所示。

图 3-112~图 3-115 为 D_1y^1−3(岩溶不发育)的四个计算剖面的情况。

图 3-116~图 3-119 为 D_1y^1−3(岩溶发育)的四个计算剖面的情况。

图 3-120~图 3-123 为 D_1y^1−2 的四个计算剖面的情况。

在每一个计算剖面中,搜索得到的最短路径上的裂隙长度与最短路径的比值即是该路径的连通率。表 3-28 为 D_1y^1−3(岩溶不发育)计算剖面的连通率计算结果。

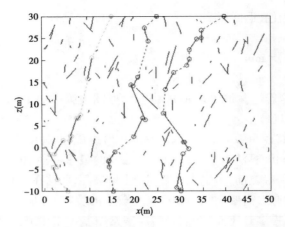

图 3-112　D_1y^1-3(岩溶不发育)的连通率计算剖面[$y_0 = 10$ m,入口坐标(15 m,30 m),
(25 m,30 m),(40 m,30 m),对应的出口坐标(6.2 m,-10 m),(16.2 m,-10 m),(31.2 m,-10 m)]

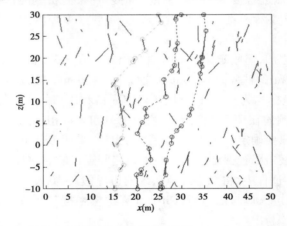

图 3-113　D_1y^1-3(岩溶不发育)的连通率计算剖面[$y_0 = 20$ m,入口坐标(25 m,30 m),
(30 m,30 m),(35 m,30 m),对应的出口坐标(16.2 m,-10 m),(21.2 m,-10 m),(26.2 m,-10 m)]

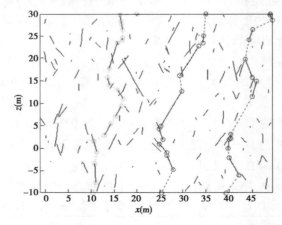

图 3-114　D_1y^1-3(岩溶不发育)的连通率计算剖面[$y_0 = 25$ m,入口坐标(20 m,30 m),
(30 m,30 m),(49 m,30 m),对应的出口坐标(11.2 m,-10 m),(21.2 m,-10 m),(40.2 m,-10 m)]

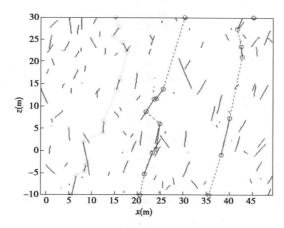

图 3-115 D_1y^1-3(岩溶不发育)的连通率计算剖面[$y_0 = 30$ m,入口坐标(15 m,30 m),(30 m,30 m),(45 m,30 m),对应的出口坐标(6.2 m,-10 m),(21.2 m,-10 m),(36.2 m,-10 m)]

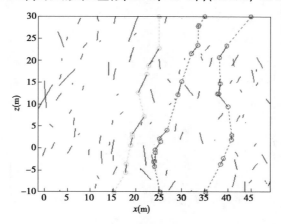

图 3-116 D_1y^1-3(岩溶发育)的连通率计算剖面[$y_0 = 10$ m,入口坐标(25 m,30 m),(35 m,30 m),(45 m,30 m),对应的出口坐标(16.2 m,-10 m),(26.2 m,-10 m),(36.2 m,-10 m)]

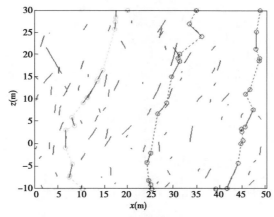

图 3-117 D_1y^1-3(岩溶发育)的连通率计算剖面[$y_0 = 15$ m,入口坐标(20 m,30 m),(35 m,30 m),(49 m,30 m),对应的出口坐标(11.2 m,-10 m),(26.2 m,-10 m),(40.2 m,-10 m)]

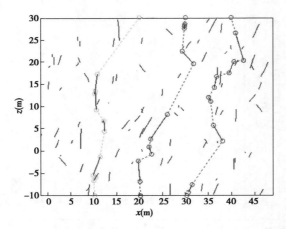

图 3-118 D_1y^1-3(岩溶发育)的连通率计算剖面[y_0 = 20 m,入口坐标(20 m,30 m),
(30 m,30 m),(40 m,30 m),对应的出口坐标(11.2 m,-10 m),(21.2 m,-10 m),(31.2 m,-10 m)]

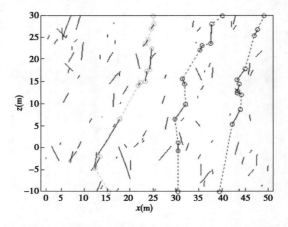

图 3-119 D_1y^1-3(岩溶发育)的连通率计算剖面[y_0 = 30 m,入口坐标(25 m,30 m),
(40 m,30 m),(49 m,30 m),对应的出口坐标(16.2 m,-10 m),(31.2 m,-10 m),(40.2 m,-10 m)]

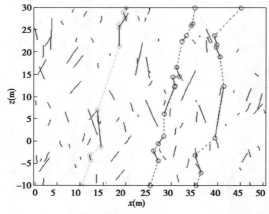

图 3-120 D_1y^1-2 的连通率计算剖面[y_0 = 10 m,入口坐标(20 m,30 m),
(35 m,30 m),(45 m,30 m),对应的出口坐标(11.2 m,-10 m),(26.2 m,-10 m),(36.2 m,-10 m)]

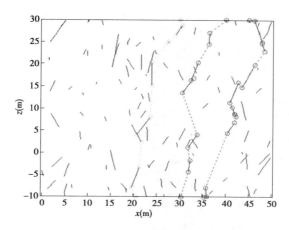

图 3-121 D_1y^1-2 的连通率计算剖面[$y_0 = 15$ m,入口坐标(30 m,30 m),
(40 m,30 m),(45 m,30 m),对应的出口坐标(21.2 m,-10 m),(31.2 m,-10 m),(36.2 m,-10 m)]

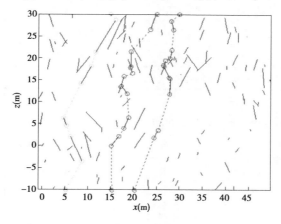

图 3-122 D_1y^1-2 的连通率计算剖面[$y_0 = 20$ m,入口坐标(15 m,30 m),
(25 m,30 m),(30 m,30 m),对应的出口坐标(6.2 m,-10 m),(16.2 m,-10 m),(21.2 m,-10 m)]

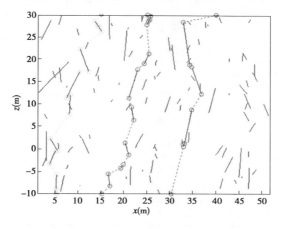

图 3-123 D_1y^1-2 的连通率计算剖面[$y_0 = 30$ m,入口坐标(15 m,30 m),
(25 m,30 m),(40 m,30 m),对应的出口坐标(6.2 m,-10 m),(16.2 m,-10 m),(31.2 m,-10 m)]

表 3-28　D_1y^1-3(岩溶不发育)计算剖面的连通率计算结果汇总

y_0 (m)	剪入口坐标 (m)	剪出口坐标 (m)	路径长度 (m)	路径通过的裂隙长度 (m)	连通率 (%)	平均连通率 (%)
10	(15,30)	(6.2,-10)	47.390 3	21.142 2	44.61	
	(25,30)	(16.2,-10)	47.362 2	22.317 9	47.12	
	(40,30)	(31.2,-10)	49.591 2	28.302 4	57.07	
20	(25,30)	(16.2,-10)	47.088 5	19.261 7	40.91	
	(30,30)	(21.2,-10)	48.446 5	20.143 3	41.58	
	(35,30)	(26.2,-10)	42.995 9	18.263 2	42.48	
25	(20,30)	(11.2,-10)	48.307 9	26.011 0	53.84	45.30
	(30,30)	(21.2,-10)	44.973 2	26.850 1	59.70	
	(49,30)	(40.2,-10)	46.683 9	19.254 7	41.24	
30	(15,30)	(6.2,-10)	47.269 5	20.720 6	43.84	
	(30,30)	(21.2,-10)	44.125 7	16.835 0	38.15	
	(45,30)	(36.2,-10)	44.469 2	14.695 2	33.05	

表 3-29 为 D_1y^1-3(岩溶发育)计算剖面的连通率计算结果。

表 3-29　D_1y^1-3(岩溶发育)计算剖面的连通率计算结果汇总

y_0 (m)	剪入口坐标 (m)	剪出口坐标 (m)	路径长度 (m)	路径通过的裂隙长度 (m)	连通率 (%)	平均连通率 (%)
10	(25,30)	(16.2,-10)	42.787 4	17.908 6	41.85	
	(35,30)	(26.2,-10)	42.987 2	13.535 8	31.49	
	(45,30)	(36.2,-10)	44.751 2	11.659 2	26.05	
15	(20,30)	(11.2,-10)	48.389 6	20.330 0	42.01	
	(35,30)	(26.2,-10)	45.503 5	15.310 1	33.65	
	(49,30)	(40.2,-10)	45.141 2	17.430 1	38.61	
20	(20,30)	(11.2,-10)	45.548 9	16.228 7	35.63	36.00
	(30,30)	(21.2,-10)	45.351 8	17.718 5	39.07	
	(40,30)	(31.2,-10)	47.793 8	18.775 9	39.29	
30	(25,30)	(16.2,-10)	46.004 2	22.394 2	48.68	
	(40,30)	(31.2,-10)	44.553 8	12.868 9	28.88	
	(49,30)	(40.2,-10)	43.062 4	11.518 0	26.75	

表 3-30 为 D_1y^1-2 计算剖面的连通率计算结果。

表 3-30 D_1y^1-2 计算剖面的连通率计算结果汇总

y_0 (m)	剪入口坐标 (m)	剪出口坐标 (m)	路径长度 (m)	路径通过的裂隙长度 (m)	连通率 (%)	平均连通率 (%)
10	(20,30)	(11.2,-10)	44.530 6	18.021 7	40.47	
	(35,30)	(26.2,-10)	43.937 0	17.399 8	39.60	
	(45,30)	(36.2,-10)	45.022 7	20.384 6	45.28	
15	(30,30)	(21.2,-10)	44.314 4	19.598 1	44.23	
	(40,30)	(31.2,-10)	45.998 2	17.028 3	37.02	
	(45,30)	(36.2,-10)	47.679 7	24.655 0	51.71	44.25
20	(15,30)	(6.2,-10)	44.853 1	20.866 6	46.52	
	(25,30)	(16.2,-10)	45.375 0	18.540 8	40.86	
	(30,30)	(21.2,-10)	43.842 2	14.227 4	32.45	
30	(15,30)	(6.2,-10)	50.772 7	28.445 7	56.03	
	(25,30)	(16.2,-10)	45.281 2	20.755 7	45.84	
	(40,30)	(31.2,-10)	47.569 7	24.280 2	51.04	

需要说明的是,初设报告中 D_1y^1-2 与 D_1y^1-3 两个岩层的连通率为 30%,与上述连通率计算结果有差异。这是因为采用传统方法确定连通率时受现场岩层出露面控制,仅能在岩层出露面的二维平面内调查,而本次基于三维裂隙网络模型确定的连通率是裂隙平均倾角 79° 平面的连通率,更适用于本次稳定性分析计算,且计算出的连通率为 40%±5%,大于初设报告中的 30%。因此,从稳定性分析合理性和工程安全性考虑,本书研究采用三维裂隙网络模型计算出的连通率。

3.3.4 断续裂隙的等效及其力学参数的确定

28# 坝段的 D_1y^1-2 与 D_1y^1-3 两个岩层,对泄水闸的稳定性也是有影响的。然而,如 3.3.3 部分所述,这部分岩体中的裂隙是断续分布的。迄今为止,尚无法对断续裂隙岩体的变形与破坏进行研究。因此,在进行稳定性分析时,将潜在破坏面看作一条贯通的裂隙(实际上是裂隙与岩桥的组合),在稳定性分析计算中需要用到这条裂隙的力学参数,其力学参数不同于真实裂隙的力学参数,需要将完整岩层与裂隙的参数进行加权,以得到等效力学参数。本节就根据 3.3.3 部分计算得到的裂隙连通率来确定后续分析计算所用的断续裂隙的等效力学参数。

裂隙参数的具体介绍如第二部分 1.2.2 节所示。对于裂隙的黏聚力 c、内摩擦角 φ 及抗拉强度 σ^t 计算其等效力学参数,采用以下方法来确定:

$$M' = M_r(1 - \lambda) + M_j\lambda \qquad (3-8)$$

式中,M' 为裂隙的等效力学参数(黏聚力、内摩擦角、抗拉强度);M_r 为岩层的相应力学参数;M_j 为结构面相应的力学参数;λ 为裂隙连通率。

表 3-31 为按式(3-8)计算得到的等效力学参数。

表 3-31　断续裂隙的等效力学参数

岩层		D_1y^1-3(岩溶不发育)	D_1y^1-3(岩溶发育)	D_1y^1-2
连通率(%)		45.30	36.00	44.25
c'(MPa)	岩层参数	0.80	0.80	0.85
	裂隙参数	0	0	0
	等效参数	0.44	0.51	0.47
φ(°)	岩层参数	40.36	40.36	40.36
	裂隙参数	26.5	26.5	26.5
	等效参数	34.64	35.89	34.78
σ'(MPa)	岩层参数	1.58	1.58	1.58
	裂隙参数	0	0	0
	等效参数	0.86	1.01	0.88

对于切向刚度、法向刚度、水力学参数等参数,直接采用结构面的相应参数作为断续裂隙的等效参数。这是因为,这些参数受裂隙的分布影响非常大,且岩体内部裂隙分布具有高度随机性与复杂性。为工程安全起见,不采用完整岩石与裂隙的参数加权,而是直接使用裂隙参数进行后续分析计算。

3.4　小　结

以上章节深入分析了大藤峡水利枢纽泄水闸段的工程概况与工程地质条件。针对现场调查的那高岭组与郁江阶岩体的近千条裂隙,进行了二维结构特征的整体描述与统计分析。基于上述节理裂隙的结构产出特征,针对 D_1y^1-2 与 D_1y^1-3 地层进行了三维裂隙网络模拟,获取了三维尺度上岩体的结构特征。另外,还进行了连通率与等效力学参数的计算,从力学角度对上述岩体进行了参数分析。主要得到以下结论:

(1)坝基岩体主要出露郁江阶与那高岭组的灰岩。岩体强度较高,且具有一定的溶蚀特性。岩体层面(层理)发育,多呈紧密闭合状态,间距多为 10~40 cm;现场小型断层发育,规模较大的有 F216 断层。这些断层多陡倾且走向与坝轴线呈大角度相交,总体上对坝基稳定性的影响较小。另外,软弱夹层与节理裂隙特征如(2)与(3)所述。

(2)泄水闸坝基的 D_1y^1-1 和 D_1n_{13} 地层中软弱夹层极其发育。从现场调查来看,软弱夹层产状与层面产状一致,间距为 2~5 m。软弱夹层强度很低,平均黏聚力 c 为 28 kPa,平均内摩擦角 φ 为 16.1°。因此,在进行坝基稳定性分析时,应着重考虑软弱夹层的影响。

(3)坝基岩体节理裂隙较为发育。裂隙大多以平直光滑为主;多闭合,部分充填方解石脉;不切穿软层及地层分界面;具体迹长与隙宽的统计参数可见 3.2 部分。不同坝段、不同岩性的裂隙几何参数差异性明显。其中,28#、29#、30#坝段靠近泄水闸处,节理裂隙的尺寸较大,且大多垂直于剖面方向,对坝基岩体的稳定性起到控制作用。最终采用 28#、29#、30#

坝段进行稳定性数值模拟。现场节理裂隙大致呈现两组,在稳定性分析时,与剖面近垂直的裂隙对稳定性分析结果起到关键作用,这组裂隙总体倾向上游,倾角为79°,裂隙间距为2 m。

(4)D_1y^1-1 和 D_1n_{13} 地层内软弱夹层发育,岩层厚度较小,而内部发育的裂隙尺寸较大,故对上述地层可将裂隙看作是贯通的。对于 D_1y^1-2 与 D_1y^1-3 地层,其厚度较大,往往数倍于节理裂隙的尺寸,其力学特征取决于内部裂隙的发育特征与连通情况。本书基于概率统计学原理,对 D_1y^1-2 与 D_1y^1-3 地层裂隙的直径、密度与产状进行了深入的几何、统计学分析,采用三维裂隙网络模拟的手段生成了 D_1y^1-2 与 D_1y^1-3 地层内的三维裂隙。在三维裂隙网络中建立了若干与坝轴线垂直的裂隙连通率计算剖面,采用 Dijkstra 算法搜索最短路径的方法,算得 D_1y^1-2 与 D_1y^1-3 地层的裂隙连通率为 40%±5%。利用计算出的连通率数据,确定了断续裂隙的等效力学参数。

第4章 数值模拟

4.1 研究现状

数值分析,作为数学的一个分支,是一门研究用计算机求解各种数学问题及其理论与软件实现的学科。数值分析方法始创于工程力学,后来才用于采矿和岩土等工程实践。岩体本身具有非均质、非连续、非线性及复杂的加卸载条件和边界条件的特点,加之岩体所处环境也比较复杂,岩体工程开挖前就受地应力、地下水、周围温度等耦合作用,所以很难建立完善的地质力学模型。在岩石力学的发展早期,由于力学理论与计算机技术的限制,人们只能根据实际的岩土工程从中抽象出非常简单的力学模型,用材料力学或弹性力学的解析近似分析岩体或土体中的应力状态与变形方式,在多数情况下,计算结果与实际相差甚远。

直到20世纪60年代,计算机的问世才使得那些原本建立在弹性、塑性或黏弹性力学基础上的复杂计算成为可能,并且随着计算机技术的飞速发展和力学数值分析方法的不断完善,现在已经可以用不同的方法建立与实际情况非常相近的力学模型,对岩土工程进行仿真分析。例如,开挖、回填、注浆、爆破、支护工程等,都有一整套成功的模拟方法。在现有条件下,研究人员可以用一台计算机在几小时内求解一个由多种工况组合、具有上万个自由度的复杂的三维问题。伴随着岩土工程的定量化,数值方法的分析计算已经成为工程设计工作中的一个不可缺少的组成部分。数值模拟在岩土工程中的适用范围非常广,并且节约资金,它不仅能模拟岩体复杂结构特性,还能研究岩土工程活动对周围环境的影响,并对工程灾害进行预报。通过对现场原位试验的实测与反分析,可以获得节理岩体的等效力学模型,逐步取代成本较高的原位试验,加快工程进度,且可应用于各种地形、地质与施工条件,推广试验结果的应用范围与使用条件。因此,用数值模拟的方法来解决岩土工程问题是行之有效的。

4.1.1 常见的数值分析方法

4.1.1.1 连续变形数值分析法

连续变形数值分析法起步较早,经过半个多世纪的发展,现今在工程中运用较多的主要有有限元法、有限差分法、边界元法、无网格法、拉格朗日元法等,其中以有限元法的应用最为广泛。这类方法主要用于分析岩土介质的连续小变形和小位移特性。

1.有限元法

有限元法是利用变分的原理去求解数学物理问题的一种数值模拟方法。有限元法最早由布理克(W.Blake)在1966年引入岩土工程领域,用来解决岩土工程问题。有限元法是基于最小总势能原理通过解方程组的方法来求解的,是目前岩土工程领域中应用最广泛的数值模拟方法,在数值研究和工程中得到了广泛的应用。有限元法将目标介质离散为有限个单元,利用这种单元的集合体近似地代替无限单元的连续体,然后根据变分原理和弹性力学方程建立单元节点位移和节点受力之间的关系,根据系统的边界条件及节点的平衡条件列出线性方程组,从而求解单元应力。在处理比较复杂的力学问题上具有较大的灵活性,如岩石材料的非均匀性、非线性变形和复杂的边界条件。虽然在接触面单元被广泛地采用,但是因为有限元是建立在连续介质假设的基础上的,对于非连续性的问题,比如大的开裂、滑动和分离问题,仍然受到很大的限制。有限元要求比较严格的网格条件,对于比较复杂的边界条件或者几何形状的力学问题,特别是三维情况下,网格划分是一个很艰难的工作,最近提出的无网格法(meshless method/mesh free method)试图从这个方面来解决问题。有限元法是近似解法,单元剖分的疏密程度与质量、效益密切相关,在理论上如何把握好这个度且保证收敛是有待研究的课题。

有限元法由线性发展到非线性和大变形问题的应用(二维发展到三维),目前还可考虑流变、温度与应力场耦合,损伤、渗流、断裂及波动和动力效应。刘庭金等利用有限元分析矿山、地铁等地下工程由于洞室开挖引起的围岩卸载过程中,洞室孔壁围岩附近发生的损伤演化和应力场调整全过程进行分析。郑颖人等对有限元强度折减法的计算精度和影响因素进行了详细分析,包括屈服准则、流动法则。有限元模型本身及计算参数对安全系数计算精度的影响,并给出了提高计算精度的具体措施。应用于岩质边坡的稳定分析,得到了岩质边坡的滑动面和安全系数,开创了求节理岩质边坡滑动面与稳定安全系数的先例。

2.有限差分法

有限差分法是以最小势能原理,通过解方程的方式进行求解。这种方法是一种最古老的求解方程组的数值方法,在计算机出现以前一般的手摇计算器也可求解。20世纪80年代末由美国 ITASCA 公司开发的 FLAC 程序广泛采用差分方法进行求解,并且在岩土工程数值计算中得到了广泛应用。有限差分法是有限元法求解复杂边界条件和受载情况的工程的一种补充,其适用范围和特点与有限元法相似,在处理复杂受力情况下的边界问题时,它比有限元法有优势。但其在对网格的划分上比有限元法有更为特殊的要求,目前已经很少单独应用,一般只在某些较复杂的工程中与有限元法一同出现。有限差分法采用规则的网格处理裂纹扩展、非均匀性材料及复杂的边界条件的时候出现困难,在计算岩土工程问题的时候有一定的局限性。后来采用的非规则网格划分的办法是有限差分法的一个进步,比如三角形网格或者 Voronoi 网格,可以称作 FVM(finite volume method)。但是有关岩石破裂问题处理起来仍然比较困难,因为它要求网格节点的连续性,在有限差分法及 FVM 中没有所谓的裂纹单元,但是可以采取材料损伤演化的办法来模拟裂纹的扩展问题。

3.边界元法

边界元法是在20世纪60年代发展起来的,它把边界问题归结为边界积分方程问题,在边界上划分单元,然后求边界积分方程的数值解,进而求区域内任一点的场变量。边界元法由于所考虑问题的维数降低一维,只须对研究区的边界离散化,因此输入数据少,节省计算机内存,解题花时少。又由于只对边界离散,离散化误差仅来源于边界,区域内有关物理量是用精确的解析公式计算的,故边界元法的计算精度较高,能直接对无限域或半无限域求解。但由于边界元法需要以解析基本解存在为基础,因此在计算过程中系数矩阵必须完整,还有就是边界元法计算所需的时间随所使用的单元数的增加而呈指数增加,导致其在处理非线性和非均质介质问题上能力有限。对于岩石破裂问题,边界元法提出要处理的问题域根据假设的裂纹扩展路径和裂纹界面划分为几个若干子域法。边界元法最主要的优势就是减少了问题的维数,网格划分简单,所以相对有限元和有限差分来说,前处理数据比较简单。但是边界单元法不能处理材料介质中的非均匀性问题,非连续多介质问题和非线性问题上边界元法不如有限元法灵活有效。

边界元法和有限元法比起来,可以用降维的方法来简化计算(三维问题二维化,二维问题一维化),不但计算起来方便,而且计算精度高,但是面对非连续、非线性介质问题边界元法则比较难适应。目前,边界元法主要在地下工程开挖、土体结构相互作用及地下水流动过程的一般应力和变形分析有着应用。虽然边界元法的适用范围有限,但是和其他数值方法的联合使用能充分发挥其优越性,为解决岩土工程问题开辟了新的途径。例如,在线弹性区域或无限域、半无限域可以采用边界元法,在非线性的区域采用有限元法,发挥两种算法各自的优势,使计算效率及精度得到提高,对工程实际应用有很大的帮助。马天寿等用边界元法对页岩地层井眼坍塌问题进行了分析,并得出弹性模量各向异性、水平地应力差异和钻井液密度等对井壁应力分布影响较大,而泊松比各向异性的影响较小的结论。

4.无网格法

无网格法是在分析域内安排节点,采用相应的近似函数对场函数进行插值,利用一系列节点的影响在节点领域上建立单位分解函数,再利用伽辽金加权余量法或类似方法建立控制方程组,从中求出节点位移。无网格法最早出现于1977年,由 Lucy 和 Gingold 等提出的光滑粒子法。但其后发展比较缓慢,直到20世纪90年代,一些学者才逐步对这一方法进行了较多的研究。其种类繁多,根据插值近似函数的不同,可分为基于核函数近似、最小二乘近似和自然临近点近似等无网格法。周维垣首先将无网格法应用于岩土工程问题中,张建辉、曾祥勇等利用无网格法对地基基础板进行了模拟分析。无网格法具有以下突出特点或优点:不需要单元网格的划分,从而避免了大量的网格划分工作;节点布置灵活,没有单元网格的限制,可以根据需要变更节点的数量、位置或分布,不增加前处理工作量;为得到离散的代数方程组仅需要对节点和边界条件进行描述;避免了有限元法中由于场函数的局部近似所引起的误差;场函数及其梯度在整个求解域内是连续的,无须寻求光滑梯度场的后处理。

5.拉格朗日元法

渊源于流体力学中跟踪质团运动的一种方法,实际上对连续介质力学中对运动的物质描述方法,是一种求解连续介质非线性大变形的应力分析的数值方法。拉格朗日元法运用流体力学中跟踪质点运动的物质描述方法,即拉格朗日拖带坐标系方法。这种方法避免了有限元法进行大型矩阵的复杂计算,但时间步长的选择成了一个新的突出问题,时间步长过大会导致解答的不稳定,时间步长太小则会使计算时间过长。在岩土工程中,材料非线性和几何非线性的问题极为普遍,如地下隧道或巷道的底鼓问题,只能求助于拉格朗日法。拉格朗日法依然遵循连续介质的假设,利用差分格式,按时步积分求解,随着构形的变形不断更新坐标,允许介质有大的变形,可用于进行有关边坡、基础、坝堤、隧道、地下采场、洞室等应力分析。

4.1.1.2 非连续变形数值分析法

在岩土工程中,连续变形数值分析法在解决介质的连续小变形和小位移特性的问题中取得了很好的成效,但当它面对的对象是具有明显剪切膨胀特性或塑性应变软化特性的岩体时,由于该类岩体在受载过程中很可能产生几何非线性和物理非线性的变形,因而难以进行模拟。这就使得研究人员去探索和寻求适合模拟节理岩体运动变形特性的有效数值方法,即基于非连续介质力学的方法,目前使用较多的主要有界面单元有限元法、离散元法、刚体节理元法、DDA 法、数值流形法、连续-非连续单元法等。

1.界面单元有限元法

界面单元有限元法是通过引入一些能够反映非连续变形性质的特殊界面单元(无厚度接触单元、接触摩擦单元、薄层单元等),将非连续的介质视为准连续介质,分析过程仍以连续分析为主。该方法在把握整体的基础上能对介质中存在的宏观非连续面进行变形与破坏分析是该方法最大的特点。但该方法也存在诸多的局限性:在计算过程中界面单元的参数选择困难,不能计算过多不连续体,不考虑非连续体的变化,只能处理原生的非连续界面。因此,该方法仍然无法处理复杂的非连续变形问题。

2.离散元法

离散元法是 P.A. Cundall 于 1971 年提出来的一种非连续介质数值法。它既能模拟块体受力后的运动,又能模拟块体本身受力的变形状态,其基本原理是建立在最基本的牛顿第二运动定律上。离散元法的基本思想,最早可以追溯到古老的超静定结构的分析方法上,任何一个块体作为脱离体来分析,都会受到相邻单元对它的力和力矩作用。以每个单元刚体运动方程为基础,建立描述整个系统运动的显式方程组之后,根据牛顿第二运动定律和相应的本构模型,以动力松弛法进行迭代计算,结合 CAD 技术,可以形象直观地反映岩体运动变化的力场、位移场、速度场等各种力学参数的变化。离散元法是一种很有潜力的数值模拟手段,其主要优点是适于模拟节理系统或离散颗粒组合体在准静态或动态条件下的变形过程。

最初的离散元法是基于刚体假设的,由于没有考虑岩块自身的变形,在模拟高应力状态或软弱破碎岩体时,不能反映岩块自身变形的特征,使计算结果与实际情况产生较大出入。离散元法随着非连续岩石力学的发展而不断进步,与现有的连续介质力学方法相比,还有以下问题需要研究:

(1)刚体离散元法是基于非连续岩石力学的,更适合于低应力状态下具有明显发育构造面的坚硬岩体的变形失稳分析。对于软弱破碎、节理裂隙非常发育和高应力状态下的岩体变形失稳分析,则不适合。

(2)岩体介质种类繁多,性质非常复杂。在通常情况下,节理岩体或颗粒体表现为非均质和各向异性,并且常表现有很强的非线性,所处的地质环境不尽相同,这就使得岩土工程计算有很多不确定性因素。离散元的主要计算参数(如阻尼参数、刚度系数),影响到岩土工程稳定过程的正确模拟及最终结果的可靠性,尤其是离散元计算中的参数选取,没有统一和完善的确定方法。

(3)计算时步的确定。现在的选取原则是出于满足数学方程趋于收敛的条件,与实际工程问题中的"时间"概念如何联系起来,合理地考虑时间效应,是今后需要研究的问题。

(4)迭代运算的时间较长。用计算机进行离散元计算时,CPU 占用时间较多,特别是在考虑岩块变形的情况下,模型划分单元数受到限制,对迭代方法需做进一步的改进。

3.刚体节理元法

刚体节理元法是 Asai 在 1981 年提出的,它是在 Cundall 刚体离散元间夹有 Goodman 节理单元的组合单元,但此节理单元有一定厚度而使离散元间不能"叠合"。刚体节理元法也可考虑不含节理单元的情况,即所谓的单一三角形刚体元非连续变形分析法,是石根华和古德曼于 1984 年首次提出的一种新型数值分析方法,至 1988 年该方法已形成了一种较为完整的数值计算方法体系。

非连续变形分析方法以严格遵循经典力学规则为基础,是一种平行于有限元法的数值计算方法。该方法用位移作为未知数,把离散后的岩体单元视作刚体单元,单元之间以一定弹性系数的弹簧连接,在此基础上建立基本方程。解平衡方程式时用的方法与有限元法中的结构矩阵分析相同,但非连续变形分析的块体刚度矩阵比有限元法分析中的单元刚度矩阵简单。非连续变形分析可以用来分析块体系力和位移的相互作用,对各个块,允许有位移、变形和应变;对整个块体系统,允许滑动和块体界面间张开和闭合。虽然它对非连续块体系统的分析只是初步的,但它是以严格遵循经典力学规则为基础的。由于该方法将离散后的单元视作刚体,因而有利于单元间的结构作用,尤其是岩体内原生节理面的破坏分析。但该方法忽略了岩体自身的变形,不符合工程实际情况。

4.DDA 法

DDA 法是 20 世纪 80 年代后期发展起来的一种新型的数值分析方法,可方便地计算介质破坏前的小位移及计算破坏后的大变形,对坍塌、爆炸和支护等问题的模拟也十分有效。但由于 DDA 法是一种近年来才发展起来的新方法,它的理论基础还不是很完善,计算过程也很少考虑块体本身的变形,因此使用范围还不是很广。

5.数值流形法

在 1995 年,石根华提出数值流形法(NMM)。数值流形法是利用现代数学中"流形"的有限覆盖技术建立起来的一种新的数值计算方法,将有限元、不连续变形分析(DDA)和解析方法统一到一种计算方法中,它吸收了有限元、DDA 和解析法各自的优点,通过分片光滑的覆盖函数,对连续和非连续问题统一了计算格式,是一种十分适合于岩土工程分析的数值方法。

流形法根据拓扑流形与微分流形理论,在分析域内建立可重叠的流形覆盖(数学覆盖和物理覆盖),并在每一物理覆盖上建立独立的位移函数,然后加权求和所有覆盖上的位移函数,得到总体位移函数,再根据最小势能原理得出总体平衡方程。流形法在岩体的非连续变形上具有比较强大的处理能力,在一定情况下可同时处理非连续问题与连续问题。但由于网格连接与单元划分的限制,流形法在开裂计算上仍存在一定的困难。

6.连续-非连续单元法

连续-非连续单元法是一种基于广义拉格朗日方程基本框架的网格-粒子高度融合的显式数值求解方法。该方法将连续介质算法与非连续介质算法进行耦合,利用块体表征材料的连续介质特性,利用块体间的界面表征材料的非连续介质特性,通过块体边界及块体内部的断裂,实现材料渐进破坏过程的模拟。该方法不仅能模拟静、动力载荷下材料的弹性、塑性、损伤及破裂过程,还可以模拟破碎后散体的运动、碰撞、流动及堆积过程。为了准确高效地计算单元中的应力状态,提出了弹簧元模型及结构层模型;为了准确刻画岩体材料的损伤演化及破裂过程,提出了应变强度分布模型及单元内部破裂模型;为了实现接触对的快速检索及接触力的精确计算,提出了半弹簧-缩进边接触检测模型及无弹簧碰撞模型;为了实现千万量级自由度工程尺度问题的高效模拟,提出了基于 CUDA 的 GPU 并行模式及基于 MPI 的 CPU 并行模式。地质灾害全过程模拟、露天矿爆破开采方案优化模拟、煤矿地下开采过程模拟、隧道开采过程模拟、页岩水力压裂工艺模拟等工程实例的计算结果表明,CDEM 方法在模拟岩土工程问题时具有较大的优势。

4.1.2　数值分析法在水利工程中的应用

数值模拟是坝基岩体破坏模式与安全系数确定的重要步骤。20世纪以来,随着计算机技术的发展,数值计算法得以实现,开始应用到重力坝稳定性计算中。数值计算结果能够得到重力坝、坝基在不同工况下全面的信息,因此利用数值计算法可以获得更为准确的结果。在数值计算法中,可以调整模型的边界、物理力学参数及加载工况,可以获得重力坝在不同条件下的稳定性参数。但是,数值计算法也存在一定的缺陷:模型的概化是否准确、参数的选取是否合理等。因此,在利用数值计算法计算重力坝的抗滑稳定性中,国内外学者做了大量的研究,以期能获得合理的计算方法。

首先,FEM自出现以后,深受学者的喜爱,在很多工程中有所应用。1998年,何江达等运用非线性有限元数学模型,对百色RCC重力坝右岸坡坝段稳定性进行了研究;并且接下来又运用三维非线性有限元数学模型,对狮子滩水电站溢流坝坝基的抗滑稳定性进行了较全面的论证。2000年,陈敏林等用有限元法分析,对宝珠寺水电站拦河大坝左岸河床坝基下的楔形体对坝基深层抗滑稳定性的影响程度进行了分析;2003年,余天堂等运用有限元法,分析了断层对大坝、坝基及边坡的稳定性的影响;2005年,刘君等运用有限元软件AN-SYS,通过运用接触单元法分析深层抗滑稳定性进行;查锐、段亚辉采用弹塑性有限元法和强度储备系数法,对飞来峡水利枢纽不同工况下的失稳破坏过程及机制进行了研究分析;2011年,何树明等用有限元法,评价了缅甸滚弄水电站坝基的抗滑稳定性;张耀吃等运用ANSYS软件,对向家坝水电站重力坝在各种荷载作用下的应力—应变分布规律进行了研究,最终得到重力坝的安全系数。后来,有一大批学者通过运用有限元法,分析了汾河二库大坝的深层抗滑稳定性。

有限元计算结果往往和网格有很大关系,并且危险滑动面内经常会存在应变局部化现象,且目前关于模型的失稳判据方面,学者们还未形成一致的、普遍认为合理的判据。而且,在岩体中发育了大量的结构面,这些结构面在荷载的作用下,会发生不同程度的张开、滑移等不连续变形。但是有限元法依据位移方程式是协调的。目前,尽管在程序中可以设置不同的接触单元,用来模拟岩体中的不连续面。但是,由于在实际工程应用中,往往很难确定接触面的力学参数,并且如果接触单元数目过多,会引起求解的方程组产生病态,导致计算结果不稳定。

目前,在坝基抗滑稳定性分析中,能够考虑到岩体内的多种不连续面,常用的方法有IEM(界面元法)和DEM(离散元法)。2004年,张国新等在重力坝抗滑稳定性分析中,将DDA(discontinuous deformation analysis)和有限元法进行了比较;2008年,Zhou Wei等分别通过采用薄层单元和接触摩擦单元,对软弱夹层及节理裂隙进行了模拟;2009年,王义锋等基于有限元、结合界面元,研究了向家坝重力坝深层抗滑稳定性;2013年,Su Huaizhi等采用DDA法,对长江三峡大坝左岸3#坝段的深层抗滑稳定性进行了研究;2013年,王辉等通过UDEC,基于流-固耦合的条件,分析了重力坝抗滑稳定安全系数;2015年,杨利福等在离散块体边界应力计算的结果上,对坝基多滑面抗滑稳定安全系数进行了分析,并探讨了将系统能量突变作为坝失稳判据的物理意义。离散单元法的应用,进一步考虑坝基岩体内的不连续面,因此更接近于实际,能够服务于工程应用。

UDEC方法为具有复杂接触力学行为的运动机制描述和分析精度提供基本技术保障。

介质体内的接触行为主要取决于连续性对象(块体)的运动状态,现实中的块体运动状态可以非常复杂,以冲击碰撞问题为例,复杂运动状态(反复接触、脱开)时刻调整块体间相对位置,并致使块体边界接触方式可以多样化,如平面离散元中边界的接触方式有边-边接触、边-点接触或点-点接触,接触方法的不同决定了块体边界上受力状态和传递方式的差别,UDEC方法在计算过程中不断判断和更新块体接触状态,并根据这些接触状态判断块体之间的荷载传递方式,为接触选择对应力学定律,有效地避免计算结果失真;复杂模型内部的接触非常多,如果按传统的连续介质力学接触搜索方法在计算过程中先接触关系和进行相应的力学计算确定接触荷载状态,然后再把这种荷载作为块体的边界条件进行块体的连续力学计算,整过计算过程可能会非常冗长而缺乏现实可行性,为此,Peter Cundall基于数学网格和拓扑理论为UDEC程序设计了接触搜索和接触方式状态判别优化方法,考虑了不同类型问题的求解需要,极大程度地提高了计算效率和稳定性。

离散元法的编码思想十分简单。集合中每一个单元都是独立的,每个单元都具有相应的尺寸、质量、转动惯量和接触参数等属性。它以牛顿第二定律和力—位移定理为基础,对每一个单元首先确定与之接触的单元,根据单元之间的重叠量,运用力—位移定理计算单元之间的接触力,从而得到单元的合力和合力矩,之后用牛顿第二定律确定单元的运动规律,如此循环计算,直到系统中所有颗粒都计算完毕。数值模拟的计算流程包括:建立所需的几何模型并产生颗粒、接触探测(计算颗粒之间的相互距离,如果颗粒存在相互接触,则要采用接触模型计算相互作用力)、确定接触模型、确定颗粒接触时的相互作用力(在目前的离散元模拟主要可以分为非结合性接触力模型与结合性接触力模型)、考虑其他相互作用力、考虑颗粒和边界之间的相互作用、计算总的受力与加速度、更新颗粒速度与坐标。

4.2　模型的建立

基于离散元模拟的流程,设计数值模拟的研究方案具体如下:

(1)模型建立与参数赋值。

由于坝基地质条件复杂,尤其是复杂的长大与构造结构面系统,很难对其进行全面的了解,故三维分析必存在一定的误差。而且,众多研究表明,二维分析结果更为保守,更贴近于工程实际,因此坝体的抗滑移稳定模拟主要采用二维模型。根据各坝段的工程地质条件,选择典型的3个剖面进行数值分析。根据钻孔资料确定剖面的岩性与控制性结构面系统,建立数值分析的二维模型。

给硬质岩体与上述的结构面赋以物理力学参数。同时,确定蓄水后坝基所承受的静水压力、扬压力与渗透压力等,确定数值剖面的边界条件与受力条件。

(2)工况分析。

通过离散元的二维分析,可确定坝基的应力应变状态,进而分析其变形与破坏机制。具体模拟内容有:

①蓄水工况。在坝基受力作用下,岩体是否存在塑性区,确定塑性区的范围及塑性区末端岩体应力应变的发展趋势。

②超载工况。增大水压力,直至坝基岩体破坏。观察坝基塑性区的扩展,确定塑性区末端岩体应力应变的发展趋势。

③工程作用下,坝基抗滑下段节理化岩体的破坏模式,通过模拟下段岩体应力应变的发展趋势,确定坝基岩体的破坏形式,是沿节理化岩体剪裂或是沿岩层裂隙折断或是沿陡倾断层面折断。

(3)强度折减法计算。

在传统意义上,数值模拟仅可获取坝基的应力应变信息,并不能得到坝基的抗滑稳定性安全系数,而坝基抗滑稳定性安全系数是坝基设计的重要考虑内容,故将"超载法"、"强度储备法"、"剪力比例法"理念引入数值模拟中,采用强度折减法来计算坝基岩体的安全系数。不断折减潜在破坏路径的抗剪强度参数,直至坝基岩体破坏。折减系数即为坝基岩体在高水头压力、扬压力等力学作用下的安全系数。

4.2.1 UDEC 简介

UDEC 是 universal distinct element code 的缩写,即通用离散单元程序。近 20 年来,离散单元法有了长足的发展。该方法在分析大变形岩土问题上,尤其是在研究裂隙岩体渗流应力耦合方面得到了岩土界的广泛认可和应用,目前已成为解决岩土力学问题的一个重要的数值方法,受到越来越多的重视。1971 年,Cundall 首次向世人介绍了离散单元法,该方法可以有效地分析在准静力力学状态下的块体集合或节理裂隙的变形破坏过程,最初在研究岩体边坡运动的问题上取得了成功。Cundall 于 1980 年开始研究块体在受力后变形及根据破坏准则允许断裂的离散单元法称为 UDEC,并于 1985 年最终完成。目前,UDEC 已在采矿工程、岩土工程、水利工程等多方面领域得到广泛的认可与应用,被公认为对节理岩体进行数值模拟的一种行之有效的方法,尤其在研究节理裂隙岩体渗流的数值模拟方面更是独树一帜。随后,Cundall 又与美国 ITASCA 公司于 1986 年研发出了三维离散单元法程序 3DEC(3-dimension distance element code),三维离散单元法目前也已趋于成熟,并广泛应用于多个领域。虽然离散单元法在我国的引进时间较晚,起步较低,但发展进程却非常迅速。1986 年,王泳嘉和剑万禧于 1986 年在第一届全国岩石力学数值计算及模型试验讨论会上,首次向岩石力学及工程界的专家学者介绍了离散单元法的基本原理及几个实际工程应用的案列。离散单元法最早被应用于分析节理岩体的边坡稳定性及巷道稳定性的问题上。在分析节理岩体边坡稳定性方面,大量学者运用离散单元法进行了研究分析。孔不凡指出,相比于传统方法,离散单元法能更真实地体现出节理岩体的力学特征,更善于解决岩体沿节理破坏及岩体非线性变形破坏的问题,并提出了将离散元法与强度折减法结合的方法用于研究土质边坡的稳定性。王艳丽以裂隙宽度的变化为枢纽,分析了裂隙岩体渗流—应力耦合的过程,探讨了水库水位的变化对裂隙岩体边坡的变形破坏及稳定性的影响规律。金峰建立了一种将离散单元法与边界单元法相互耦合的模型,并提出了一种新的思路与方法用于解决边坡工程、地下工程等动力稳定和变形的问题,拓宽了离散元动力分析的新领域。

UDEC 用于模拟非连续介质(如岩体中的节理裂隙、断层、软层等)承受静载或动载作用下的响应。非连续介质是通过离散的块体集合体加以表示的。不连续面处理为块体间的边界面,允许块体沿不连续面发生较大位移和转动。块体可以是刚体或变形体。变形块体被划分成有限个单元网格,且每一单元根据给定的"应力-应变"准则,表现为线性或非线性特性。不连续面发生法向和切向的相对运动也由线性或非线性"力-位移"的关系控制。在 UDEC 中,为完整块体和不连续面开发了几种材料特性模型,用来模拟不连续地质界面可能显现的典型特性。UDEC 是基于拉格朗日算法,能够很好地模拟块体系统的变形和大位移。

UDEC 采用的离散单元法理论由 Cundall 于 1971 年首次提出,至今已经过了 30 多年的发展。离散单元法是一种专门用于解决非连续介质问题有效的方法,其最初的研究在 1985 年,对象主要是岩体等非连续介质的力学行为。它的基本原理是牛顿第二定律,其基本思想是将岩体看成是由断层、节理、裂隙等结构面切割而成的一个个刚性或者可变形块体,块体与块体之间通过角、面或者边进行接触,块体可以平移、转动或者变形,节理面可以被压缩、分离、滑动,所有块体镶嵌排列,在某一时刻当给定块体一个外力或者边界位移约束,各个块体在外界的干扰下就会产生力和力矩的作用,由牛顿第二定律可以得到各个块体的加速度,然后对时间进行积分,就可以依次求出块体的速度、位移,最后得到块体的变形量,块体在位移矢量的方向会发生调整,这样又会产生力和力矩的作用,如此循环(见图 4-1),直到所有块体达到一种平衡状态或者处于某种运动状态之下。因此,离散单元法比较适合于模拟节理系统在准静态或者动态下的变形过程。

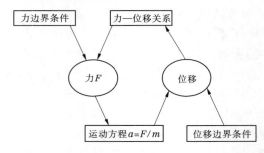

图 4-1　计算循环

UDEC 主要用于岩石边坡的渐进破坏研究及评价岩体的节理、裂隙、断层、层面对地下工程和岩体基础的影响。UDEC 对研究不连续特征的潜在破坏模型是十分理想的工具。

地质结构特征明显且易于明确描述的情况适宜使用该程序进行分析。UDEC 开发了人工或自动节理生成器,用以模拟产生岩体中一组或多组不连续面。在模型中,可以产生变化范围较大的节理模式。屏幕绘图工具允许用户随时观看节理模型。在最后确定所选择的节理模型前,能容易进行调整与修改。

UDEC 也可以获得不同的节理材料特性。基本模型是指定节理弹性刚度、摩擦角、黏聚力、张拉强度和剪胀特性的库仑滑动准则。对该模型的改进包括随着位移的发展而黏聚力和张拉强度的降低弱化。在此还可获得一个比较复杂的模拟连续屈服的节理模型,用以模拟弱化为累积塑性剪切位移函数的连续变化特性。作为一个选择模型,还可获得 Barton-Bandis 节理模型。节理模型和性质参数也可分别赋给单一节理或节理组。应当注意,即使地质图上所显示的节理为直线段,节理的几何粗糙度也可以通过节理材料模型加以表征。

UDEC 的块体可以是刚体或变形体。对于变形块体,开发了包括用于开挖模拟的空模型(null)、应变硬化/软化的剪切屈服破坏模型及非线性不可逆的剪切破坏和压缩模型。因此,块体能被用来模拟回填、土体介质及完整岩体。

UDEC 的基本公式假设为二维平面应变模型。此条件涉及断面保持为定值,并在平行于该断面的平面上作用荷载的无限长结构。所以,非连续面也被假设为平面特性。另外,UDEC 提供了一个平面应力问题的选择。对于平面应变分析,如果在垂直于平面方向的应力为最大主应力或最小主应力,在垂直于平面方向,块体可能出现塑性屈服。

UDEC 的显式求解算法允许进行动态或静态分析。对于动态计算,用户指定的速度或应力波可作为外部的边界条件或者内部激励直接输入到模型中。一个简单的动态波型库也可以获取。UDEC 为动力分析设计了自由边界条件。

在静态分析中,包括了应力(力)和固定位移(速度为零)两种边界条件。边界条件在不同的位置可以是不同的。同时,在 UDEC 中还可以获得边界元边界,用于模拟无限弹性边界,也可以获得半平面解用来描述自由面效应。

UDEC 还能够模拟通过模型中的孔隙和不连续面的流体流动。在此认为块体是不可渗透的。岩体的渗透率取决于节理的力学变形,也能够进行力学−流体全耦合分析。反过来,节理水压也将影响力学特性。流体被处理为平行板的黏性流。

程序中的结构单元可用于模拟岩体加固和工程表面支护。加固包括端部锚固、全长锚索和锚杆。表面支护模拟诸如喷射混凝土、混凝土衬砌和其他形式的隧道支护。

与有限元、边界元等程序相比,离散单元法程序 UDEC 有如下两点主要的区别:

(1)允许不连续岩块发生大位移、旋转,甚至从岩体上完全地脱落;

(2)计算过程中可以识别新的接触。

4.2.1.1　UDEC 基本原理

UDEC 是二维离散元程序,其优势是可以处理不连续块体,模拟并反映其在静载或动载作用的状态。软件将岩体看成是由一系列的结构面(断层、节理、裂缝)切割而成的刚性或者可变形块体,将结构面模拟为离散块体之间相互作用的接触面。块体之间相互作用力可以根据力和位移的关系求出,而单个块体的运动则完全根据该块体所受的不平衡力和不平衡力矩的大小,按牛顿运动定律确定。

在离散单元法中,材料块体由离散的块体组成。块体之间存在不连续界面,通过一系列追踪块体运动的计算来计算接触面处块体的接触力和位移。施加在块体系统的荷载或者体力使内部产生扰动,这种外界的扰动在块体之间的传播形成块体的运动。这是一个动态的过程,块体运动传播的速度取决于离散系统的物理性质。

二维离散单元法 UDEC 运算包括对所有接触进行力和位移的循环运算和对所有块体进行牛顿运动第二定律的循环运算。如果是可变形块体,块体则进一步划分,产生三角形常应变有限差分单元,通过单元的节点进行运动的计算。其运算流程如图 4-2 所示。

4.2.1.2　物理方程——力和位移的关系

假定块体之间的法向力 F_n 正比于它们之间法向"叠合"u_n[见图 4-3(a)],即

$$F_n = k_n u_n \tag{4-1}$$

式中,k_n 为法向刚度系数。

这里所谓的"叠合"是计算时假定的一个量,将它乘上一个比例系数作为法向力的一种度量。例如,可以增大 k_n 值而将 u_n 取得很小依然能够表示相等的法向力。

如果两个离散单元的边界相互"叠合"[见图 4-3(b)],则有两个角点与界面接触,可用界面两端的作用力来代替该界面上的力。当然,实际的界面接触情况要远比这种两个角点接触模式复杂,但无法确定究竟哪些点相接触,所以还是采用最为简单的两个角点相接触的"界面叠合"模式。

由于块体所受的剪切力与块体运动和加载的历史或途径有关,所以对于剪切力要用增

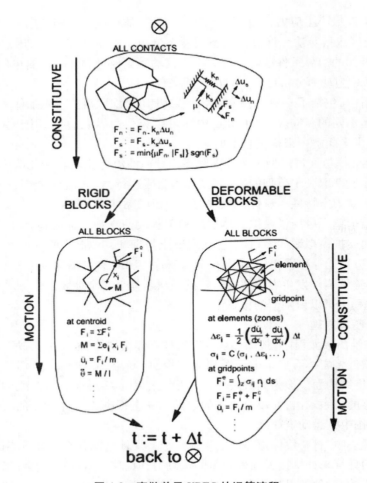

图 4-2　离散单元 UDEC 的运算流程

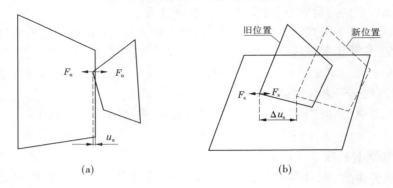

(a)　　　　　　　　　　　　(b)

图 4-3　离散单元之间的作用力

量 ΔF_s 来表示。设两块体之间的相对位移为 Δu_s，则

$$\Delta F_s = k_s u_s \tag{4-2}$$

式中，k_s 为节理的剪切刚度系数。

式（4-1）和式（4-2）所表示的力与位移关系为弹性情况，但在某些情况下弹性关系是不成立的，需要考虑破坏条件。例如，当岩体受到张力分离时，作用在岩块表面上的法向力和剪切力随机消失。对于塑性剪切破坏的情况,需要在每次迭代时检查剪切力 F_s 是否超过 $c+F_n\tan\varphi$,这里 c 为黏聚力,φ 为内摩擦角;如果超过,则表示块体之间产生滑动,此时剪切力取极限值 $c+F_n\tan\varphi$,这就是所谓的摩尔-库仑准则。

4.2.1.3 运动方程——牛顿第二运动定律

块体的运动取决于作用在块体上的合力及合力矩。计算出作用在某一特定岩块上的一组力,由此计算出它们的合力和合力矩,并根据牛顿第二定律确定块体质心的加速度和角速度,进而可以确定在时步 Δt 内的速度和角速度及位移和转动量。例如,考虑一维情况:假定质点上作用有随时间变化的力 $F(t)$,质点在该力作用下发生运动。由牛顿第二定律可得:

$$\frac{\mathrm{d}\dot{u}}{\mathrm{d}t} = \frac{F}{m} \tag{4-3}$$

式中,$\dot{u}$ 为速度;t 为时间;m 为质量。

采用中心差分法,可将方程式(4-3)左端改写成

$$\frac{\mathrm{d}\dot{u}}{\mathrm{d}t} = \frac{\dot{u}^{(t+\Delta t/2)} - \dot{u}^{(t-\Delta t/2)}}{\Delta t} \tag{4-4}$$

将式(4-4)代入式(4-3)整理得

$$\dot{u}^{(t+\Delta t/2)} = \dot{u}^{(t-\Delta t/2)} + \frac{F^{(t)}}{m}\Delta t \tag{4-5}$$

利用 $\dfrac{\Delta t}{2}$ 时刻的速度,可以求解出 Δt 时刻的位移:

$$u^{(t+\Delta t)} = u^{(t)} + \dot{u}^{(t+\Delta t/2)}\Delta t \tag{4-6}$$

在二维空间中,块体运动考虑重力时,其速度方程为

$$\dot{u}_i^{(t+\Delta t/2)} = \dot{u}_i^{(t-\Delta t/2)} + \left(\frac{\sum F_i^{(t)}}{m} + g_i\right)\Delta t \tag{4-7}$$

$$\dot{\theta}^{(t+\Delta t/2)} = \dot{\theta}^{(t-\Delta t/2)} + \frac{\sum M^{(t)}}{I}\Delta t \tag{4-8}$$

式中,$\dot{\theta}$ 为块体形心处角速度;I 为转动惯量;$\sum M$ 为合力矩;$\dot{u}_i$ 为块体形心处速度;g_i 为重力加速度分量。

在笛卡儿坐标系中,利用式(4-7)和式(4-8)中的速度来计算块体的新位置,可得

$$x_i^{(t+\Delta t)} = x_i^{(t)} + \dot{u}_i^{(t+\Delta t/2)}\Delta t \tag{4-9}$$

$$\theta^{(t+\Delta t)} = \theta^{(t)} + \dot{\theta}^{(t+\Delta t/2)}\Delta t \tag{4-10}$$

式中,θ 为块体中心处转角;x 为块体中心处位移。

4.2.1.4 离散单元法的迭代计算

离散单元法中所用的求解方法有静态松弛法和动态松弛法两种。松弛法作为解联立方程组的一种方法,在力学中有着重要的应用。其中,动态松弛法是把非线性静力学问题化为动力学问题求解的一种数值方法。该方法的实质是对临界阻尼振动方程进行逐步积分。为了保证求得准确解,一般采用质量阻尼和刚度阻尼来吸收系统的动能,当阻尼系数取的稍小于某一临界值时,系统的振动将以尽可能快的速度消失,同时函数收敛于静态值。这种带有阻尼项的动态平衡方程,利用有限差分法按时步在计算机迭代求解就是所谓的动态松弛法。

由于被求解方程是时间的线性函数,整个过程只需要直接代换,即利用前一步迭代的函数值计算新的函数值,因此对于非线性问题也能加以考虑,这就是动态松弛法的最大优点。其具体解法可以通过下面的简单例子来说明。

离散单元法的基本运动方程为:

$$m\ddot{u}(t) + c\dot{u}(t) + ku(t) = f(t) \tag{4-11}$$

式中,m 为单元的质量;u 为位移;t 为时间;c 为黏性阻尼系数;k 为刚度系数;f 为单元所受的外荷载。

式(4-6)的动态松弛解法就是假定 $t+\Delta t$ 时刻以前的变量 $f(t)$,$u(t)$,$\dot{u}(t-\Delta t)$,$\dot{u}(t-\Delta t)$ 以及 $u(t-\Delta t)$ 等已知,利用中心差分法,式(4-6)可以变成

$$m[u(t + \Delta t) - 2u(t) + u(t - \Delta t)]/(\Delta t)^2 + c[u(t + \Delta t) - u(t - \Delta t)]/(2\Delta t) + ku(t) = f(t) \tag{4-12}$$

$$u(t + \Delta t) = \{(\Delta t)^2 f(t) + (\frac{c}{2}\Delta t - m)u(t - \Delta t) + [2m - k(\Delta t)^2]u(t)\}/(m + \frac{c}{2}\Delta t) \tag{4-13}$$

由于式(4-13)中右边的量都是已知的,因此可以求出左边的量 $u(t+\Delta t)$。再将 $u(t+\Delta t)$ 代入下面两式中,就可以得到单元在 t 时刻的速度 $\dot{u}(t)$ 和加速度 $\ddot{u}(t)$

$$\dot{u}(t) = [u(t + \Delta t) - u(t - \Delta t)]/(2\Delta t)$$

$$\ddot{u}(t) = [\dot{u}(t + \Delta t) - 2u(t) + u(t - \Delta t)]/(\Delta t)^2 \tag{4-14}$$

从以上介绍不难看出,离散单元法利用中心差分法进行计算动态松弛求解,是一种显示解法。它不需要大型矩阵。在动态松弛分析法中,迭代时步 Δt 比较小,每个时间步长中力只能传递到邻近的一个单元,不影响较远单元,对于大型复杂结构耗时就久。动态松弛法可归结为图4-4所示的循环交错求解特性。如此往复循环,知道位移和力收敛,达到平衡状态,或者达到某一循环数为止。

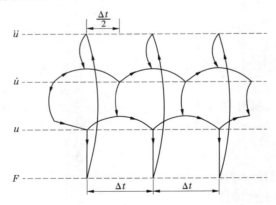

图 4-4　离散单元法的循环交错求解特性

4.2.2　UDEC 模型

4.2.2.1　模型的建立

由于坝基地质条件复杂,尤其是结构面系统,很难对其进行全面的了解,故三维分析必然存在一定的难度。而且,众多研究表明,二维分析结果更为保守,因此坝体的抗滑移稳定模拟

主要采用二维模型。根据基础工程地质展示图可知,只有 28# ~ 30# 坝段基岩中发育大量平行于坝轴线的裂隙,这些裂隙在水推力的作用下易形成坝基破坏的剪出面或溃曲面,对稳定性最为不利。因此,本次模拟选择 28#、29# 与 30# 三个坝段进行稳定性分析。采用 UDEC 6.0 软件建立剖面上的泄水闸与天然地质体。三个坝段的剖面图分别如图 4-5~图 4-7 所示。

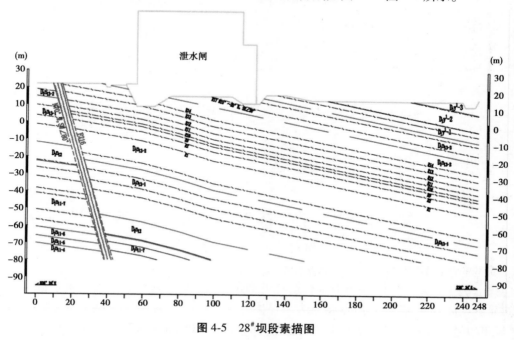

图 4-5　28# 坝段素描图

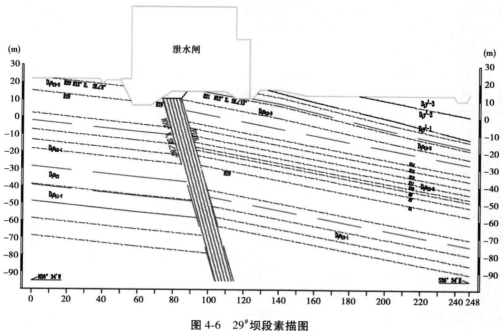

图 4-6　29# 坝段素描图

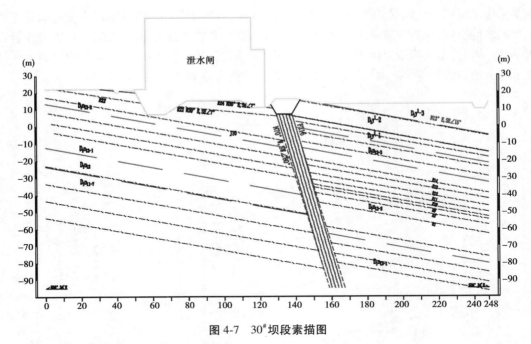

图 4-7 30#坝段素描图

模型的建立需要考虑以下几个方面的内容:

(1)考虑到模拟渗流,水会沿着软弱夹层向下入渗,但由第1章工程地质条件可知,层面多呈紧密闭合状态,因此假设层面为不可渗透的。为考虑岩层与裂隙的渗流,现将 28#、29# 与 30# 坝段上游模拟长度分别延伸到约 3.5 倍坝高(150 m)、4.7 倍坝高(200 m)、4.7 倍坝高(200 m),其他尺寸依旧按照所给剖面图尺寸,即下游模拟长度约为 3.0 倍坝高(125 m),坝高 42 m,坝基岩体埋深 122 m。建立模型时,应使分析范围足够大,以克服数值模拟时涉及的边缘效应,不影响最终的真实分析结果。

(2)经过前期的野外裂隙调查、室内的优势分组与裂隙间距的计算,得到近闸段裂隙的信息,近闸段处近地表裂隙平均间距等于 2 m,下游岩体采用近闸段处的裂隙间距(2 m),具体如第 2 章所述。裂隙平均倾角为 79°,且现场裂隙主要倾向上游,软弱夹层与岩层的倾角为 11°,所以得到的裂隙基本与岩层垂直。由于深部岩体的裂隙对坝基的稳定性影响微乎其微,考虑到计算速度,最后取深部裂隙平均间距为 10 m,平均倾角为 79°。

(3)由工程地质条件可知,现场裂隙没有贯穿软弱夹层和地层分界面的,故在模型建立中,应把裂隙视为交错的结构。

(4)岩层、软弱夹层、断层边界及帷幕位置,按照报告所提供的资料进行建模,在此就不详细描述了。

(5)28# 坝段内的 F216 断层离泄水闸位置较远,对泄水闸整体的稳定性影响很小,考虑到计算速度,在 28# 坝段建模时不考虑断层的影响。

基于以上原则,建立数值模型对泄水闸的稳定性进行分析。在 UDEC 6.0 软件中,将岩层视为块体(block),将层面、软层、构造裂隙与断层边界视为裂缝(crack)。分别建立三个坝段的数值模型,如图 4-8~图 4-11 所示。

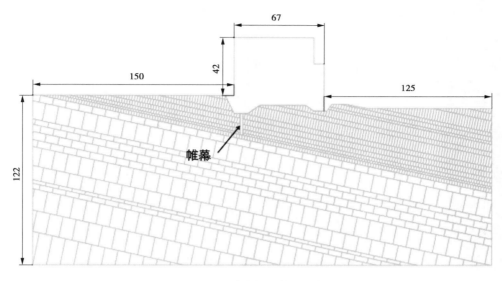

图 4-8　28#坝段数值模型图

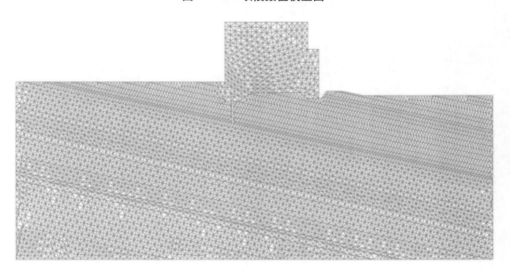

图 4-9　28#坝段网格图

28#坝段数值模型图如图 4-8 所示，28#坝段剖分完的网格图如图 4-9 所示。最终，模型包括 1 913 个可变形块体，12 253 个单元(zones)，13 744 个节点(grid-points)。

29#坝段数值模型图如图 4-10 所示，29#坝段剖分完的网格图如图 4-11 所示。最终，模型包括 2 339 个可变形块体(blocks)，14 842 个单元(zones)，16 895 个节点(grid-points)。

30#坝段数值模型图如图 4-12 所示，30#坝段剖分完的网格图如图 4-13 所示。最终，模型包括 2 483 个可变形块体(blocks)，15 569 个单元(zones)，17 493 个节点(grid-points)。

4.2.2.2　参数的选取

一旦模型建立完成，必须对所有的块体和不连续面指定材料特性。缺省为所有的块体皆为刚体。在多数分析中，块体应为变形体。仅仅在应力水平较低或岩块材料具有高强度和低变形的情况才能够应用刚性块体的假设。在 UDEC 中为变形块体(单元)开发了 7 种

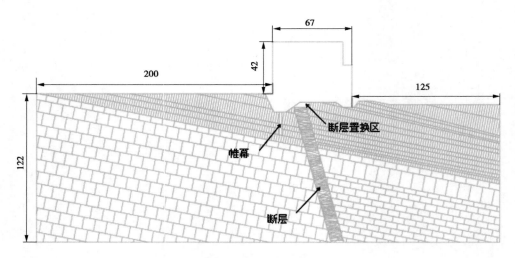

图 4-10 29#坝段数值模型图

图 4-11 29#坝段网格图

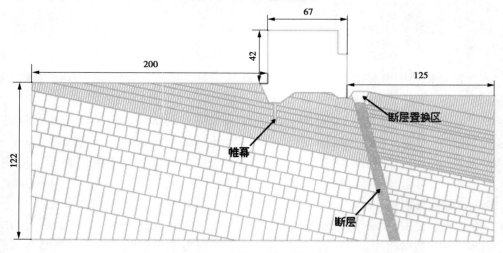

图 4-12 30#坝段数值模型图

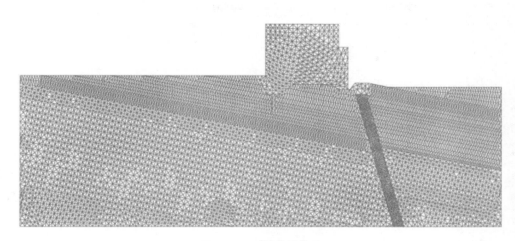

图 4-13　30[#]坝段网格图

材料模型。本书岩体采用的是摩尔-库仑本构模型,它是岩土工程中最通用的本构模型。对于摩尔-库仑塑性模型,需要的参数为密度 ρ、体积模量 K、剪切模量 G、内摩擦角 φ、黏聚力 c、抗拉强度 σ^t。

其中

$$G = \frac{E}{2(1+\nu)} \tag{4-15}$$

$$K = \frac{E}{3(1-2\nu)} \tag{4-16}$$

式中, E 为弹性模量。

根据现场勘查及试验资料,对研究区基本地质参数进行分析确定,由于对部分坝基、断层、软弱夹层进行了加锚、灌浆、换填处理,但为工程安全保守考虑,本次模拟采用的参数均为原状参数,即采用未处理的岩体参数,如表 4-1~表 4-4 所示。

表 4-1　混凝土物理力学参数

混凝土类型	内摩擦角 (°)	黏聚力 (MPa)	密度 (g/cm³)	弹性模量 (GPa)	泊松比	抗拉强度 (MPa)
C20	54.9	3.18	2.4	25.5	0.2	1.54

表 4-2　F216 主要力学参数

序号	内摩擦角 (°)	黏聚力 (kPa)	密度 (g/cm³)	弹性模量 (GPa)	泊松比	抗拉强度 (MPa)	渗透系数 (cm/s)
F216	24.5	50	2.4	2.5	0.32	0.5	5×10^{-3}

除给块体赋予材料模型外,还应对模型中的所有不连续面(即接触面)赋予材料模型。对于不连续面,有四种本构模型。在 UDEC 中开发了四种节理本构模型。但对于大部分模型分析,最适宜的模型有库仑滑动模型(完全弹塑性)。对于库仑滑动模型,所需要的物理力学参数是法向刚度 K_n、切向刚度 K_s、内摩擦角 φ_j、黏聚力 c_j、抗拉强度 σ_j^t。

· 129 ·

表 4-3　坝基岩层主要物理力学参数

序号	岩层编号	岩性描述	风化状态	密度（g/cm³）	变形模量（GPa）	弹性模量（GPa）	泊松比	抗拉强度（MPa）
1	D_1y^1-3	灰岩	弱风化	2.82	5	8	0.28	1.58
2	D_1y^1-2	灰岩	弱风化	2.82	8	12	0.26	1.58
3	D_1y^1-1	泥岩+泥灰岩	弱风化	2.79	5	8	0.28	4.26
4	D_1n_{13-3}	泥质粉砂岩+粉砂岩	弱风化	2.75	3	4	0.32	6.1
5	D_1n_{13-2}	泥岩+泥质粉砂岩	微风化	2.77	6	8	0.28	7.0
6	D_1n_{13-1}	含泥细砂岩+泥质粉砂岩	微风化	2.73	8	12	0.26	5.0
7	D_1n_{12}	含泥细砂岩+细砂岩	微风化	2.69	9	14	0.26	6.5
8	D_1n_{11-7}	泥岩	微风化	2.78	5	8	0.28	6.5

表 4-4　坝基岩层抗剪参数

岩层编号	风化状态	相应工程地质类别	岩体/混凝土			岩体/岩体		
			f'	c'（MPa）	f	f'	c'（MPa）	f
D_1y^1-3	弱风化	Ⅲ	0.92	0.76	0.55	0.86	0.82	0.60
D_1y^1-2	弱风化	Ⅲ	0.94	0.78	0.57	0.88	0.85	0.62
D_1y^1-1	弱风化	Ⅲ	0.90	0.75	0.55	0.85	0.80	0.60
D_1n_{13-3}	弱风化	Ⅲ～Ⅳ	0.87	0.72	0.53	0.81	0.79	0.58
D_1n_{13-2}	微风化	Ⅲ	1.02	1.02	0.60	1.11	1.45	0.64
D_1n_{13-1}	微风化	Ⅱ	1.13	1.13	0.66	1.23	1.63	0.71
D_1n_{12}	微风化	Ⅱ	1.19	1.19	0.70	1.29	1.72	0.75
D_1n_{11-7}	微风化	Ⅲ	1.03	1.03	0.61	1.12	1.46	0.65

　　渗流所需要的水力学参数有节理渗透系数 k_j、裂隙初始隙宽 a_0、裂隙残余隙宽 a_{res}。其中，节理渗透系数的理论值 $k_j = 1/12\mu$，其中 μ 为水的动力黏滞系数。

　　UDEC 计算过程中，为了提高计算效率，在保证计算精度的情况下，节理法向刚度应取值适中，满足如下关系：

$$K_n, K_s \leq \left[\max\left(\frac{K + 4/3G}{\Delta z_{min}}\right) \right] \tag{4-17}$$

式中，K_n、K_s 分别为节理的法向刚度和切向刚度；K 为块体的体积模量；G 为剪切模量，Δz_{min} 为紧挨着节理的最小单元尺寸，如图 4-14 所示。

　　结构面的物理力学参数和水力学参数如表 4-5～表 4-7 所示。

　　如前所述，已根据连通率，求得 28# 坝段的 D_1y^1-2 与 D_1y^1-3 两个地层中裂隙的黏聚力 c、内摩擦角 φ 及抗拉强度 σ' 的等效参数，具体如表 4-5 所示。

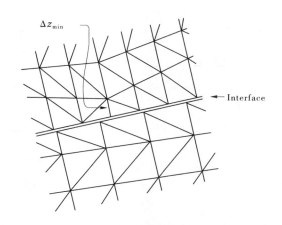

图 4-14 单元尺寸用于刚度计算

表 4-5 裂隙等效参数

地层	$\varphi_j(°)$	$c_j(Pa)$	$\sigma_j^t(Pa)$
D_1y^1-3（岩溶不发育）	34.64	0.44	0.86
D_1y^1-3（岩溶发育）	35.89	0.51	1.01
D_1y^1-2	34.78	0.47	0.88

其他地层中结构面的参数如表 4-6 所示。

表 4-6 结构面物理力学参数

结构面类型	K_n (Pa/m)	K_s (Pa/m)	φ_j (°)	c_j (Pa)	σ_j^t (Pa)
裂隙	1×10^{11}	1×10^{10}	26.5	0	0
软弱夹层（D_1n_{11-7}）	1×10^{11}	1×10^{10}	14.5	1.5×10^4	0
软弱夹层（$D_1n_{13-1} \sim D_1n_{13-1}$）	1×10^{11}	1×10^{10}	15.6	2×10^4	0
软弱夹层（D_1y^1-1）	1×10^{11}	1×10^{10}	17.7	4×10^4	0
软弱夹层（D_1y^1-2）	1×10^{11}	1×10^{10}	16.7	3×10^4	0
地层分界线	1×10^{11}	1×10^{10}	24.2	1.5×10^5	0
帷幕	1×10^{11}	1×10^{10}	42	7.5×10^5	2×10^6
断层边界	1×10^{11}	1×10^{10}	0	0	0
坝底	1×10^{11}	1×10^{10}	42	7.5×10^5	0

表 4-7 结构面水力学参数

结构面类型	k_j ($Pa^{-1}s^{-1}$)	a_0 (m)	a_{res} (m)
构造裂隙	83.3	2×10^{-3}	1×10^{-3}
软弱夹层	83.3	2×10^{-3}	1×10^{-3}
地层分界线	83.3	2×10^{-3}	1×10^{-3}

结构面类型	k_j $(Pa^{-1}s^{-1})$	a_0 (m)	a_{res} (m)
帷幕	0	0	0
断层边界	83.3	$2×10^{-3}$	$1×10^{-3}$
坝底边界	83.3	$2×10^{-4}$	$1×10^{-4}$

4.2.2.3 边界条件

在 UDEC 模型中,可以对模型边界加载应力或者速度边界条件。在静态分析中,由于模型一般比重点要考虑的区域大很多,一般固定模型的左、右边界和底部边界,可以满足计算结果,计算结果较准确。在实际中,坝基岩体是一个整体,左、右、下边界分别受到两侧岩体的挤压,因此固定模型的左、右边界 x 向速度和底边界的 y 向速度 0,如图 4-15 所示。

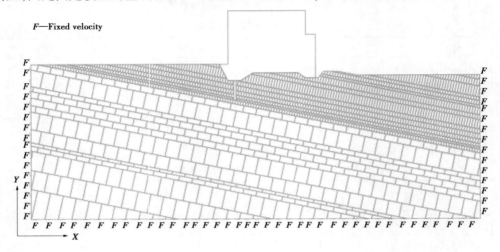

图 4-15　模型速度边界

当水库蓄水后,在上游面、下游面及泄水闸表面分别施加水压力,如图 4-16 所示。

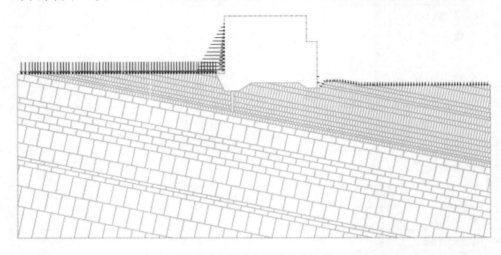

图 4-16　模型水荷载应力边界

4.3　坝基岩体渗流

4.3.1　渗流研究的发展及应用

工程岩体裂隙水,即赋存并运移于岩体贯通裂隙网络中的地下水,查明其赋存状态、运动规律及其排泄量是一个研究难度大且亟待解决的课题。目前,国内外尚未建立一套完整、成熟的科学理论和方法,对于该领域的研究大多仍处于探索阶段。

在水库的水头作用下,坝基和两岸岩体将产生渗流。水流过裂隙,即使是最微细的裂隙,也会起张裂作用,使裂隙增宽。这种张裂作用往往是缓慢而逐渐地进行的。渗水不断积累,在裂隙中会形成巨大的压力,破坏原有的平衡条件或降低作用于裂隙面上的有效应力,从而降低其抗剪强度,引起岩体的滑动。另外,渗水的动力作用会冲刷裂隙、夹层中的充填物,将它们带向下游造成管涌。这些情况,可以说明为什么有些坝在蓄水开始几年内运用尚好,而经过若干年后,便发生地基破坏的道理。我国安徽梅山坝基右岸岩体在蓄水运行 5 年后发生滑动,就是一个典型实例。又如,新安江大坝为混凝土宽缝重力坝,1959 年施工,1961 年发电,右岸 2、3 坝段部分扬压力孔扬压力测值超过设计值,随运行时间的增长排水量减少不多,而占坝基总排水量的百分比逐年增加。此外,页岩有软化泥化现象,表明主帷幕不同程度削弱。

渗透水流还对裂隙面产生物理的和化学的侵蚀作用,诸如风化、泥化、膨胀、溶解等,使抗剪强度降低,或者使一部分矿物成分(如石膏)溶解,或者引起含黏土岩层的松散崩塌。如美国圣法兰西斯重力坝,就是由于坝基内黏土质砾岩遇水崩解而突然失事的。由此可见,渗透水在坝基中的破坏作用必须给予充分重视。

在岩体地下水运动模型的概化上,目前大多采用非均质各向异性的等效连续介质模型,如杜延龄和许国安(1991)、周志芳和钱孝星(1992,1993)等。这样有利于用数值法直接求解地下水运动的偏微分方程。对于介质性质不满足连续介质假定要求的岩体,毛昶旭(1991)提出了基于水量平衡原理求解裂隙网络的非连续介质模型及其求解方法。王恩志(1993)按非连续介质方法建立了裂隙网络渗流离散模型,采用了全区域不同网络分析法,化非线性分析为线性分析,成功解决了岩体剖面上有自由面裂隙网络渗流计算问题。在国外,Smith 和 Schwartz(1980)、Long(1983)、Schwartz 等(1983)、Robinson、Anderson 和 Dverstorp(1987)、Long 和 Billaux(1987)、Dershowitz 和 Einstein(1988)致力于离散网络试验和相应网络研究。Lin 和 Faihurst(1991)以此为基础采用拓扑理论描述裂隙岩体的网络特征。莫海鸿和林德璋(1997)则提出了两个基于代数拓扑理论的裂隙网络中流体分布的离散性模型及其相应解法。张幼宽(1984)、薛禹群和张幼宽(1984)提出了裂隙—岩溶双重介质渗流模型及其有限元求解方法,成功地进行了裂隙岩溶介质中矿坑涌水量的预报。周志芳等(1996)考虑到实际岩体裂隙结构面的分级性,提出了混合网络有限单元方法。陈崇希(1995)、成建海和陈崇希(1998)从水动力学角度分析各种岩溶含水介质中的水流特征,将其归纳为储水介质、导水介质和控水介质,并根据折算渗透系数的概念,建立了耦合达西流和非达西流于一体的岩溶管道—裂隙—孔隙三重介质地下水模型。数值计算表明三重介质地下水模型较全面地刻画了岩溶水动态的特征,反映了相对均匀裂隙流与控制性管道流并存,线性流和非线性流相互转变的复杂地下水运动特点。柴军瑞和仵彦卿(2000)将岩体中的各种裂隙和孔隙按规模和渗透性分为 4 级处理,即一级真实裂隙网络、二级随机裂隙网络、三级等效连续介质体系和四级连续介质体系。各级裂隙(孔隙)都形成各自的裂隙网络,并以水量平衡原理为基础建立各级裂隙网络之间的联系,组合形成岩体多重裂隙网络渗流模型,从而较全面地反映了地下水在岩体中的运动规律,并进行了工程实例分析。另外,基于水工建筑物地区岩体渗流场的分析,最终都是用于岩体及建筑物基础稳定性分析。由于建筑物的修建,改变了原有岩体中应力场的分布。应力场分布的变化必然引起岩体中裂隙几何参数的改变,从而导致岩体裂隙透水性发生相应变化。于此同时,由于水库的蓄水,改变了岩体原有的水文地质环境,岩体中的裂隙水头由于边界条件的变化,而发生相应的变化,导致岩体应力场也发生相应的变化。为此,许多学者都致力于渗流场与应力场耦合模型的研究计算。杨延毅和周维垣(1991)提出了一种渗流-损伤耦合分析模型,阐述了渗流对裂隙岩体的力学作用和岩体的应力状态对裂隙渗透性的影响,根据不同应力状态下的损伤断裂扩散方程建立起渗透张量的演化方程。王媛等(1998)给出了等效连续裂隙岩体渗流与全耦合分析计算方法。柴军瑞等(2003)考虑到岩体中裂隙水流对裂隙壁同时具有法向的渗透静水压力作用和切向的拖曳力(渗透动水压力)作用,提出在单一光滑平直裂隙、充填裂隙、水流和充填物一起流动三种情况下裂隙壁所受的渗透静水压力作用和拖曳力公式,并采用算例定量分析裂隙水流对裂隙壁的这种双重力学效应。结果表明,裂隙水流的渗透静水压力和切向拖曳力作用都会使岩体各应力分量增大,并指出计算岩体应力时应考虑裂隙水流的双重力学效应。

目前,解决地下水问题的数值方法有多种,但最通用的还是有限差分法(FDM)和有限元法(FEM),此外还有特征线法(MOC)、积分有限差分法(IFDM)、边界元法(BEM)等。但只有有限差分法和有限元法能处理计算地下水文学中的各类一般问题(Yeh,1999)。数值方法在应用过程中不断发展,每一种数值计算方法本身在解决具体问题过程中也不断地被发展和完善。例如,从有限单元法中派生出随机有限元法、混合有限元法、特征有限元法等。数值分析方法在解决岩体地下水具体问题(如自由面问题、排水孔处理问题、反问题等)上也得到了不断深入,应用形式多样化。朱学愚等(1983)采用有限单元法成功计算了湖南斗笠山煤矿裂隙岩溶水涌水量;薛禹群和张幼宽(1984)提出了岩体双重介质渗流模型,采用有限元法预测矿坑的涌水量;谢春红和朱学愚(1988),钱孝星和蔡升华(1989)也用有限元法有效地解决了裂隙岩溶水资源计算和水库渗漏量计算问题;毕焕军(2000)采用变分有限元法计算了交通隧道涌水量问题;王建秀等(2002,2004)采用数值模拟和解析法相结合的方法,探讨了深埋隧洞的外水压力和涌水量问题。何杨等(2007)运用有限元法分析主干岩体裂隙网络渗流;何杨(2007)运用双场迭代法(渗流场采用离散裂隙网络法,应力场数值分析采用有限元法)进行了裂隙岩体非稳定渗流场与应力场耦合分析。

4.3.1.1 单裂隙岩体渗流模型研究现状

单裂隙渗流模型是岩体渗流的基本问题和理论基础。苏联学者于 19 世纪中期最早对裂隙岩体的渗流特性进行了试验研究,得出了最早的研究结论和成果。1856 年,H.Darcy 经过大量的试验得出著名的达西定律,指出渗流能量损失与渗流速度之间成一次方正比。多年来以该定律作为渗流的基本规律建立的经典渗流理论发展极为迅速,取得了巨大的成功。1868 年,俄国著名流体学家 Boussinesq 根据纳维-斯托克斯方程推导出流体在光滑平行板缝隙中流动的理论公式,体现了流体的过流能力与裂隙开度的立方成正比的关系,因此被称为立方定律。由此引起了岩土界广泛的关注并迅速成为学术界讨论的热点,许多研究人员开始对此做出试验研究。Lomize 进行了裂隙岩体渗流试验,证明了在单一裂隙岩体中立方定律的合理性和正确性。随后,Louis 也开展了单一裂隙岩体的渗流试验,有力地证实了立方定律在层流条件下的适用性。Tsang 通过研究得出由于张开度随外界环境的变化及初始接触点的存在,将导致岩体中实际的渗流路径变得极其复杂,并可能伴随有沟槽渗流现象的发生,此时立方定律将失效的结论。国内学者在裂隙岩体渗流方面上的研究也获得了巨大的成功。速宝玉针对光滑型裂隙渗流及相互交叉的裂隙渗流进行了探讨,认为在该模型下立方定律已不再适合分析裂隙渗流的问题。此外,刘继山、田开铭、周创兵、张有天等学者也针对这一问题进行了大量探讨并获得了宝贵的经验。

目前,裂隙岩体渗流应力耦合研究主要从三个方面入手:①根据试验成果概括出渗流与应力之间的经验公式。②根据裂隙的法向、切向变形公式推导渗流与应力之间的内在联系。③通过建立合理的渗流-应力耦合模型解释渗流与应力的耦合规律。1974 年,C.Louis 根据钻孔压水试验成果对节理渗流特性进行了深入的分析,总结出裂隙岩体的渗透系数与正应力之间存在的关系。与此同时,Brace 在高围压和孔隙压力的条件下对花岗岩的渗透性做了大量试验,发现花岗岩的渗流能力随着围压的增加而降低,随着孔隙压力的增加而升高,首次将应力因素考虑到岩体渗透性能的分析当中。Patsouls 和 Gripps 对英国约克郡白垩灰岩的渗透性做了一系列研究,同样得出了类似的结论。随后,Walsh 于 1991 年对应力状态下岩体的渗流特性展开了深入的探索,指出岩体渗透系数的三次方根和有效应力的对数之间存在比例关系。此外,还有一些研究人员对不同岩石的裂隙渗透性做了研究并得出结论。Snow 和 Jones 对含多组平行裂隙的碳酸钙岩石的渗透系数提出了不同的经验公式;Kranz 对花岗岩裂隙进行大量研究工作并提出渗透系数与应力成幂函数的关系;Gale 对花岗岩、大理岩和玄武岩三种裂隙岩体进行了渗透性能试验,提出了渗透系数与应力呈负指数的关系。Esaki 对岩体的剪切渗流耦合进行过试验,并对参数取值进行了研究。耿克勤通过分析剪切状态下裂隙岩体渗流-应力耦合的问题,解释了岩体结构面在压应力作用下发生的剪缩及剪胀现象的实质。此外,张有天对裂隙岩体渗流计算模型进行了分析。陶振宇研究了某水库堤坝内水流的渗流应力耦合作用对结构体产生的不利影响。Gangi 从钉状物压缩的原理中提取精髓,应用到裂隙岩体渗流分析中以体现应力与渗流的相互作用。此外,还有很多研究人员提出了各类模型以解释说明裂隙中的渗流应力耦合关系,如 Walsh 提出了洞穴模型。Tsang 和 Witherspoon 提出洞穴-凸起模型等。王媛通过试验得出裂隙开度与应力之间呈负指数的规律。仵彦卿根据某水电工程裂隙岩体渗流与应力关系的试验,提出了岩体的渗透系数与有效应力间的经验公式。陈祖安提出了裂隙岩体的渗透系数与压应力之间的公式。刘继山、周创兵以现有的裂隙变形公式为基础,根据等效力学裂隙宽度与力学裂隙宽度间的联系,得出了渗流与应力的耦合规律。

4.3.1.2　裂隙岩体渗透特性研究现状

渗透系数是表征含水层透水性能的一个重要水文地质参数,裂隙岩体渗透系数正确与否决定裂隙岩体渗流分析结果的可靠性。对裂隙岩体来说,裂隙的性质是决定岩体渗透性大小及岩体渗透系数的各向异性的关键因素。裂隙岩体渗透性主要由裂隙的空间结构和裂隙自身的导水能力来决定,裂隙的导水能力主要受裂隙的张开度、地下水运移通道的宽度、裂隙充填情况等因素的影响。传统的确定渗透系数的方法往往通过野外水文地质钻孔试验、室内渗流试验、反演法、裂隙采样测量法、离散裂隙网络渗流数值试验法等方法。目前，野外水文地质钻孔试验有单孔压水试验、抽水试验、注水试验及示踪试验等方法,运用最为广泛的是单孔压水试验,该方法所得渗透系数为岩体平均渗透系数,不能反映岩体的非均质各向异性的特征。1985 年,Hsieh 和 Neuman 提出交叉孔压水试验,由单孔压水试验和钻孔周围的观测孔构成,不需要事先知道裂隙发育的主方向,钻孔可以沿任意方向钻进;室内渗流试验法主要根据室内物理水力学模型试验成果结合立方定理推求,常用的模拟方法有黏滞流模型、水力网模型和电模拟等。反演分析是根据地下水动态观测资料或已获得的各处地下水面或水头分布的,反过来确定渗透系数、给水度和贮水度等水文地质参数。裂隙采样测量法先用测线测量法或者测面测量法确定岩体裂隙的裂隙张开度、产状及位置,然后运用统计学的方法来确定裂隙岩体的渗透系数张量。

裂隙岩体渗透性不但与裂隙(空隙)连通率相关,还与岩体所受应力有关。岩体产生水力劈裂的压力大小取决于岩体中应力的大小。水力劈裂会导致裂隙岩体中部分原本不连通的裂隙变成连通的通道或大幅度增加裂隙宽度,导致渗透系数增大;发生水力劈裂后的岩体中裂隙水压力减小某一数值后,因水力劈裂而产生的部分裂隙将闭合或裂隙宽度减小,致使岩体渗透性有所降低。因此,高水头条件下裂隙岩体的渗透系数与低水头条件下的渗透系数必然存在很大的差异。1951 年,苏联学者就开始对单个裂隙渗流运动进行试验研究,通过试验研究提出了著名的立方定理,即裂隙岩体的透水系数与裂隙宽度的立方成正比;1974 年,法国教授 Louis 首次提出了岩体水力学的科学概念。Kelsall 通过对地下孔口附近的渗透性研究,得出应力释放后孔口壁附近的渗透系数比远处增加 2~3 个数量级。

国内学者蒋中明、陈胜宏等,在《高压条件下岩体渗透系数取值方法研究》中认为:①裂隙岩体在高渗压状态下的渗流定律更适合于用紊流定律加以描述;②裂隙岩体水流形态的判断对岩体渗透系数计算结果有重大影响,高渗压引起的水力劈裂会引起裂隙岩体高压渗透性的急剧增加;蒋中明、冯树荣等,在《某水工隧洞裂隙岩体高水头作用下的渗透性试验研究》中,运用野外高压渗透试验所得渗透系数与室内渗透试验所得渗透系数进行对比分析,得出结论:高渗压作用下裂隙岩体的渗透系数明显大于常规水头作用下裂隙岩体的渗透系数。通过某抽水蓄能电站断层破碎带及其影响带和裂隙岩体渗透系数的研究,从理论角度分析了室内试验得到的渗透系数比原位压水试验得到的渗透系数大的最主要影响因素是应力释放。现在与岩体水力学特性研究相关的文章,普遍认为高水头条件下岩体水力学特性的研究还处于起步阶段,还有很多问题没有得到解决。高水头情况下岩体水力学特性研究的主要方法是试验研究,由于受到试验设备和仪器的制约,很多有待于解决的问题难以开展,应加强试验设备和试验仪器的研发,同时也要加强岩体在高梯度压力下的水力学现象的机制研究。

4.3.1.3 裂隙岩体渗流与应力耦合研究现状

合理地建立渗流模型是分析裂隙岩体渗流应力耦合的基础。由于岩体内部富含节理,且节理的产状、密度、张开度、间距、延续性、粗糙度、渗流路径、填充物的类型等对渗透系数影响巨大,因此导致裂隙岩体渗流的非均匀性、各向异性的特性。由于种种复杂的影响因素及渗流的特性使得对渗流模型的研究难度大大增加,虽然有不少研究者建立了各种各样的渗流模型,但均有所不足,因此在裂隙岩体渗流模型建立的方面上仍需投入更多的研究。当前,基于裂隙介质性质的不同及研究方法的不同,大致可将裂隙岩体渗流应力耦合模型分为以下三种。

1.等效连续介质模型

Pomm 和 Snow 首先创立了等效连续介质模型。该模型以传统的孔隙介质渗流分析方法为依据,根据渗透系数张量原理、广义达西定律和流体连续性方程建立关于渗透压力的偏微分方程,结合一定的初始条件和边界条件组成等效连续介质渗流模型进行岩体中渗流场的求解。Oda 建立了早期的等效连续介质模型,根据裂隙的产状、开度、分布情况等特征,分别推导出裂隙岩体等效各向异性弹性矩阵和渗透系数张量,利用 Barton-Bandis 本构方程得到节理裂隙宽度的改变量。对于等效连续介质模型是否适用,核心在于表征单元体(REV),它是衡量一个模型是否为等效连续介质模型的标准,若大于标准值,则模型可视为等效连续介质,其力学属性和水力学属性均为常数。当 REV 很大或不存在时,便不可将模型视为等效连续介质,各类等效连续模型都必须严格控制在有效 REV 的范围内,由于有效范围较小且难以人为划定,所以等效连续介质模型的水力学及力学参数难以精确确定。对此,有不少研究人员进行了试验与研究。Kulatilake 对随机裂隙模型做出数值模拟分析,得出以下结论:节理的长度越短、间距越小、相邻节理组的交角越小,则表征单元体越大,反之亦然。而且当表征单元体不存在时,无论如何取值都不能将模型视为等效连续介质。La Pointe 也提出表征单元体主要取决于节理裂隙的形态和性质。采用表征单元体方法对裂隙岩体渗流-应力耦合进行分析时,须单独对渗流场和应力场分开进行运算,再根据两场的交叉迭代求解来达到耦合分析的目的,这种计算方法收敛速度很慢,计算结果不易获得。王媛提出的四自由度全耦合分析法有效地解决了上述问题。其基本思路是:将裂隙岩体渗流场和应力场作为同一场进行考虑,联立裂隙岩体满足的渗流方程和应力方程,建立起同时以节点位移和节点渗流水压力为未知量的耦合有限元方程组,通过求解方程组,同时得到应力场和渗流场,这样避免了两个场之间的迭代。综上所述,当岩体中裂隙分布密集时,等效连续介质模型方法较为有效,若裂隙分布稀疏时则该方法失效,需采用其他方法进行研究。

2.离散裂隙网络模型

离散裂隙网络模型是由裂隙在空间上相互交叉形成的网络状空隙结构,该模型假定完整岩石的渗透性远远低于节理裂隙,从而可忽略岩石的渗透性,认定流体只在裂隙网络中运动,该模型较连续介质模型在本质上更符合实际的渗流运动。至今为止,离散裂隙网络模型在裂隙岩体渗流应力耦合方面的优势已展现得淋漓尽致,许多研究者对此都提出了自己独到的见解。宋晓晨提出了一种改进的裂隙网络模型,成功地模拟出在裂隙网络中非饱和渗流运动的情况,将单裂隙渗流数值模拟技术扩展到裂隙网络中,并在实际工程中得到应用。王恩志采用数值矩阵形象地体现出复杂裂隙的构成关系,他提出的裂隙渗流离散模型较好地反映了岩体中渗流分布的不均匀性和渗透空间各向异性的特征。张有天将增量渗透荷载分析方法应用于裂隙网络模型,模拟了降雨过程中裂隙岩体在饱和、非饱和情况下的渗流运动。张电吉通过离散裂隙网络模型研究了裂隙岩体的在非饱和条件下的渗流特点,并建立了饱和-非饱和裂隙渗流模型。柴军瑞提出了多重裂隙岩体渗流应力耦合模型,成功地评估了某大型水坝的安全稳定性能。此外,王洪涛、杜广林等在离散裂隙网络模型模拟方面也做出研究,对实际问题有重要的指导意义。利用离散裂隙网络模型可以精确地表征微小裂隙岩体渗流应力耦合的特性。然而应用到实际工程中时,由于该模型须对节理裂隙的几何参数进行烦琐的统计工作以保证数据的合理性,其工作量之大是难以实现的,所以当下如何建立合理的裂隙网络模型是利用离散网络模型进行裂隙岩体渗流分析的难点和重点。同时,将每条裂隙的分布情况及力学和水力学特性都逐一体现在模型中是不切实际的。为此,在实际工程中将模型简化,不必详尽地掌握每条裂隙的渗流应力耦合特征,而只需要得到宏观结论即可。

3. 双重介质模型

1960 年,苏联学者 Barenblantt 建立了最早的双重介质模型,他认为岩体是一种连续介质,岩体中的空隙由两部分组成。一部分是用于流体储存的孔隙介质,反映了流体各向同性均质的渗流特性;另一部分是用于流体疏导的裂隙介质,反映了流体流动定向性的渗流特性。建立模型时将孔隙介质和裂隙介质视为不同的两种模型,根据流体在孔隙和裂隙间的流量交替公式建立耦合方程。

随着双重介质模型的首次提出,许多研究者纷纷表达了自己的主张与见解,其中最大的分歧在于流体在裂隙介质和孔隙介质间是如何进行流量交替的,对此众说纷纭。黎水泉主张应重点关注孔隙介质和裂隙介质的力学参数与压应力之间存在的关联,分析了孔隙压力和裂隙压力在岩体渗流-应力耦合过程中随时间变化呈现出的规律。Streltsova 建立了近似的双重介质模型,主张岩体是由岩块和裂隙两部分组成的,且岩石厚度远大于裂隙宽度,流体在岩石中的渗流路径为垂直方向,而在裂隙中的渗流路径为水平方向。件彦卿提出了等效-离散耦合的双重介质模型,认为岩体的空隙结构是由大小不均的网络组成的,其中将较大的裂隙网络视为非连续介质,较小的裂隙网络视为等效连续介质,裂隙网络系统之间通过大裂隙网络的隙壁进行流量交替。杨栋根据裂隙发育规模和实际工程尺度的关系,提出可将裂隙岩体分为等效连续介质模型和离散裂隙网络介质模型的理论,在该理论的基础上建立了广义双重介质模型。吉小明基于双重介质渗流耦合的运算原理及有限元分析方法,根据 RQD 岩石质量指标与 RMR 工程岩体地质分类指标,建立了与应力有关的裂隙岩体渗透系数的推导公式,并提出相关的有限元模型。双重介质模型最大的不足是无法体现裂隙岩体渗流的极不均匀性、各向异性的特征,此外,虽然更加切合实际地考虑了裂隙岩体中岩块的渗透系数,但流体在孔隙与裂隙间的流量交替情况十分复杂,无疑增加了分析和计算难度。

4.3.1.4 坝基渗漏与防渗的研究现状

从水库渗漏角度分析可见,早期修建的工程,对坝基岩体渗漏研究不足,而导致垮坝事件,如法国的马尔帕塞拱坝和意大利的瓦依昂拱坝溃坝事件。后来学者对马尔帕塞拱坝的失事原因进行了系统的分析。Bellier 认为,马尔帕塞拱坝坝肩岩体的结构面走向与拱坝体力方向平行,在拱坝坝肩中形成高的应力区,引起坝肩岩体结构面闭合,岩体渗透系数大约减小了 100 倍(相对初始值),导致岩体渗流流动受阻而产生等于水库全水头的压力,使大坝坝肩岩体沿下游断层滑移而失稳;Wittke 认为,拱坝弧部受拉力,使大坝坝踵附近岩体受拉,倾向下游的岩体结构面张开,裂缝使防渗帷幕短路。库区蓄水后,库水沿张开裂隙渗漏,由于下游断层封堵了渗漏通道,致使裂隙中产生等于水库全水头的压力,使坝肩岩体失稳。虽然这两种分析失稳机制不同,但分析结果都认为,岩体的渗透力作用是失事的主要原因。瑞士于 1968 年建设的圣马丽亚大坝,坝高 117 m,由于上游坝基下浅层岩石内裂隙张开漏水,在地下水浮托力的作用下,导致坝顶升高 31 mm,拱冠径向位移 170 mm,坝座位移 34

mm。在过去几十年当中，奥地利、瑞士、法国、西班牙等，均出现过因坝基渗漏而造成大坝破损事件。

我国的坝工建设历史悠久，大坝建设的成就也位居前列。同时，也发生很多因渗漏原因而破损的水库，其中土石坝坝基渗漏最为显著。土石坝中，如河北丘庄土坝，由于原河床段的坝基下有异常的渗漏通道，使坝基产生严重渗漏；因坝基渗漏而溃坝的还有新疆新和五一、江西荷树峡、山西东榆林等水库。拱坝如四川省蓬溪县妻江河中游的支流上的寸塘口拱坝，由于地质构造对坝基渗漏有不利影响及坝基的岩性不均，力学特性相差很大，强度低，抗变形能力差，而且透水性强又有湿胀干缩等不良特性，以致水库蓄水后导致坝体变形、开裂和漏水。

20 世纪 80 年代以前，国内的坝基防渗施工方法比较单一，技术比较落后，大多数采用传统灌、黏土截水槽、黏土铺盖等相关措施。改革开放以来，经过大量的工程实践及科学试验，国内的水工防渗加固技术得到快速发展，施工设备、施工方法得到不断改进，施工效率得到了不断提高，近年来我国的防渗墙施工水平也已经达到了国际先进水平。现如今，水电工程中各种新型防渗手段不断出现，施工方法正朝着高效、深度更广、适应性更强的方向发展。目前，高压喷射防渗墙、混凝土防渗墙、自凝灰浆防渗墙、垂直铺塑、帷幕灌浆、水泥土搅拌桩防渗墙、淤泥固堤防渗等，是我国运用最为广泛的防渗技术。70 年代起在法国、墨西哥等近百座大坝上采用自凝灰浆防渗墙技术，施工方法与混凝土防渗墙相类似，这类防渗墙具有弹性模量低、能适应坝体变形不易开裂和造价低、施工简便等特点。帷幕灌浆是将一定的配合比且具有流动性、胶凝性的水泥或化学浆液，通过钻孔直接压入岩层的裂隙中，经过胶结硬化后提高了岩基的强度，从而改善了岩基的渗透性和整体性。目前，我国工程中通常采用空口封闭灌浆法，在二滩、小浪底工程等水利工程中，将国际上纯压式灌浆法、GIN 灌浆法等施工技术引进我国，使得我国灌浆技术得到了很大发展。

4.3.1.5 岩体渗透结构的研究现状

岩体渗透结构近几年的相关研究较少；胡伏生，杜强等在《岩体渗透结构与矿坑涌水强度关系》中提出渗透结构可分为层状、脉状和壳状渗透结构三种基本类型，在壳状渗透结构条件下矿坑涌水量大小随深度变化而变化，而脉状渗透结构使得矿坑涌水量大小随深度衰减幅度变小；岩层的组合效果决定层状渗透结构对矿坑涌水量大小主要因素；在文中，作者主张将矿区含水岩组概化为基本渗透结构的复合体，根据渗透结构分别研究矿坑涌水规律。杜强、李珀等在《岩体渗透结构的条件模拟分析》中，通过对拉西瓦坝址区裂隙岩体渗透性的条件模拟分析得出以下结论：在渗透性参数的条件模拟可深入分析裂隙岩体渗透性并可给出可靠性较高的渗透性参数取值；渗透性参数的顺序指示模拟可很好地分析大型裂隙的连通性特征；渗透性参数的条件模拟为渗流的随机模拟奠定了基础。李清波、闫长斌在《岩体渗透结构类型的划分及其渗透特性研究》中提出，岩体渗透结构类型可划分为 5 类：散体状、层状、带状、网格状、管道状渗透结构，并结合小浪底层状及带状渗透结构和三峡坝址区的散体状、网格状及带状对渗透结构特性进行了研究，得出以下结论：①控制岩体渗透结构及其宏观渗透特征的主要因素有岩性、断裂构造、风化卸荷作用及岩溶作用。②工程区的岩体渗透结构类型一般都是由多种渗透结构类型组成的，不同渗透结构相交叠加的位置，往往形成渗透性较强的地下水等，在《某水工隧洞裂隙岩体高水头作用下的渗透性试验研究》中，运用野外高压渗透试验所得渗透系数与室内渗透试验所得渗透系数进行对比分析，得出结论:高渗压作用下裂隙岩体的渗透系数明显大于常规水头作用下裂隙岩体的渗透系数。通过某抽水蓄能电站断层破碎带及其影响带和裂隙岩体渗透系数的研究,从理论角度分析了室内试验得到的渗透系数比原位压水试验得到的渗透系数大的最主要影响因素是应力释放。现在与岩体水力学特性研究相关的文章,普遍认为高水头条件下岩体水力学特性的研究还处于起步阶段,还有很多问题没有得到解决。高水头情况下岩体水力学特性研究的主要方法是试验研究,由于受到试验设备和仪器的制约,很多有待于解决的问题难以开展,应加强试验设备和试验仪器的研发,同时也要加强岩体在高梯度压力下的水力学现象的机制研究。

4.3.2　岩体渗流分析简介

天然岩体大多为多相的不连续介质,内部赋存着大量的层面、软弱夹层、孔隙、裂隙等。这些缺陷结构的存在不但改变了岩体的力学性质,而且严重影响着岩体的渗透性。坝基岩体的稳定性受软弱夹层、层面、节理裂隙中扬压力的影响。作用在软弱夹层或层面上的扬压力可在一定程度上抵消上部岩体的重量,进而减小坝基岩体的抗滑力;另外,作用在节理裂隙上的扬压力增加了坝基的滑动力,这两方面因素均减小了坝基岩体的稳定性水平。为考虑扬压力的影响,我们需要建立坝基剖面的渗流模型。以下着重介绍渗流的基本原理与 $28^{\#}$、$29^{\#}$、$30^{\#}$ 坝段的渗流计算模型及计算结果。

4.3.2.1　单一裂隙渗流的基本规律

1.立方定律

假定岩体裂隙是由两片光滑平行板构成的裂隙,即所谓的平行板模型,隙宽 a 为常数(见图4-17)。缝隙中的水流运动符合 Navier-Stokes 方程,即

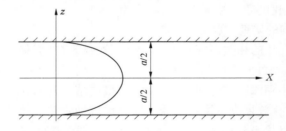

图 4-17　平行板缝隙水流示意图

$$\frac{\partial u_i}{\partial t} = F_i - \frac{1}{\rho}p_i + \nu u_{i,ij} \tag{4-18}$$

式中,μ_i 为流速分量;F_i 为作用力;ρ 为水的密度;p 为水的压力;ν 为水的运动黏滞系数,其值与温度有关。

当流速很小时,光滑平行板缝隙中的水流为层流流态,显然有 $u_3 = 0$,即 z 方向(垂直于缝隙面)流速为零。令水力梯度最大的方向为 x,问题可简化为只需研究 x 方向流速的一维问题。因隙宽 a 为常值,沿 x 方向各点 u_x 也为常数。对恒定流,式(4-18)可写为

$$\frac{\mathrm{d}^2 u_x}{\mathrm{d}z^2} = \frac{1}{\rho\nu}\frac{\mathrm{d}p}{\mathrm{d}x} \tag{4-19}$$

缝隙内流速一般很小,其流速水头常可忽略。水头势(水头)即为位置水头与压力水头

之和,即

$$h = z + \frac{p}{\rho g} \tag{4-20}$$

则式(4-19)可化为

$$\frac{\mathrm{d}^2 u_x}{\mathrm{d}z^2} = \frac{g}{\nu}\frac{\mathrm{d}h}{\mathrm{d}x} \tag{4-21}$$

由于隙宽 a 为常值,因而水力梯度值 $J = -\dfrac{\mathrm{d}h}{\mathrm{d}x} =$ 常值,当 $z = \pm\dfrac{a}{2}$ 时 ,由式(4-21)求积分可得流速按抛物线分布,即

$$u_x = \frac{g(a^2 - 4z^2)}{8\nu}J \tag{4-22}$$

通过缝隙的流量为

$$q = \int_{-\frac{a}{2}}^{\frac{a}{2}} u_x \mathrm{d}z = \frac{ga^3}{12\nu}J \tag{4-23}$$

由式(4-23)可知,通过等宽缝隙的流量 q 与隙宽 a 的 3 次方成正比,这就是著名的立方定律,是岩体水力学的理论基础。将其改写成达西定律的形式为

$$q = k_{\mathrm{f}}aJ \tag{4-24}$$

式中: k_{f} 为缝隙的水力传导系数,则

$$k_{\mathrm{f}} = \frac{ga^2}{12\nu} \tag{4-25}$$

可以看出,缝隙的水力传导系数与隙宽的平方成正比。

2.变隙宽单裂隙渗流分析

对于如图 4-18 所示的光滑平直变隙宽单裂隙渗流问题,假定:

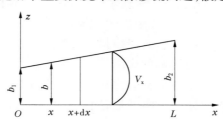

图 4-18 变隙宽单裂隙渗流模型

$$m = \frac{b_2 - b_1}{L} \tag{4-26}$$

$$b_1 = b_1 \tag{4-27}$$

$$b_2 = b_1 + mx \tag{4-28}$$

式中: L 为裂隙的宽度; b_1 和 b_2 分别为 $x=0$ 和 $x=L$ 的裂隙隙宽; m 为裂隙上壁面相对于裂隙下壁面的斜率。

在 $x \sim x + \mathrm{d}x$ 段可近似地采用光滑平直等隙宽水流的立方定律式(4-23),得

$$q = -\frac{ga^3}{12\nu}\frac{\mathrm{d}h}{\mathrm{d}x} \tag{4-29}$$

将式(4-28)代入式(4-29),可得

$$dh = -\frac{12\nu q}{gmb^3}db \qquad (4-30)$$

将式(4-30)两边积分,得:

$$\int_{h_1}^{h_2} dh = \int_{b1}^{b2} -\frac{12\nu q}{gmb^3}db \qquad (4-31)$$

积分后得

$$h_2 - h_1 = \frac{6\nu}{gm}\left(\frac{1}{b_2^2} - \frac{1}{b_2^1}\right)q \qquad (4-32)$$

得:

$$q = \frac{gm(h_2 - h_1)b_1^2 b_2^2}{6\nu(b_2^1 - b_2^2)} \qquad (4-33)$$

将式(4-26)代入式(4-33)得

$$q = -\frac{gb_1^2 b_2^2 (h_2 - h_1)}{6\nu(b_1 + b_2)} \qquad (4-34)$$

即

$$q = \frac{gb_1^2 b_2^2}{6\nu(b_1 + b_2)}J \qquad (4-35)$$

将式(4-35)与等宽单裂隙水流的立方定律 $q = \dfrac{ga^3}{12\nu}J$ 相比较,可得渗流量等效原则下,变隙宽单裂隙的等效隙宽公式为

$$a = \left(\frac{2b_2^1 b_2^1}{b_1 + b_2}\right)^{\frac{1}{3}} \qquad (4-36)$$

式中,a 为变隙宽单裂隙的等效隙宽。

岩体中的节理和裂隙的存在为流体提供了贮存和运移的场所,是流体发生渗流的主要通道。流体流动产生的渗透力作用于周围岩体,影响岩体中应力场的分布,应力场分布的改变常常使岩体中裂隙的分布发生变化,直接控制着裂隙的渗透性,裂隙渗透性的改变反过来又制约着岩体的渗流场,这种相互影响的作用称为渗流-应力的耦合作用。UDEC 能够模拟流体在非渗透裂隙岩体中的流动。在流动过程中,裂隙的渗透性取决于块体的力学变形,而裂隙中的流体压力又影响着块体的力学变形,因此这是一种固液全耦合分析。下面列出 UDEC 模拟出的固/液力学效应。

4.3.2.2 UDEC 耦合过程

利用 UDEC 可以有效地模拟非渗透裂隙岩体中流体的运动规律。在流动过程中,裂隙随应力场的变化而变化,裂隙中的流体压力决定着渗流场的变化,渗流场的变化进而又反过来控制着应力场的变化,所以在分析流体的运动过程时采用渗流-应力耦合的方法。

1.孔隙压力

$$F_i = pn_i L$$

式中,F_i 为流体作用于岩体上的力;p 为裂隙中流体的压力,见图 4-19。

2.流体流动

$$Q = -k_j a^3 \frac{\Delta p}{L}$$

式中，Q 为流量，见图 4-20；k_j 为渗透系数；L 为两流体域接触之间的长度。

图 4-19   图 4-20

3.裂隙力学效应

$$a = a_0 + \Delta a$$

式中，a 为裂隙隙宽，见图 4-21；a_0 为裂隙初始隙宽；Δa 为由于法向力而产生的宽度。

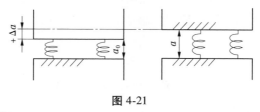

图 4-21

4.孔隙水压力的生成

$$\Delta p = \frac{K_w}{V}\left(\sum Q\Delta t - \Delta V \right)$$

式中，K_w 为流体的体积模量；$\sum Q$ 为节点处流入的总流量，见图 4-22；V 为本时步与前时步域体积的平均值；ΔV 为域体积的变化量。

4.3.2.3 基本算法

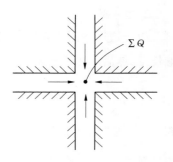

图 4-22

UDEC 数值模拟中利用"域"来描述流体在裂隙中的运动。对于一个完整的系统，内部存在域网络，假定每个域内充满各向等压流体，域域之间通过接触与相邻域发生作用。如图 4-23 所示，编号①~⑤代表域，其中域①、③和④代表节理，域②代表两个节理的交点，域⑤代表空域。编号 A~F 代表接触点，域与域之间被接触点分开。

在 UDEC 中，将可变形块体划分成三角形网格，利用三角形单元网格计算块体内的应力与位移。因此，对于可变形块体而言，节点不仅存在于块体的顶点上，也存在于块体的边上。如图 4-23 中接触点 D 就是存在于块体边上的节点。该点将节理分割成域③与域④，并通过这两个域计算流体在节理中的流动。如果进一步细化网格，在块体的边上会产生更多的接触，因而节理被分割成更多的小域。由此可见，通过域分析流体在裂隙中的流动，其数值精度与可变形块体的网格尺寸有密切关联。可以根据工程需要，确定相应的精度，进而确定网格尺寸。

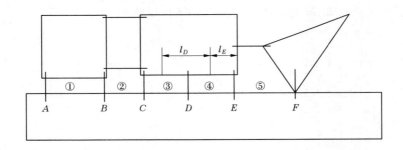

①~⑤—域；A~F—接触点

图 4-23　通过域模拟流体在节理裂隙中的流动

　　不考虑重力作用时，域中流体压力的分布形式为均匀分布；考虑重力作用时，域中流体压力按线性分布的静水压力计算，并且压力作用点在域的中心位置。不同域之间存在的压力差是导致流体运动的根本原因。根据接触形式的不同，接触中渗流的计算方法也有所区别，具体可分为：

　　1. 点接触

　　点接触，即相邻域的角—边接触和角—角接触，流体从压力为 p_1 的域向压力为 p_2 的域运动，在运动过程中的流量为

$$q = -k_c \Delta p \tag{4-37}$$

$$\Delta p = p_2 - p_1 + \rho_w g (y_2 - y_1) \tag{4-38}$$

式中：k_c 为点接触的渗透系数；ρ_w 为流体密度；g 为重力加速度，y_1、y_2 为两个域的中心坐标。

　　2. 边—边接触

　　边—边接触需要先定义接触长度，图 4-23 中的 l_D 和 l_E 分别代表了接触点 D 和 E 的接触长度，然后利用平行板裂隙中的立方定律计算流量，即

$$q = -k_j a^3 \frac{\Delta p}{l} \tag{4-39}$$

式中，k_j 为裂隙的渗透系数（理论值为 $\dfrac{1}{12\mu}$，μ 为流体的动力黏滞系数）；l 为两流体域之间的接触长度；a 为接触的水力开度。

　　式（4-38）表明：由于重力的作用，即使所有域内压力都为零，流体也可以在接触处流动，这种情况下重力可能导致流体向非饱和区域流动。然而，有两种情况需要加以考虑：

　　(1)随着域中饱和度的减小，渗透性也会降低。特别地，当饱和度减小到零时，渗透系数也减小为零。

　　(2)在饱和度为零的域中不存在流体流动的现象。

　　由式（4-37）和式（4-39）求出的流量乘以一个与饱和度 s 相关的系数 f_s，其中：

$$f_s = s^2 (3 - 2s) \tag{4-40}$$

这是一个经验公式，但是具有如下性质，即如果 $s = 0$，则 $f_s = 0$；如果 $s = 1$，则 $f_s = 1$，即对于完全饱和的情况，渗透性是不变的，零饱和度的渗透性为零。

通常，水力开度如下式所示：

$$a = a_0 + u_n \qquad (4-41)$$

式中，a_0 为裂隙在无法向应力时的开度；u_n 为裂隙的法向开度（张开为正）。

裂隙水力开度与应力息息相关，裂隙宽度与法向应力的关系如图 4-24 所示，其中裂隙宽度的最小值为 a_{res}，最大值为 a_{max}，裂隙法向应力为正时表示节理处于受压状态。流固耦合发生在裂隙宽度的最小值与最大值之间，若超出此范围，裂隙宽度的变化将不再影响裂隙的渗透性。

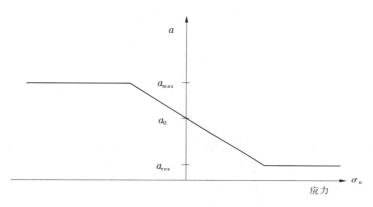

图 4-24　裂隙宽度与法向应力的关系

渗流 – 应力过程中，每运行完一个计算时步后，系统将重新生成块体的几何形状，同时计算出新的裂隙宽度和域的体积。然后根据不同的接触形式，应用不同的计算公式得到每个接触的流量及各个域的流入量，再结合由周围块体位移的变化而引起的域体积的变化量，得出域中的流体压力为

$$p = p_0 + K_w Q \frac{\Delta t}{V} - K_w \frac{\Delta V}{V_m} \qquad (4-42)$$

式中，p_0 为上一时步的流体压力；Q 为周围接触流入域内的总流量；$\Delta V = V - V_0$，$V_m = \dfrac{V_0 + V}{2}$，V_0 和 V 为上一时步和现在时步的域体积。

最后根据域中的流体压力求得流体作用在周围块体上的力，将此作用力与接触上产生的力及荷载外力等多个作用力进行叠加，共同施加于块体上，得到岩块的总应力及节理的有效应力。根据以上分析，总结出 UDEC 分析平台利用离散单元法对裂隙岩体渗流 – 应力耦合进行求解的具体过程如下：

（1）将上一时步的计算结果作为现在时步的初始条件，结合应力条件及边界条件，求得相邻域间的压力差。

（2）依据相邻域之间的压力差求出流体通过接触的流量。

（3）按照流体在节理中的流动效应和裂隙的变形效应重新计算得到现在时步的流体压力。

（4）将计算出的流体压力和接触力、荷载外力等其他作用力进行力学叠加，计算出现在时步的应力场和位移场。

（5）以岩块间新的位移场为依据重新调整岩体内的域体积、裂隙分布情况、渗透性等裂隙的渗流特性，重复上述过程直至计算结果收敛，得出最终的渗流场和应力场。

4.3.2.4　稳态流动算法

在很多裂隙岩体渗流研究中，人们忽略了流体运动过程中岩体中的渗流场和应力场的具体变化情况，仅仅关注达到最终稳定状态时岩体中的渗流场与应力场的变化状况。因此，为了更加高效地解决工程实际问题，在基本算法的基础上进行简化从而得到稳态流动算法。稳态渗流模式忽略了域的体积及其变化对流体压力产生的影响，从而可不考虑流体刚度对计算时步的影响，最终达到了提升计算速度的目的。所以，在稳态流动算法里无须考虑流体的体积模量。

4.3.3　渗流计算与结果分析

在均质体如土体或极破碎岩体中的渗流较好研究，可采用等效连续介质模型或双重介质模型计算。迄今已有很多学者在此方面做出了重要的研究成果。但泄水闸坝基岩体剖面上，没有对稳定性产生影响的贯通性结构面。结构面均为一定大小的断续节理裂隙，故渗流分析与上述的连续介质不同，具有明显的非连续性与方向性。这涉及工程中裂隙岩体的渗流问题，为迄今渗流分析与研究的难点与重点。

4.3.3.1　渗流计算

以图 4-8、图 4-10、图 4-12 所示的 28#、29#、30# 坝段剖面作为最终的渗流分析模型，采用 UDEC 6.0 软件计算这三个剖面的渗流场。

水库蓄水后，在正常蓄水位下对其渗流场进行模拟。计算时假定坝基底面和侧面不透水，采用 Steady－State Flow 算法。以正常蓄水位为例分析渗流的影响，即上游水位 61 m，下游水位 22.71 m，水压对渗流场模拟的物理参数和水力学参数选取已详细列出，这里不再重复叙述。

4.3.3.2　结果分析

（1）对 28# 坝段进行模拟，模拟其在有防渗帷幕和无防渗帷幕下的渗流，得到的渗流场图如图 4-25 和图 4-26 所示。

UDEC 可以直接模拟水在结构面中的流动，图 4-25 和图 4-26 中的红色箭头表示水的流动方向。从图中可以看出，水的流动主要发生在节理和软弱夹层中。图 4-25 显示了在无防渗帷幕的情况下，水的分布和流动方向，从图中可以看出，在无设防渗帷幕时，泄水闸底部的结构面内基本都充满了水。图 4-26 显示了设置防渗帷幕后，水的分布和流动方向，可以看出，由于防渗帷幕的作用，部分结构面内的水明显减少。从对比结果可以得知，设置防渗帷幕是很有必要的。

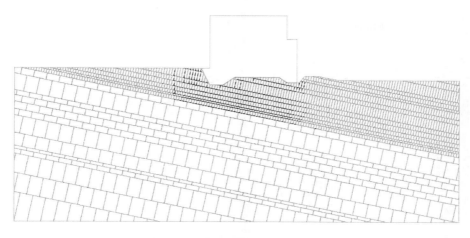

图 4-25 28#坝段无防渗帷幕渗流图

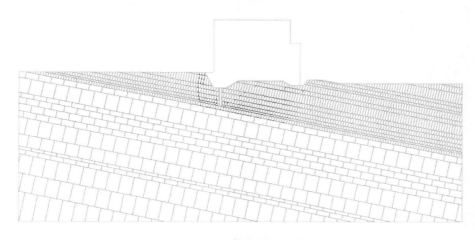

图 4-26 28#坝段有防渗帷幕渗流图

为了定量地分析防渗帷幕对渗流的影响,在计算过程中,在泄水闸底部的基岩内设置了监测点,记录其流量和扬压力。监测点布置图如图 4-27 所示。关键监测点布置情况如图 4-28 所示,从坝基底部取 5 个监测点 A ~ E 来监测模型内的流扬压力。有防渗帷幕的监测点布置情况与无防渗帷幕的相同,故不赘述。

图 4-29 是 28#坝段各监测点有无防渗帷幕坝基扬压力对比图。从图中可以看出,在设置防渗帷幕之前,模型内各关键监测点的扬压力最大值为 0.41 MPa,最小值为 0.34 MPa,平均值为 0.37 MPa;设置防渗帷幕后,模型内各关键监测点的扬压力最大值为 0.29 MPa,最小值为 0.2 MPa,平均值为 0.24 MPa。扬压力平均值减小了 0.13 MPa,减少了 35.1%。

结构面内的扬压力明显减小,更进一步说明了防渗帷幕的重要性。

(2)对 29#坝段进行模拟,模拟其在有防渗帷幕和无防渗帷幕下的渗流,得到的渗流场图如图 4-30 和图 4-31 所示。

对比图 4-30 和图 4-31 可知,设置防渗帷幕后,帷幕附近结构面的渗流量有所减小。为了便于后期数据的整理与分析,29#坝段监测点布置情况与 28#坝段基本相同。但由于断层

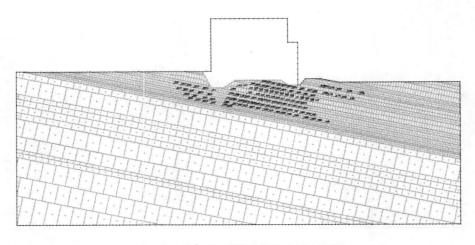

图 4-27　28#坝段无防渗帷幕监测点布置

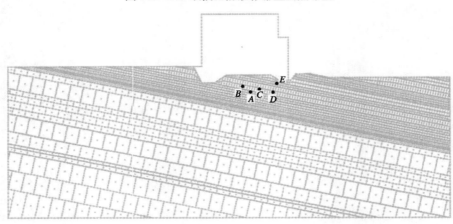

图 4-28　28#坝段无防渗帷幕关键监测点布置

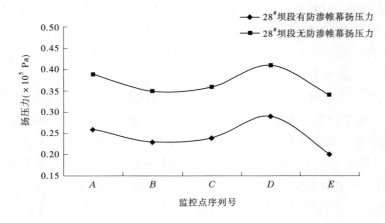

图 4-29　28#坝段各监测点有无防渗帷幕坝基扬压力对比

F216 穿过 29#坝段泄水闸基岩内,故在断层内部和左右增设监测点 F、G、H 来监测断层附近

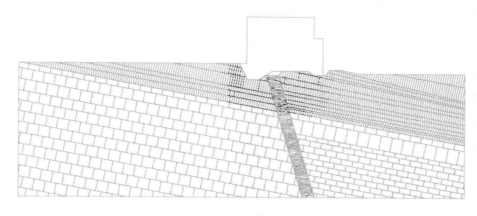

图 4-30 29#坝段无防渗帷幕渗流图

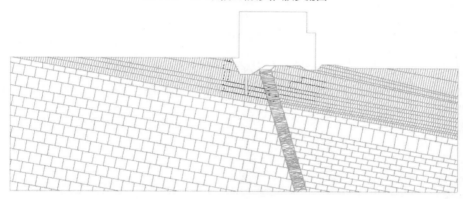

图 4-31 29#坝段有防渗帷幕渗流图

的扬压力。29#坝段关键监测点布置图如图 4-32 所示,有防渗帷幕的监测点布置情况与无防渗帷幕的相同,故不赘述。

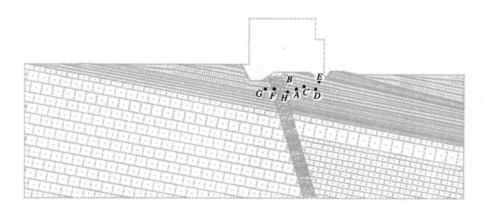

图 4-32 29#坝段无防渗帷幕关键监测点布置

图 4-33 是 29#坝段各监测点有无防渗帷幕坝基扬压力对比图。从图中可知,设置防渗帷幕前,模型内各关键监测点的扬压力的最大值为 0.41 MPa,最小值为 0.31 MPa,平均值为 0.36 MPa。设置防渗帷幕后,模型内各关键监测点的扬压力的最大值为 0.30 MPa,最小值

为 0.17 MPa，平均值为 0.24 MPa。扬压力平均值减小了 0.12 MPa，减小了 33%。

结构面内的扬压力明显减小，更进一步说明了防渗帷幕的重要性。

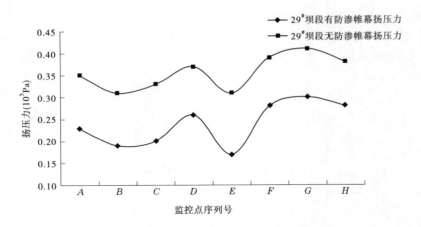

图 4-33 29#坝段各监测点有无防渗帷幕坝基扬压力对比

（3）对 30#坝段进行模拟，模拟其在有防渗帷幕和无防渗帷幕下的渗流，得到的渗流场图如图 4-34 和图 4-35 所示。

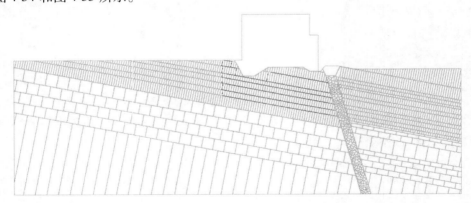

图 4-34 30#坝段无防渗帷幕渗流图

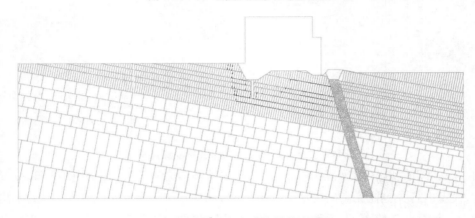

图 4-35 30#坝段有防渗帷幕渗流图

对比图 4-34 和图 4-35 可知,设置防渗帷幕后,帷幕附近结构面的渗流也减小了。为了便于后期数据的整理与分析,30#坝段监测点布置情况与 28#坝段基本相同。但由于断层 F216 穿过 29#坝段泄水闸基岩内,故在断层内部和左右增设监测点 F、G、H 来监测断层附近的扬压力。30#坝段关键监测点布置如图 4-36 所示,有防渗帷幕的监测点布置情况与无防渗帷幕的相同,故不赘述。

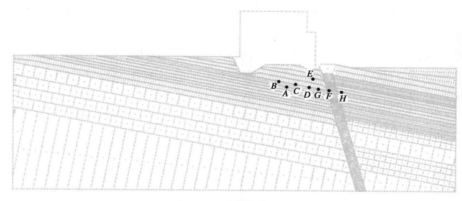

图 4-36　30#坝段无防渗帷幕关键监测点布置

图 4-37 是 30#坝段各监测点有无防渗帷幕坝基扬压力对比图。从图中可知,设置防渗帷幕前,模型内各关键监测点的扬压力的最大值为 0.43 MPa,最小值为 0.32 MPa,平均值为 0.37 MPa。设置防渗帷幕后,模型内各关键监测点的扬压力的最大值为 0.32 MPa,最小值为 0.2 MPa,平均值为 0.25 MPa。扬压力平均值减小了 0.11 MPa,减小了 31.1%。结构面内的扬压力明显减小,更进一步说明了防渗帷幕的重要性。

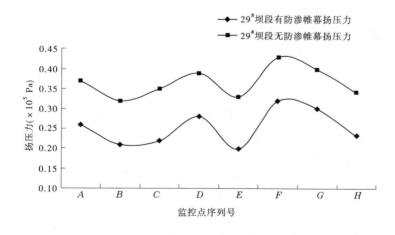

图 4-37　30#坝段各监测点有无防渗帷幕坝基扬压力对比

其他水位工况下的渗流分析结果不再赘述。为研究坝基的稳定性,在 4.4.2 部分中将对超载工况与强度折减工况进行研究。在这些工况下,结构面的宽度可能会发生改变,从而导致渗流路径与扬压力的改变。在这些工况下,坝基的稳定性计算统一考虑了渗流的影响,计算方法与步骤如本章所述,具体计算结果将不再赘述。

4.4　坝基稳定性计算

4.4.1　正常工况

　　大坝竣工后,泄水闸长期在正常工况下运营,因此确保泄水闸在正常工况下的安全具有重要的意义。

　　正常工况包括大坝的正常蓄水位工况、设计洪水位工况和校核洪水位工况。结合4.3部分的渗流分析,对坝基上、下游面和泄水闸表面施加静水压力,确定在正常工况下,闸室与坝基岩体是否有安全隐患。正常工况的水位见表4-8。

表4-8　正常工况水位

正常工况	正常蓄水位工况(m)	设计洪水位工况(m)	校核洪水位工况(m)
上游水位	61.00	61.00	61.00
下游水位	22.71	46.41	49.20

　　判断模型是否达到稳定平衡状态有两种常规判别方式:①最大不平衡力趋近于零,或当体系最大不平衡力与典型内力的比率 R 小于定值 1×10^{-5} 时;②各点的位移趋近于常数且基本保持不变。这里阐述两个名词的定义。所谓体系最大不平衡力,是指每一个计算循环(或称计算时步)中,外力通过网格节点传递分配到体系各节点时,所有节点的外力与内力之差中的最大值。所谓典型内力,是指计算模型所有网格点力的平均值。本次模拟从最大不平衡力和监测点的位移两方面来判断岩体是否达到平衡状态。

4.4.1.1　28#坝段计算结果

　　首先修建完泄水闸之后,闸室和坝基会在整个泄水闸结构的重力作用下发生沉降。28#坝段加上泄水闸沉降稳定后其竖向位移云图如图4-38所示。此时竖向沉降的最大位移为 -1.673×10^{-2} m(在 UDEC 中,向下和向左的位移为负,向上和向右的位移为正)。由图4-38可见,空库时,在泄水闸结构的重力作用下,整个闸室和基岩发生中心式沉降。在进行荷载施加前,需要对初始平衡计算中节点的位移进行清零处理。也就是说,等泄水闸沉降稳定后,再进行水荷载的施加,此时计算出来的位移变形就完全是由外荷载引起的。

　　将28#坝段沉降稳定后的位移场清零,然后施加外荷载,分别对正常蓄水位、设计洪水位、校核洪水位进行求解。最终得到的最大不平衡力图(最大不平衡力在计算过程默认会自动监测)分别如图4-39~图4-41所示。图中横坐标代表的是计算时步,纵坐标代表的是位移值(m)。由图4-39~图4-41可知,随着计算时步的增加,三个工况的最大不平衡力最后都趋于零,即说明模型最终都达到了稳定平衡状态。

　　关键点位移发展规律不仅与渐进破坏模拟方法(超载法、强度折减法)有关,而且与坝基失稳有关。根据现场地质特点、结构面的分布及受力情况,可知闸室可能发生翻转、坝基底部可能发生表层滑动或者深层滑动,而下游可能发生溃曲或者剪出,因此监控点主要集中布置在闸室、泄水闸底部基岩及泄水闸下游基岩这些最可能发生破坏的位置。因此,在计算过程中,对上述位置的位移变形值进行了监测,共布置了288个监测点,监测点布置图如

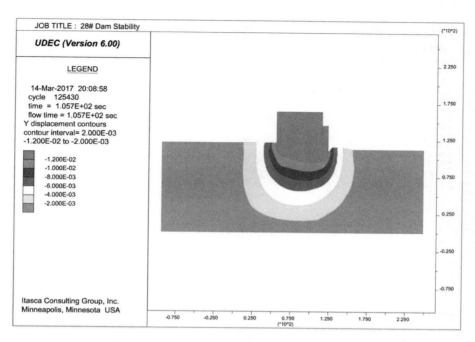

图 4-38　28#坝段加上泄水闸之后的竖向位移云图

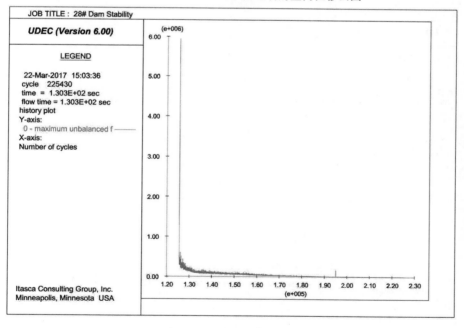

图 4-39　28#坝段正常蓄水位工况下的最大不平衡力曲线

图 4-42 所示。

　　计算结束后,分别从闸室、左齿槽基岩、闸室底部基岩、右齿槽基岩及下游近地表基岩这五个最有可能发生破坏的区域内各选一个关键监测点,研究其 x、y 向位移的变化。

　　为了便于表达关键监测点的具体位置和下文的描述,分别用 ABCDE 表示五个所选关键监测点的位置,如图 4-42 所示。

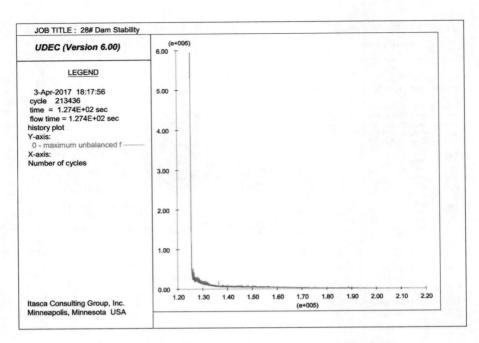

图 4-40　28#坝段设计洪水位工况下的最大不平衡力曲线

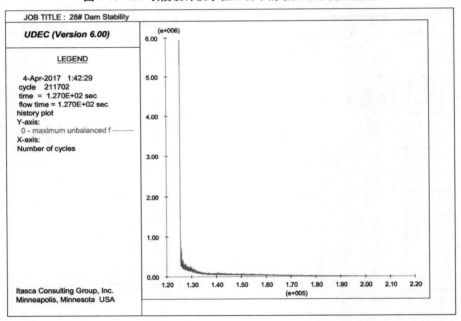

图 4-41　28#坝段校核洪水位工况下的最大不平衡力曲线

计算结束后,得到关键监测点的位移变形值随计算时步的变化曲线图,分别如图 4-43~图 4-45 所示。字母与曲线图上编号的对应关系如表 4-9 所示。

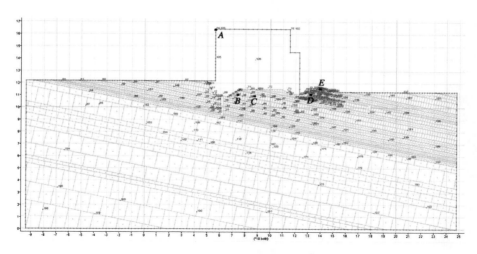

图 4-42   28# 坝段正常工况监控点布置

表 4-9   曲线监测点编号与字母编号对应

变化曲线上监测点的编号	字母编号
75 – x – displacement	A
102 – y – displacement	
70 – x – displacement	B
112 – y – displacement	
86 – x – displacement	C
118 – y – displacement	
89 – x – displacement	D
121 – y – displacement	
91 – x – displacement	E
104 – y – displacement	

由图 4-43 ～ 图 4-45 可知,在三个不同蓄水位下,各点的 x、y 向位移最后都收敛。在每个蓄水位下,A 点即闸室的 x 向和 y 向位移值都是最大的。现以闸室位移(A 点)为例,由曲线可知,28# 坝段在正常蓄水位下闸室的 x 向位移趋于 9.0×10^{-3} m,y 向位移趋于 -1.5×10^{-3} m;在设计水位工况下,闸室的 x 向位移趋于 8.0×10^{-3} m,y 向位移趋于 -3.6×10^{-3} m;在校核洪水位工况下,闸室的 x 向位移亦趋于 7.8×10^{-3} m,y 向位移趋于 -4.0×10^{-3} m。

从正常蓄水位到校核洪水位,上游水位不变,下游水位在不断上升,因而下游水体对闸室向左的静水压力越来越大,下游水体对下游基岩向下的静水压力也越来越大,所以导致整个闸坝向右的 x 向位移值有所减小,而竖直向下的 y 向位移值却有所增大。

综上所述,对比图 4-43 ～ 图 4-45 可知,三个工况下的监测点的位移值最终都趋于某一个常数值,且变形值很小,都是毫米级,即也说明了模型最终都达到了稳定平衡状态。因此,28# 坝段在正常工况下的三个蓄水位是安全的。

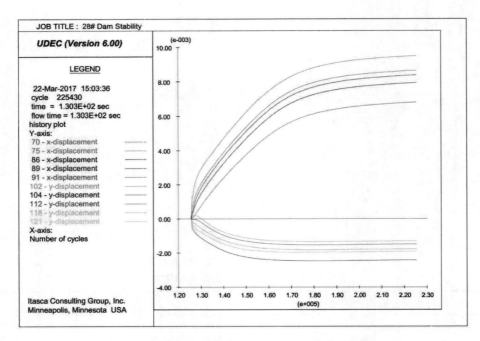

图 4-43   28#坝段正常蓄水位工况下的位移随时步变化曲线

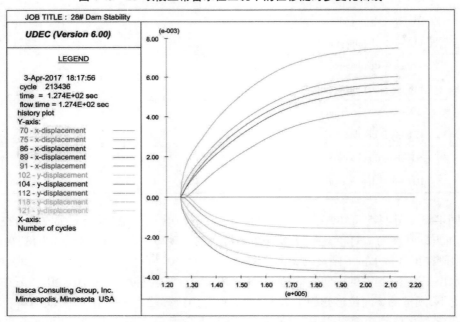

图 4-44   28#坝段设计水位工况下的位移随时步变化曲线

4.4.1.2   29#坝段计算结果

29#坝段加上泄水闸沉降稳定后其竖向位移云图如图 4-46 所示。其竖向沉降的最大位移为 -1.887×10^{-2} m。由图 4-46 可见,空库时,在泄水闸结构的重力作用下,整个闸室和基岩发生中心式沉降。

将 29#坝段沉降稳定后的位移场清零,然后施加外荷载,分别对正常蓄水位、设计洪水

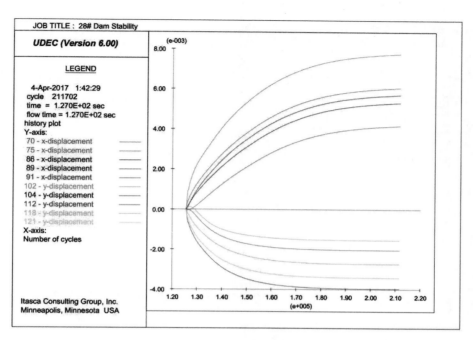

图 4-45　28#坝段校核洪水位工况下的位移随时步变化曲线

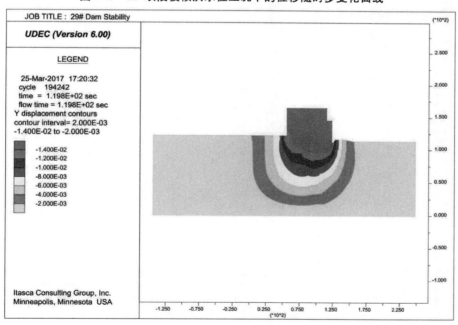

图 4-46　29#坝段加上泄水闸之后的竖向位移云图

位、校核洪水位进行求解。最终得到的最大不平衡力曲线分别如图 4-47 ~ 图 4-49 所示。由图可知,随着计算时步的增加,三个工况下的最大不平衡力最后都趋于零,即说明模型最终都达到了稳定平衡状态。

在计算过程中,对 29#坝段的位移变形值进行了监测,监测点的具体位置与 28#坝段位置一样,共布置了 288 个监测点,监测点布置如图 4-42 所示。

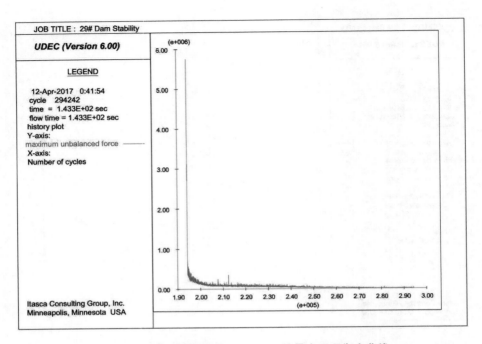

图 4-47　29#坝段正常蓄水位工况下的最大不平衡力曲线

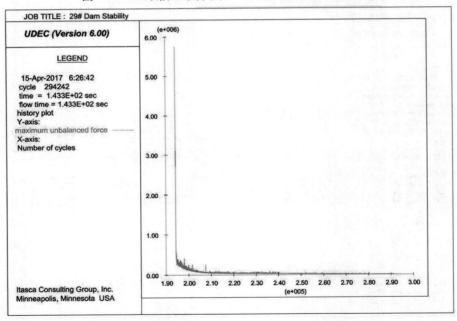

图 4-48　29#坝段设计洪水位工况下的最大不平衡力曲线

计算结束后,选取五个关键监测点,其具体位置与28#坝段一致,得到其位移变形值随计算时步的变化曲线,分别如图4-50~图4-52所示。

由图4-50~图4-52可知,在三个不同蓄水位下,各点的x、y向位移最后都收敛。在每个蓄水位下,A点即闸室的x向和y向位移值都是最大的。现以闸室位移(A点)为例,由曲线可知,29#坝段在正常蓄水位下闸室的x向位移趋于9.2×10^{-3} m,y向位移趋于-2.2×10^{-3} m;

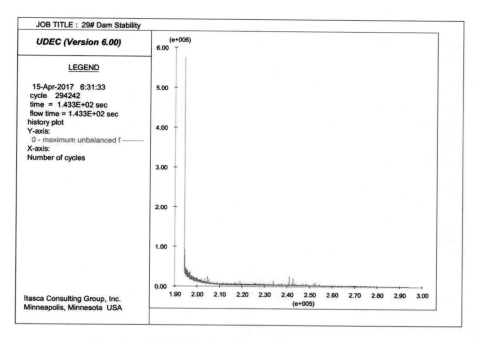

图 4-49 29#坝段校核洪水位工况下的最大不平衡力曲线

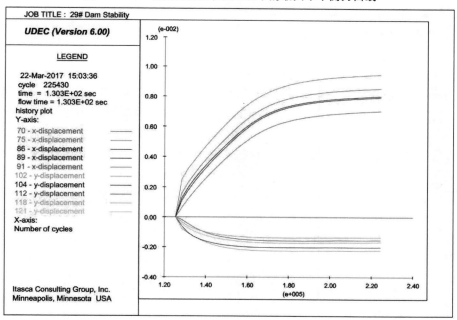

图 4-50 29#坝段正常蓄水位工况下的位移随时步变化曲线

在设计水位工况下,闸室的 x 向位移趋于 7.8×10^{-3} m,y 向位移趋于 -3.4×10^{-3} m;在校核洪水位工况下,闸室的 x 向位移亦趋于 7.5×10^{-3} m,y 向位移亦趋于 -3.8×10^{-3} m。

从正常蓄水位到校核洪水位,上游水位不变,下游水位在不断上升,因而下游水体对闸室向左的静水压力越来越大,下游水体对下游基岩向下的静水压力也越来越大,所以导致整个闸坝向右的 x 向位移值有所减小,而竖直向下的 y 向位移值却有所增大。

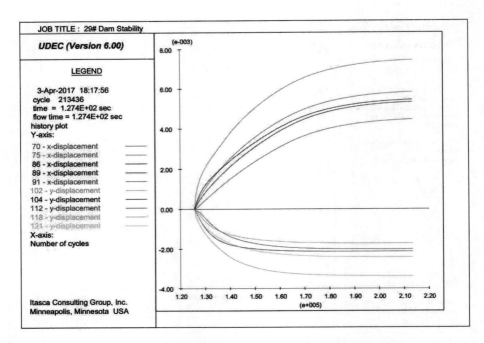

图 4-51　29#坝段设计洪水位工况下的位移随时步变化曲线

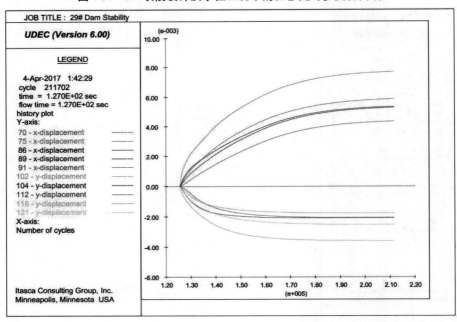

图 4-52　29#坝段校核洪水位工况下的位移随时步变化曲线

综上所述,对比图 4-50 ~ 图 4-52 可知,三个工况下的监测点的位移值最终都趋于某一个常数值,且变形值很小,都是毫米级,即也说明了模型最终都达到了稳定平衡状态。因此,29#坝段在正常工况下的三个蓄水位下是安全的。

4.4.1.3 30#坝段计算结果

30#坝段加上泄水闸沉降稳定后其竖向位移云图如图4-53所示。其竖向沉降的最大位移为-1.616×10^{-2} m。由图可见,当空库时,在泄水闸结构的重力作用下,整个闸室和基岩发生中心式沉降。

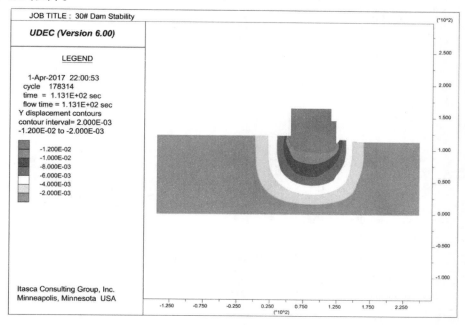

图4-53 30#坝段加上泄水闸之后的竖向位移云图

将30#坝段沉降稳定后的位移场清零,然后施加外荷载,分别对正常蓄水位、设计洪水位及校核洪水位进行求解。最终得到的最大不平衡力曲线分别如图4-54~图4-56所示。由图可知,随着计算时步的增加,三个工况下的最大不平衡力最后都趋于零,即说明模型最终都达到了稳定平衡状态。

计算过程中,对30#坝段的位移变形值进行了监测,监测点的具体位置与28#坝段位置一样,共布置了288个监测点,监测点布置如图4-42所示。

计算结束后,选取五个关键监测点,其具体位置与28#坝段一致,得到其位移变形值随计算时步的变化曲线图,分别如图4-57~图4-59所示。

由图4-57~图4-59可知,在三个不同蓄水位下,各点的x、y向位移最后都收敛。在每个蓄水位下,A点即闸室的x向和y向位移值都是最大的。现以闸室位移(A点)为例,由曲线可知,30#坝段在正常蓄水位下闸室的x向位移趋于8.8×10^{-3} m,y向位移趋于-2.3×10^{-3} m;在设计洪水位工况下,闸室的x向位移趋于7.8×10^{-3} m,y向位移趋于-3.6×10^{-3} m;在校核洪水位工况下,闸室的x向位移亦趋于7.7×10^{-3} m,y向位移亦趋于-4.2×10^{-3} m。

从正常蓄水位到校核洪水位,上游水位不变,下游水位在不断上升,因而下游水体对闸室向左的静水压力越来越大,下游水体对下游基岩向下的静水压力也越来越大,所以导致整个闸坝向右的x向位移值有所减小,而竖直向下的y向位移值却有所增大。

综上所述,对比图4-57~图4-59可知,三个工况下的监测点的位移值最终都趋于某一

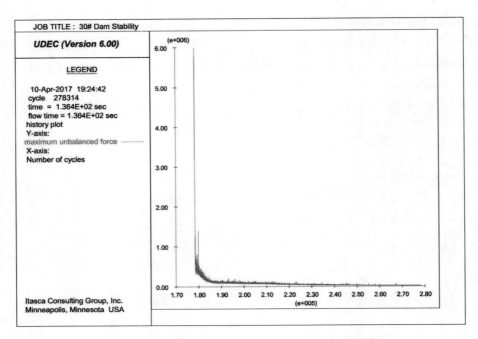

图 4-54　30#坝段正常蓄水位工况下的最大不平衡力曲线

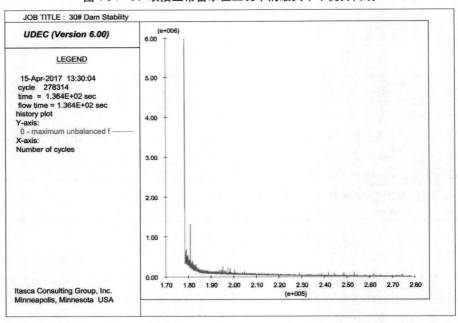

图 4-55　30#坝段设计洪水位工况下的最大不平衡力曲线

个常数值,且变形值很小,都是毫米级,即也说明了模型最终都达到了稳定平衡状态。因此,30#坝段在正常工况下的三个蓄水位下是安全的。

4.4.2　超载工况

坝基稳定性可以用超载系数表征。作用于坝上的外荷载强度由于特殊原因可能超过设

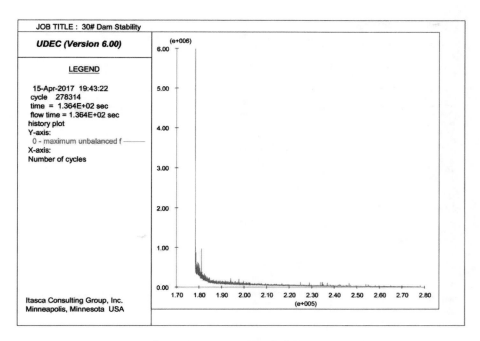

图4-56 30#坝段校核洪水位工况下的最大不平衡力曲线

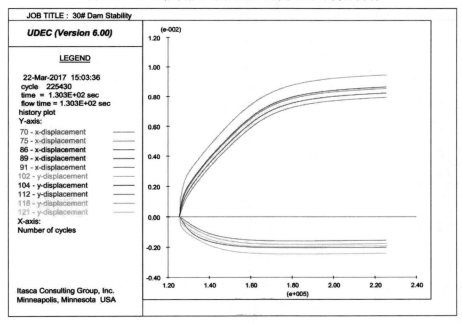

图4-57 30#坝段正常蓄水位工况下的位移随时步变化曲线

计荷载,因此使混凝土坝失稳或遭到破坏。建筑物失稳或遭到破坏时的外荷载与设计正常荷载强度之比,即 $K_P = P/P_0$,称为结构超载系数,用 K_P 表示。超载法计算的基本方法是假定坝基岩体、结构面强度参数不变,通过逐级超载上游水荷载,分析坝基变形破坏演变发展过程与超载倍数的关系,寻求坝基失稳时相应的超载倍数。

为了正确地评价坝基的稳定性,仅仅分析已知荷载作用下的静力平衡条件显然是不够

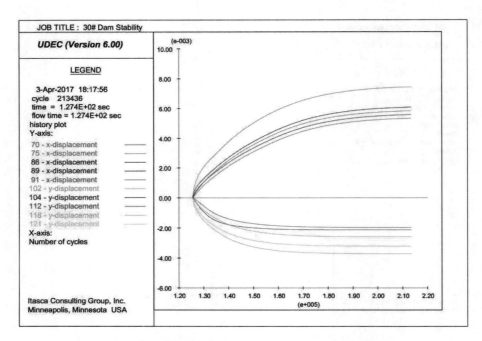

图 4-58 30#坝段设计洪水位工况下的位移随时步变化曲线

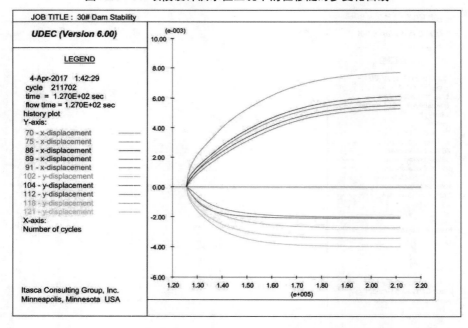

图 4-59 30#坝段校核洪水位工况下的位移随时步变化曲线

的,而必须研究在渐增荷载作用下坝基系统的应力场、位移场随荷载的变化规律。不仅要根据应力场、位移场的变化求出其安全系数、判断是否会发生失稳破坏,而且还要了解塑性区的发生、扩展和最后失稳破坏的过程,以便采取有效措施予以防止。总之,坝基稳定性分析已不再是一个独立的课题,必须结合以上因素对其进行综合分析才行。

基于离散元的系统整体失稳判据主要有位移突变法、迭代不收敛(最大不平衡力不收敛)及塑性屈服区贯通法。本书拟从以上三个方面对坝基的稳定性进行研究。

在正常蓄水位工况下,即上游水位 61.00 m,下游水位 22.71 m,通过逐倍超载上游水压力荷载,分别模拟 28#、29# 及 30# 坝段在正常荷载(1 倍荷载)、2 倍荷载、3 倍荷载等下坝基的稳定性,荷载加载方式示意图如图 4-60 所示。逐级加载,直到整体发生破坏,研究其失稳的破坏模式。

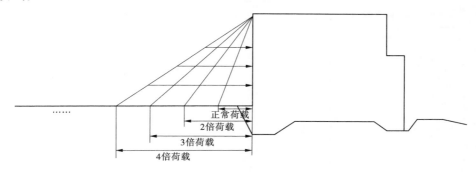

图 4-60　模型加载方式示意图

4.4.2.1　28#坝段计算结果

为了便于后期数据的整理与分析,必须保证在每次计算过程中监控点的位置不变。超载计算时,28#坝段监控点布置如图 4-61 所示。

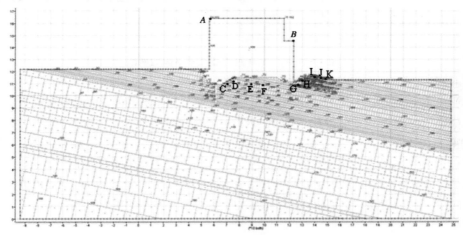

图 4-61　28#坝段超载时布置的监控点布置

计算过程要研究整个闸坝的位移随超载系数 K_P 的变化,现分别用点 AB、CD、EF、GH、IJK 表示泄水闸闸室、左齿槽基岩、闸室底部基岩、右齿槽基岩以及下游近地表基岩五个位置,如图 4-61 所示。

下面通过逐级增加上游水压力荷载,分析整个模型的破坏模式。模型的破坏过程从位移变形、最大不平衡力及塑性屈服区这三个方面综合进行分析。

(1)当超载系数 $K_P = 1.0$,即 4.4.1 部分的正常蓄水位工况,为了便于与以下的超载倍数进行对比,在此再进行描述。此时闸室和基岩的位移值都很小,最后都趋于稳定值。闸室的 x 向位移约为 0.9×10^{-2} m,方向向右;y 向位移约为 -0.2×10^{-2} m,方向竖直向下。左齿槽基岩和底部基岩位移值几乎一致,其 x 向位移约为 0.78×10^{-2} m,方向向右;y 向位移约

为 -0.18×10^{-2} m,方向竖直向下。右齿槽基岩和下游近地表基岩位移值几乎一致,其 x 向位移约为 0.46×10^{-2} m,方向向右;y 向位移约为 -0.18×10^{-2} m,方向竖直向下。由于下游水位低,产生的水压力较小,所以下游消力池处基岩的位移值都很小。

此时模型未出现塑性区,其最大不平衡力趋于零,如图 4-62 所示。

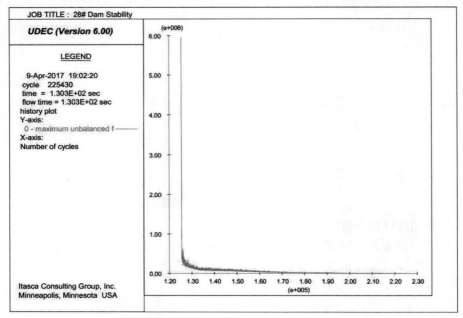

图 4-62 　$K_P = 1.0$ 时的最大不平衡力曲线

综上所述,在 $K_P = 1.0$ 时,闸坝工作正常,未出现异常。

(2)当超载系数 $K_P = 2.0$ 时,模型的 x 向和 y 向位移都有所增加,但闸室和基岩的位移都趋于稳定值。闸室的 x 向位移约为 1.5×10^{-2} m,方向向右;y 向位移约为 -0.41×10^{-2} m,方向竖直向下。左齿槽基岩和底部基岩位移值几乎一致,其 x 向位移约为 1.2×10^{-2} m,方向向右;y 向位移约为 -0.2×10^{-2} m,方向竖直向下。右齿槽基岩和下游近地表基岩位移值几乎一致,其 x 向位移约为 0.52×10^{-2} m,方向向右;y 向位移约为 -0.21×10^{-2} m,方向竖直向下。可以看出,超载的水平向水压力主要引起 x 向位移的变化,y 向的位移值改变量都较小。

此时模型未出现塑性区,其最大不平衡力趋于零,如图 4-63 所示。

综上所述,在 $K_P = 2.0$ 时,闸坝工作正常,未出现异常。

(3)当超载系数 $K_P = 3.0$ 时,模型的 x 向和 y 向位移都有所增加,但最后位移都趋于稳定值。闸室的 x 向位移约为 2.3×10^{-2} m,方向向右;y 向位移约为 -0.65×10^{-2} m,方向竖直向下。左齿槽基岩和底部基岩位移值几乎一致,其 x 向位移约为 1.8×10^{-2} m,方向向右;y 向位移约为 -0.23×10^{-2} m,方向竖直向下。右齿槽基岩和下游近地表基岩位移值几乎一致,其 x 向位移约为 0.65×10^{-2} m,方向向右;y 向位移约为 -0.27×10^{-2} m,方向竖直向下。

此时模型还未出现塑性区,其最大不平衡力趋于零,如图 4-64 所示。

综上所述,在 $K_P = 3.0$ 时,闸坝工作正常,未出现异常。

(4)当超载系数 $K_P = 4.0$ 时,模型的 x 向和 y 向位移都有所增加,最后的位移都趋于稳

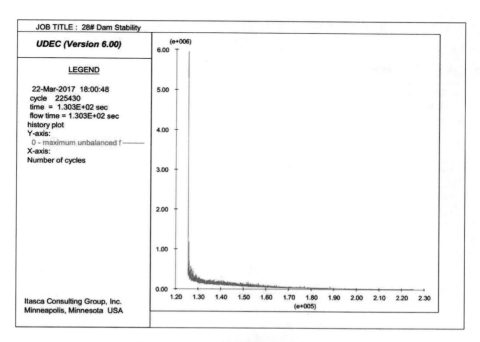

图 4-63　$K_P = 2.0$ 时的最大不平衡力曲线

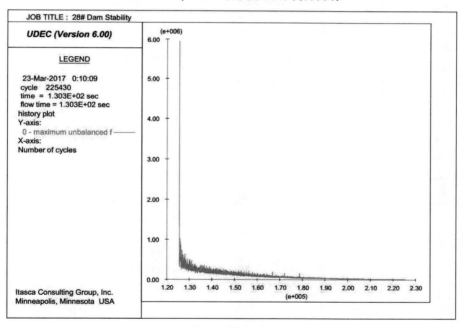

图 4-64　$K_P = 3.0$ 时的最大不平衡力曲线

定值。闸室的 x 向位移约为 $3.0 \times 10^{-2}\,\mathrm{m}$,方向向右;$y$ 向位移约为 $-0.9 \times 10^{-2}\,\mathrm{m}$,方向竖直向下。左齿槽基岩和底部基岩位移值几乎一致,其 x 向位移约为 $2.3 \times 10^{-2}\,\mathrm{m}$,方向向右;$y$ 向位移约为 $-0.45 \times 10^{-2}\,\mathrm{m}$,方向竖直向下。右齿槽基岩和下游近地表基岩位移值几乎一致,其 x 向位移约为 $0.72 \times 10^{-2}\,\mathrm{m}$,方向向右;$y$ 向位移约为 $-0.42 \times 10^{-2}\,\mathrm{m}$,方向竖直向下。

　　最大不平衡力在计算过程中,出现几次轻微波动,但最终还是趋于零,如图 4-65 所示,即模型最后整体还是平衡了。但是,此时开始出现塑性区,闸室左下角有2个网格单元出现拉性塑性屈服区,但并未贯通,如图4-66所示。

综上所述,在 $K_P = 4.0$ 时,闸坝整体未发生破坏。

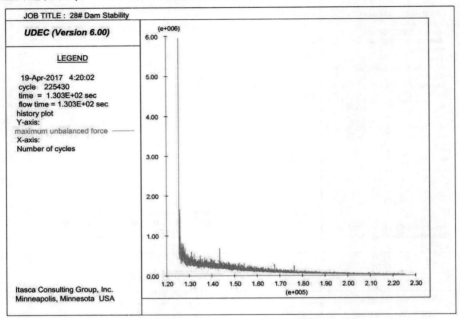

图 4-65　$K_P = 4.0$ 时的最大不平衡力曲线

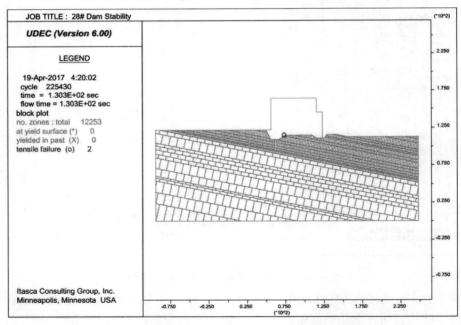

图 4-66　$K_P = 4.0$ 时的塑性区

(5)当超载系数 $K_P = 5.0$ 时,模型的 x 向和 y 向位移都有所增加,但最后的位移亦都趋于稳定值。闸室的 x 向位移约为 3.8×10^{-2} m,方向向右;y 向位移约为 -1.2×10^{-2} m,方向竖直向下。左齿槽基岩和底部基岩位移值几乎一致,其 x 向位移约为 3.0×10^{-2} m,方向向右;y 向位移约为 -0.56×10^{-2} m,方向竖直向下。右齿槽基岩和下游近地表基岩位移值几乎一致,其 x 向位移约为 0.84×10^{-2} m,方向向右;y 向位移约为 -0.58×10^{-2} m,方向竖直向下。

最大不平衡力在计算过程中,出现波动,但最终还是趋于零,如图 4-67 所示,即模型最后整体还是平衡了。但是,此时闸室左下角的塑性区在增加,有 14 个网格单元出现拉性塑性区,右齿槽右下方基岩也有 3 个网格单元出现了压性塑性区,但并未贯通,如图 4-68 所示。

综上所述,在 $K_P=5.0$ 时,闸坝整体未发生破坏。

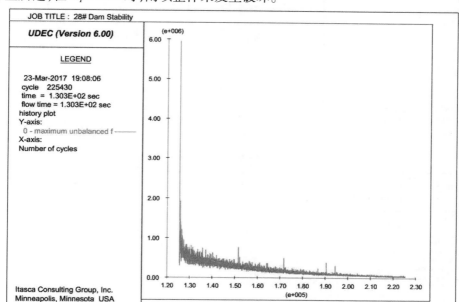

图 4-67 $K_P=5.0$ 时的最大不平衡力曲线

(6)当超载系数 $K_P=6.0$ 时,模型的 x 向和 y 向位移都有所增加,但最后的位移都趋于稳定值。闸室的 x 向位移约为 4.5×10^{-2} m,方向向右,y 向位移约为 -1.5×10^{-2} m,方向竖直向下。左齿槽基岩和底部基岩位移值几乎一致,其 x 向位移约为 3.6×10^{-2} m,方向向右;y 向位移约为 -0.75×10^{-2} m,方向竖直向下。右齿槽基岩和下游近地表基岩位移值几乎一致,其 x 向位移约为 0.95×10^{-2} m,方向向右;y 向位移为约为 -0.67×10^{-2} m,方向竖直向下。

最大不平衡力在计算过程中,出现波动,波动次数在增加,但最终还是趋于零,如图 4-69 所示,即模型最后整体还是平衡了。此时,泄水闸左下角的拉性塑性区增加到 18 个网格单元,右齿槽右下方基岩内的压性塑性区也增加到 12 个网格单元,但都并未贯通,如图 4-70 所示。

综上所述,在 $K_P=6.0$ 时,闸坝整体未发生破坏。

(7)当超载系数 $K_P=7.0$ 时,模型的 x 向和 y 向位移都有所增加,但最后的位移亦都趋于稳定值。闸室的 x 向位移约为 6.0×10^{-2} m,方向向右;y 向位移约为 -2.25×10^{-2} m,方向竖直向下。左齿槽基岩的 x 向位移值为 5.1×10^{-2} m,方向向右;y 向位移值为 -1.6×10^{-2} m,方向向下。底部基岩的 x 向位移约为 4.2×10^{-2} m,方向向右;y 向位移约为

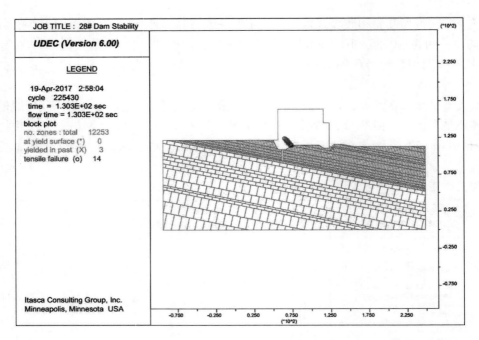

图 4-68 $K_P = 5.0$ 时的塑性区

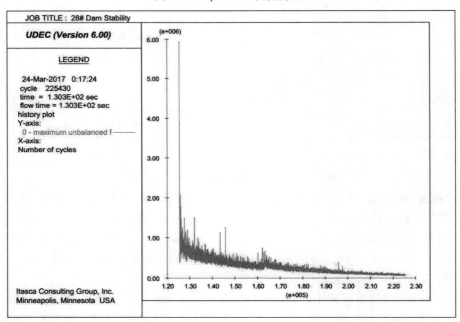

图 4-69 $K_P = 6.0$ 时的最大不平衡力曲线

-1.06×10^{-2} m,方向竖直向下。右齿槽基岩 x 向位移值为 1.6×10^{-2} m,方向向右; y 向位移为 -0.2×10^{-2} m,方向向下。下游近地表基岩的 x 向位移约为 1.2×10^{-2} m,方向向右; y 向位移约为 -1.5×10^{-2} m,方向竖直向下。各点 x、y 向位移值随超载系数 K_P 的变化曲线如图 4-71所示。由图可知,相比 $K_P = 6.0$ 的情况,当 $K_P = 7.0$ 时,闸室、两齿槽基岩的 x 向和 y 向位移增加速率有所增大,并且可以看出,此时下游近地表基岩的 y 向位移相对 $K_P = 6.0$ 时

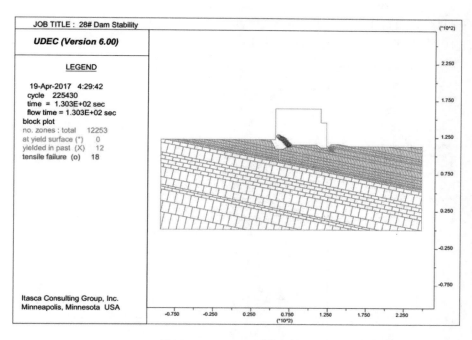

图 4-70 $K_P = 6.0$ 时的塑性区

有向上运动的趋势,模型已经进入加速破坏阶段了。

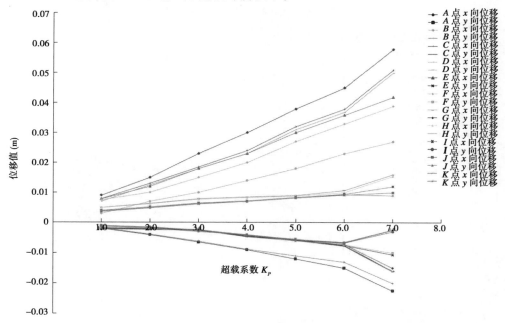

图 4-71 各点位移随超载系数 K_P 的变化曲线

最大不平衡力在计算过程中,出现波动,波动次数在增加,但最终还是趋于零,如图 4-72 所示,即模型最后整体还是平衡了。此时,泄水闸左下角的拉性塑性区增加到 23 个网格单元,左齿槽右下方基岩也开始出现压性塑性区,两齿槽右下方基岩内共有 63 个网格单元出现拉性塑性区,并且向下游下部基岩蔓延,但都并未贯通,如图 4-73 所示。

综上所述,在 $K_P = 7.0$ 时,闸坝整体未发生破坏。

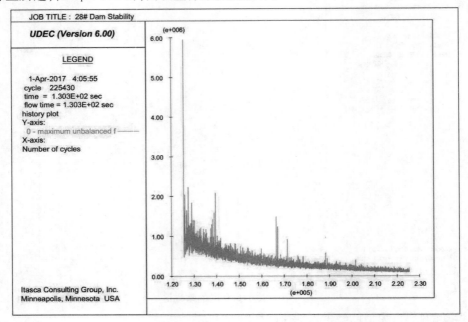

图 4-72　$K_P = 7.0$ 时的最大不平衡力曲线

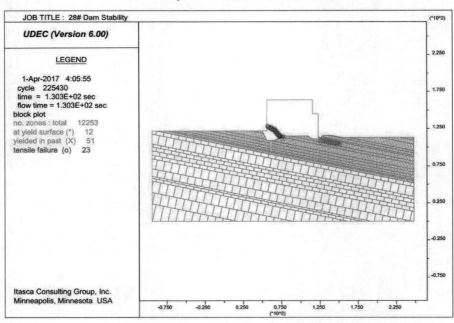

图 4-73　$K_P = 7.0$ 时的塑性区

(8)当超载系数 $K_P = 8.0$ 时,模型整体发生破坏。破坏时的位移矢量图和速度矢量图分别如图 4-74 和图 4-75 所示。当计算结束时,闸室发生偏转,左、右齿槽基岩沿层面向右下方运动,下游近地表基岩向上运动。由位移矢量图可以看出,由于闸室发生偏转,各点位移量都不一样,此时位移量已经很大,模型的最大位移量达到 1.572×10^{-1} m,发生在闸室左上角。

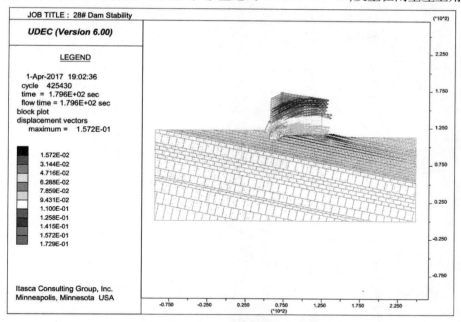

图 4-74　$K_P = 8.0$ 整体破坏时的位移矢量图

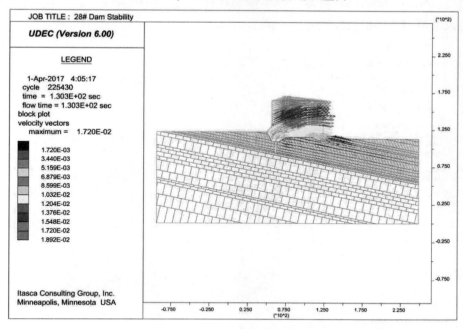

图 4-75　$K_P = 8.0$ 整体破坏时的速度矢量图

下游近地表基岩内 I、J、K 三个点,其 y 向位移值随计算时步的变化曲线如图 4-76 所示。可以看出,起初由于下游向下的静水压力,其位移值是负的,也就是向下运动,随着计算时步的增加,位移值变为正的,即下游近地表基岩开始向上运动,而且一直在增加,说明下游近地表基岩发生破坏。

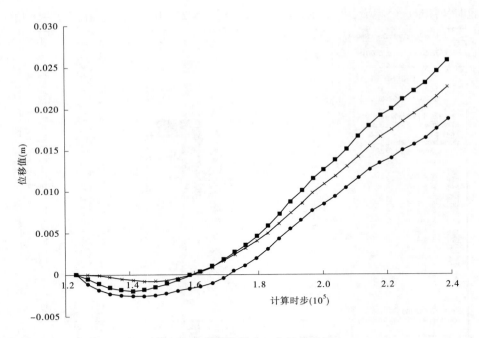

图 4-76　下游监控点 y 向位移曲线

当超载系数 $K_P = 8.0$ 时，其最大不平衡力在计算过程中一直处于波动状态，如图 4-77 所示，也说明模型整体已经发生破坏失稳了。

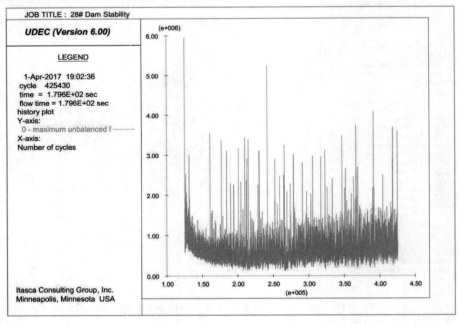

图 4-77　$K_P = 8.0$ 时的最大不平衡力曲线

此时，泄水闸左下角共有 65 个网格单元出现拉性塑性区，两齿槽右下方基岩内共有 94 个网格单元出现压性塑性区，且所有塑性区都已贯通，如图 4-78 所示。由于超大推力的作用,闸室对两齿槽右下方基岩产生挤压,引起应力集中,应力集中区域主要分布在闸室左下角、两齿槽右下方基岩,如图 4-79 所示。应力集中使得闸室左下角产生了拉张破坏,并且对两齿槽右下方的基岩产生挤压,发生压性破坏,导致基岩沿结构面产生运动。其中,右齿槽右下方基岩产生的压性破坏导致相应地表处基岩向上运动,引起下游近地表基岩发生破坏。

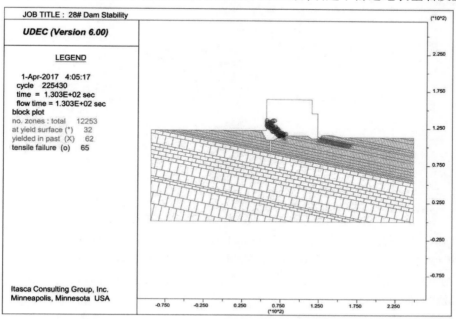

图 4-78　$K_P = 8.0$ 时的塑性区

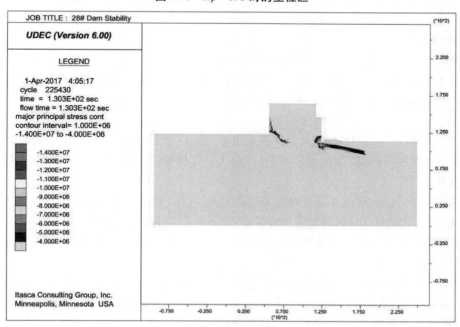

图 4-79　$K_P = 8.0$ 破坏时的应力集中区

软弱夹层是坝基岩体稳定性分析的关键点。所以,在软弱夹层上下设置监测点,来研究软弱夹层的变形规律与变形趋势。对28#坝段在超载8倍情况下软层两侧岩体的位移进行监测,监测点布置情况如图4-80所示。

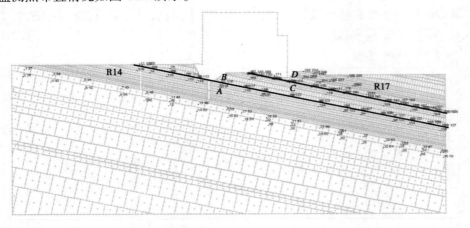

图4-80 28#坝段 $K_P = 8.0$ 监测点布置

根据图4-78塑性区的分布特点可以得知,塑性区主要分布在两齿槽处,因此我们选择靠近两齿槽的 R14 和 R17 两个软层进行监测,并设置 A、B、C、D 四个点,见图4-80,分别研究 R14 与 R17 的变形规律与变形趋势。其中,A、B 点在软层 R14 两侧,C、D 点在软层 R17 两侧。最终监测结果如下:

R14 软层上方 B 点 x 方向位移为 33.81 mm,方向向右;y 方向位移为 2.771 mm,方向向下。下方 A 点 x 方向位移为 12.85 mm,方向向右;y 方向位移为 10.09 mm,方向向下。软层两侧岩体 x 向相对位移相差 20.96 mm,y 向相对位移相差 7.319 mm,说明软层两侧岩体发生相对错动。

R17 软层上方 D 点 x 方向位移为 41.94 mm,方向向右;y 方向位移为 5.134 mm,方向向上。下方 C 点 x 方向位移 31.03 mm,方向向右;y 方向位移为 1.864 mm,方向向下。软层两侧岩体 x 向相对位移相差 10.91 mm,y 向相对位移相差 6.998 mm,说明软层两侧岩体发生相对错动。

由上述模拟可知,岩体在超载力作用下发生变形。软弱夹层上下岩层受力后产生压缩变形,但变形值不一致,即存在差异变形,体现为岩体塑性区的扩展与上下游附近软弱夹层、裂隙的开裂变形。

在真实情况下,泄水闸坝基岩体是有混凝土盖板的,对这一工况进行了计算,具体计算过程不再赘述。监测点的布置情况如图4-61所示。加上盖板后,当 $K_P = 5.0$ 时开始出现塑性屈服区,如图4-81所示,可知加盖板之后塑性屈服区的位置发生了变化,主要集中在盖板上。而且,相比之前更加安全。

图4-82为各监测点随着超载系数增加的位移变化曲线,由图可以看出,随着超载系数的增加,各监测点的变形逐渐增大,泄水闸左下角、右齿槽基岩,盖板上部都开始出现塑性区,塑性屈服区有集中在闸室左下角和盖板上的趋势。最终,当超载系数 $K_P = 15.0$ 时,上述塑性区全部贯通,部分监测点的位移发生突变,位移有所减小,开始回弹,有向上运动的趋势,并且其最大不平衡力在计算过程中一直处于波动状态,如图4-83所示,说明模型整体已

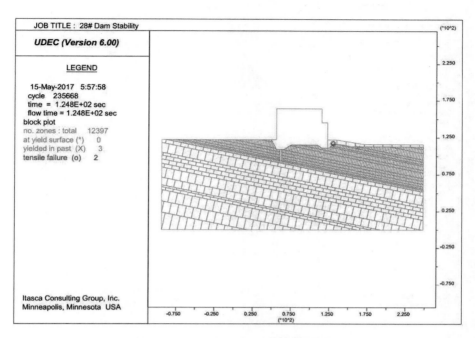

图 4-81　加盖板之后在 $K_P = 5.0$ 出现塑性屈服区

经发生破坏失稳了。

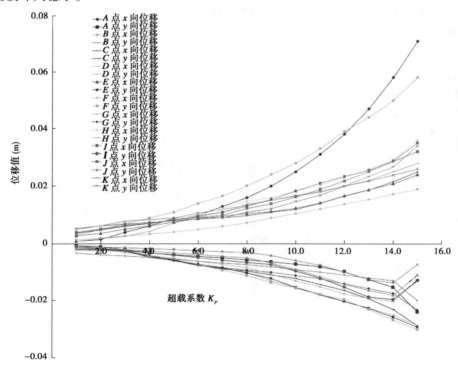

图 4-82　各点位移随超载系数 K_P 的变化曲线

此时,泄水闸左下角共有 29 个网格单元出现拉性塑性区,模型内共有 44 个网格单元出

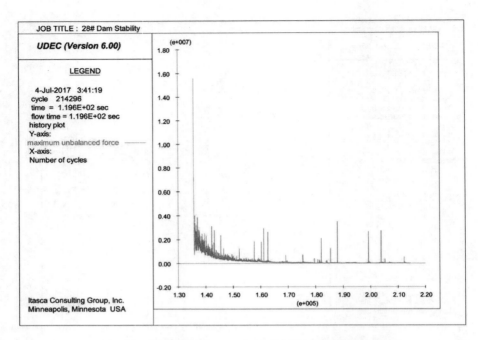

图 4-83　加盖板之后 $K_P = 15.0$ 时的最大不平衡力曲线

现压性塑性区,且所有塑性区都已贯通,如图 4-84 所示。加盖板之后塑性屈服区的位置发生了变化,盖板上塑性区明显集中,并且试验结果表明,加盖板之后闸坝明显能够抵抗更大的荷载,相比不加盖板的情况更加安全。

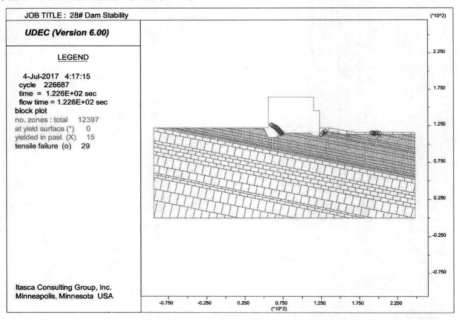

图 4-84　加盖板之后在 $K_P = 15.0$ 出现塑性屈服区

4.4.2.2　29#坝段计算结果

超载计算时,29#坝段监控点布置如图 4-85 所示,监控点的设置与 28#坝段一致。

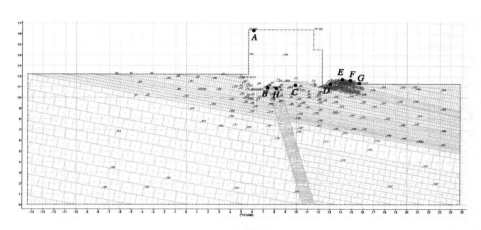

图 4-85　29#坝段超载时布置的监控点位置

计算过程要研究整个闸坝的位移随超载系数 K_P 的变化,现分别用点 A、B、C、D、E、F、G 表示泄水闸闸室、左齿槽基岩、闸室底部基岩、右齿槽基岩及下游近地表基岩五个位置,考虑到 29#坝段坝基下方有断层穿过,为了研究断层内位移随超载系数的变化,在此增加一个点 H,用 H 表示断层位置,如图 4-85 所示。

下面通过逐级增加上游水压力荷载,分析整个模型的破坏模式。模型的破坏过程从位移变形、最大不平衡力及塑性屈服区这三个方面综合进行分析。

(1)当超载系数 $K_P = 1.0$ 时,位移值都收敛;其最大不平衡力趋于零,如图 4-86 所示;此时模型未出现塑性区。因此,在 $K_P = 1.0$ 时,闸坝工作正常,未出现异常。

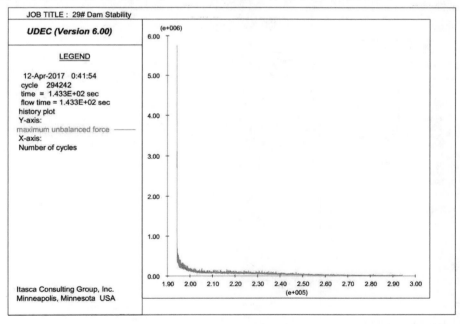

图 4-86　$K_P = 1.0$ 时的最大不平衡力曲线

(2)当超载系数 $K_P = 2.0$ 时,位移值都收敛;其最大不平衡力趋于零,如图 4-87 所示;此时模型未出现塑性区。因此,在 $K_P = 2.0$ 时,闸坝工作正常,未出现异常。

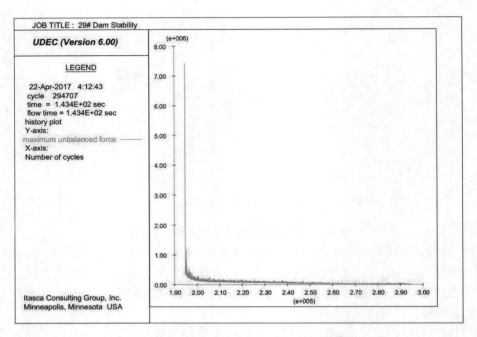

图 4-87 $K_P = 2.0$ 时的最大不平衡力曲线

（3）当超载系数 $K_P = 3.0$ 时，位移值都收敛；其最大不平衡力趋于零，如图 4-88 所示；此时，模型局部开始出现塑性屈服区，断层内有一个网格单元出现拉性塑性区，有 2 个网格单元出现压性塑性区；闸室底部基岩有 1 个网格单元亦出现压性塑性区，但都并未贯通，如图 4-89 所示。因此，在 $K_P = 3.0$ 时，闸坝整体未发生破坏。

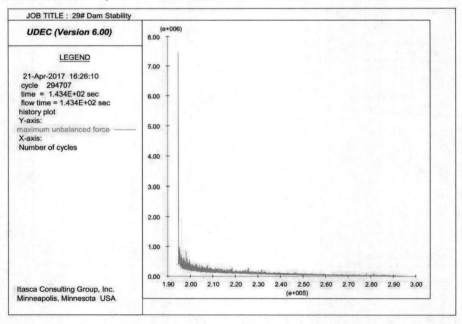

图 4-88 $K_P = 3.0$ 时的最大不平衡力曲线

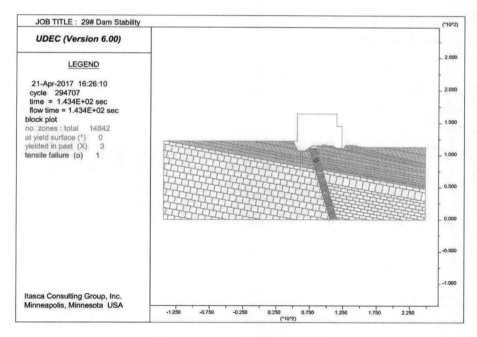

图 4-89 $K_P = 3.0$ 时的塑性屈服区

（4）当超载系数 $K_P = 4.0$ 时，位移值都收敛；其最大不平衡力趋于零，如图 4-90 所示；模型的塑性屈服区在增加，除 $K_P = 3.0$ 的塑性区外，左齿槽右下方基岩亦有 2 个网格单元出现压性塑性屈服区，但都未贯通，如图 4-91 所示。因此，在 $K_P = 4.0$ 时，闸坝整体未发生破坏。

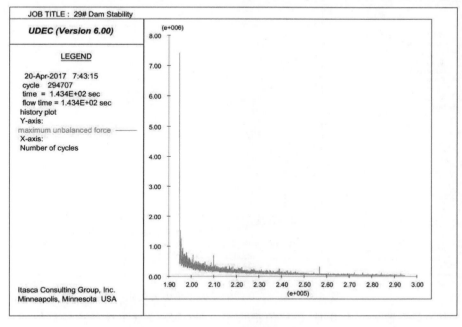

图 4-90 $K_P = 4.0$ 时的最大不平衡力曲线

（5）当超载系数 $K_P = 5.0$ 时，位移值都收敛；其最大不平衡力趋于零，如图 4-92 所示；此时，模型的塑性屈服区在增加，除 $K_P = 4.0$ 塑性区外，右齿槽右下方基岩 1 个网格单元出现

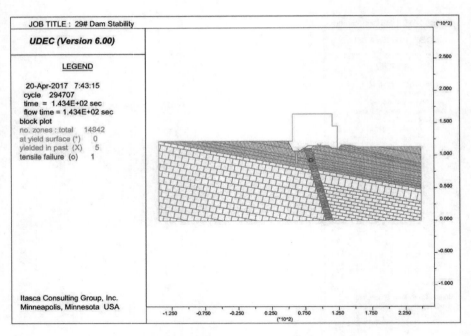

图 4-91　$K_P = 4.0$ 时的塑性屈服区

了压性塑性区,但都未贯通,如图 4-93 所示。因此,在 $K_P = 5.0$ 时,闸坝整体未发生破坏。

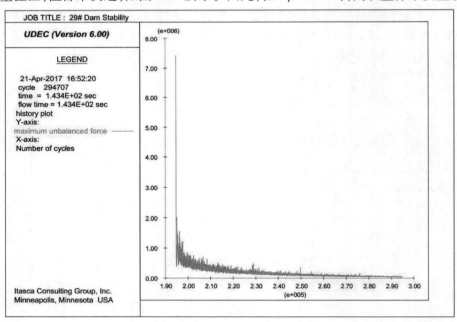

图 4-92　$K_P = 5.0$ 时的最大不平衡力曲线

(6)当超载系数 $K_P = 6.0$ 时,位移值都收敛。$ABCDE$(F、G)H 各点位移值随超载系数 K_P 的变化曲线如图 4-94 所示,可知当 $K_P = 6.0$ 时,闸室、两齿槽基岩、断层及下游近地表基岩 x、y 向位移值的增加速率都在增大,下游近地表基岩 y 向位移有所回弹,开始出现向上运动的趋势,模型已经进入加速破坏阶段。

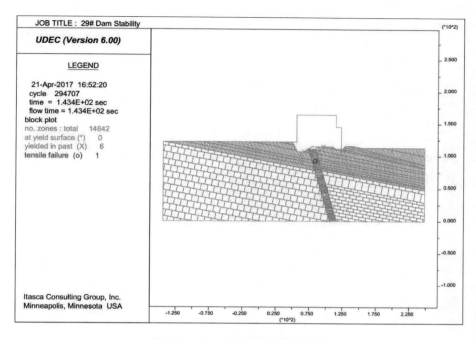

图4-93 $K_P = 5.0$ 时的塑性屈服区

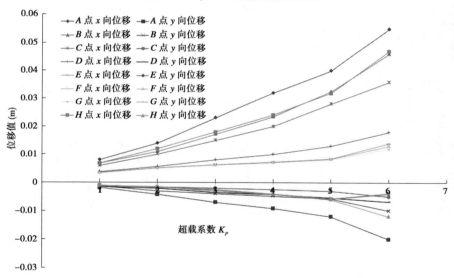

图4-94 各点位移随超载系数 K_P 的变化曲线

当 $K_P = 6.0$ 时,其最大不平衡力趋于零,如图4-95所示;此时,模型的塑性屈服区在增加,闸室左下角上有5个网格单元开始出现拉性塑性区,两齿槽右下方基岩、断层内的塑性区也在增加,此时总共有14个网格单元出现压性塑性区,但都未贯通,如图4-96所示。因此,在 $K_P = 6.0$ 时,闸坝整体未发生破坏,但塑性屈服区增速明显。

(7)当超载系数 $K_P = 7.0$ 时,模型整体发生破坏。破坏时的位移矢量图和速度矢量图分别如图4-97和图4-98所示。当计算结束时,闸室发生偏转,由于断层上部进行了混凝土灌溉加固,左齿槽右下方基岩在断层加固下方沿层面向右下方运动,右齿槽右下方基岩向右

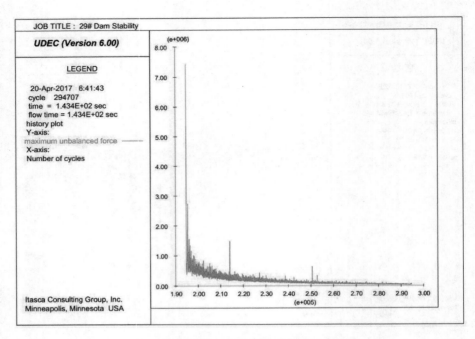

图 4-95　$K_P = 6.0$ 时的最大不平衡力曲线

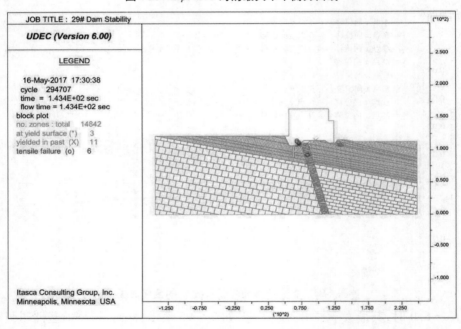

图 4-96　$K_P = 6.0$ 时的塑性屈服区

下方运动,下游近地表基岩向上运动。由位移矢量图可以看出,由于闸室发生偏转,各点位移量都不一样,此时位移量已经很大,模型的最大位移量达到 1.244×10^{-1} m,发生在闸室左上角。

当超载系数 $K_P = 7.0$ 时,其最大不平衡力在计算过程中一直处于波动状态,如图 4-99 所示,也说明了模型整体已经发生破坏失稳了。

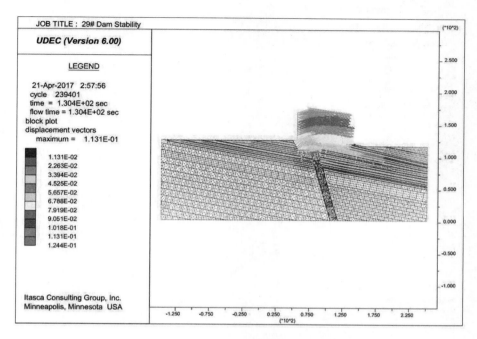

图 4-97　$K_P = 7.0$ 时的位移矢量图

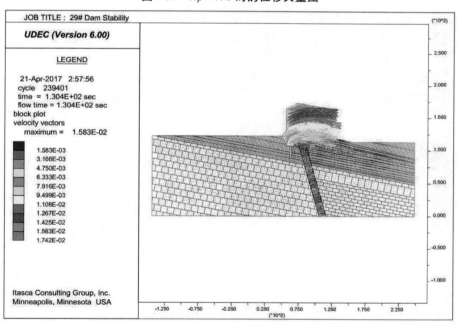

图 4-98　$K_P = 7.0$ 时的速度矢量图

此时,闸室左下角上有 43 个网格单元出现拉性塑性区,断层内有一个网格单元出现拉性塑性区,两齿槽右下方基岩共有 33 个网格单元出现压性塑性区,除断层内的一个拉性塑性区外,其余地方的塑性区都已贯通,闸坝破坏,如图 4-100 所示。由于超大推力的作用,闸室对两齿槽右下方基岩产生挤压,引起应力集中。应力集中区域主要分布在闸室左下角、两齿槽右下方基岩,如图 4-101 所示。应力集中使得闸室左下角产生了拉张破坏,对两齿槽右

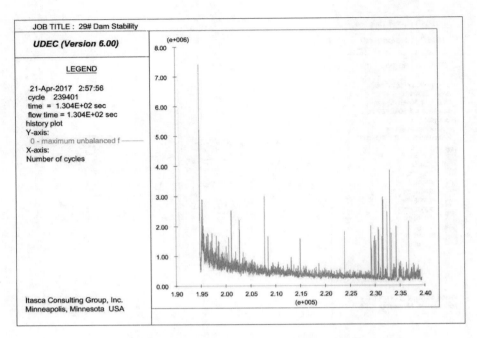

图 4-99　$K_P = 7.0$ 时的最大不平衡力曲线

下方基岩产生挤压,产生压性破坏,导致基岩沿结构面产生运动。其中,右齿槽右下方基岩产生的压性破坏导致相应地表处基岩向上运动,引起下游近地表基岩发生破坏。由于断层内只有一个单元出现塑性区,所以此时断层无明显破坏。

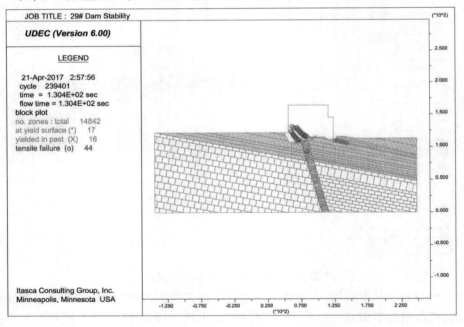

图 4-100　$K_P = 7.0$ 时的塑性屈服区

　　加上盖板后,当 $K_P = 4.0$ 时,开始出现塑性屈服区,如图 4-102 所示,可知加盖板之后塑性屈服区的位置发生了变化,主要集中在右齿槽和盖板的接触处。相比之前未加盖板的情

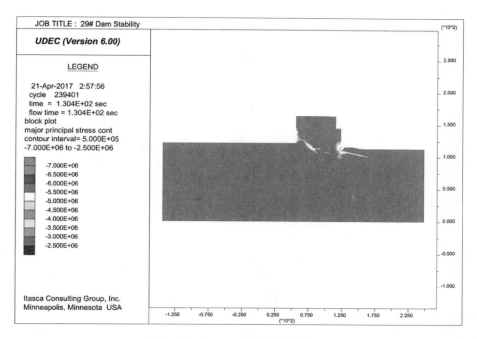

图 4-101 $K_P = 7.0$ 时的应力集中区

况,加盖板之后整个闸坝更加安全。

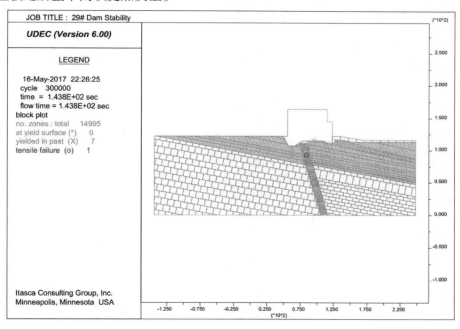

图 4-102 加盖板之后在 $K_P = 4.0$ 时出现塑性屈服区

软弱夹层的变形规律与变形趋势同 28#坝段;加盖板后整体模型破坏所对应的超载倍数更高,大于上述没加盖板的情况,在此也不再赘述,将盖板作为安全储备即可。

4.4.2.3 30#坝段计算结果

当超载计算时,30#坝段监控点布置如图 4-103 所示,监控点的设置与 28#坝段一致。

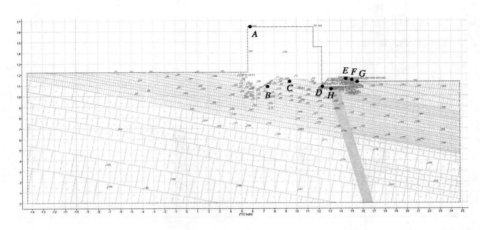

图 4-103　30#坝段超载时布置的监控点位置

计算过程要研究整个闸坝的位移随超载系数 K_P 的变化,现分别用点 A、B、C、D、E、F、G 表示泄水闸闸室、左齿槽基岩、闸室底部基岩、右齿槽基岩及下游近地表基岩五个位置,考虑到 30#坝段下游有断层穿过,为了研究断层内位移随超载系数的变化,在此增加一个点 H,用 H 表示断层位置,如图 4-103 所示。

下面通过逐级增加上游水压力荷载,分析整个模型的破坏模式。模型的破坏过程从位移变形、最大不平衡力及塑性屈服区这三个方面综合进行分析。

(1)当超载系数 $K_P = 1.0$ 时,位移值都收敛,其最大不平衡力趋于零,如图 4-104 所示;此时,模型未出现塑性区。因此,在 $K_P = 1.0$ 时,闸坝工作正常,未出现异常。

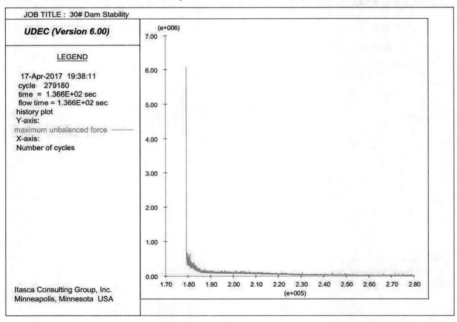

图 4-104　$K_P = 1.0$ 时的最大不平衡力曲线

(2)当超载系数 $K_P = 2.0$ 时,位移值都收敛,其最大不平衡力趋于零,如图 4-105 所示;此时,模型未出现塑性区。

因此,在 $K_P = 2.0$ 时,闸坝工作正常,未出现异常。

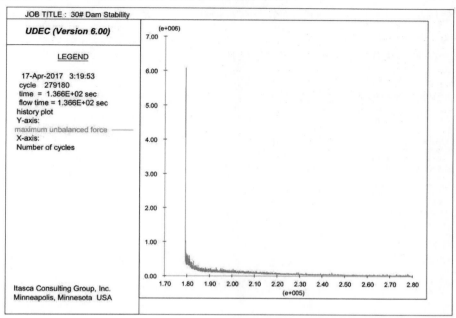

图 4-105 $K_P = 2.0$ **时的最大不平衡力曲线**

(3)当超载系数 $K_P = 3.0$ 时,位移值都收敛;其最大不平衡力趋于零,如图 4-106 所示;此时,模型未出现塑性区。

因此,在 $K_P = 3.0$ 时,闸坝工作正常,未出现异常。

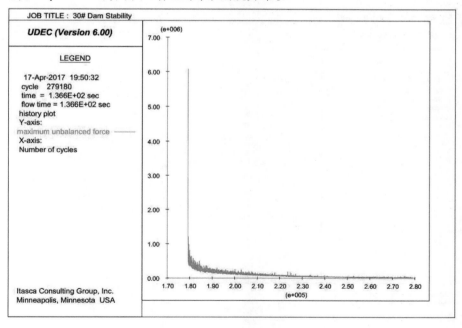

图 4-106 $K_P = 3.0$ **时的最大不平衡力曲线**

（4）当超载系数 $K_P = 4.0$ 时，位移值都收敛；其最大不平衡力趋于零，如图 4-107 所示；此时，模型局部开始出现压性塑性区，分布在右齿槽右下方基岩和下游近地表基岩，但并未贯通，如图 4-108 所示。

因此，在 $K_P = 4.0$ 时，闸坝整体未发生破坏。

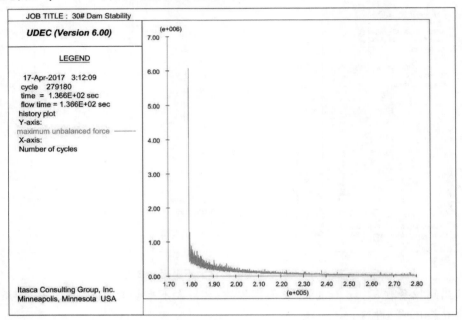

图 4-107　$K_P = 4.0$ 时的最大不平衡力曲线

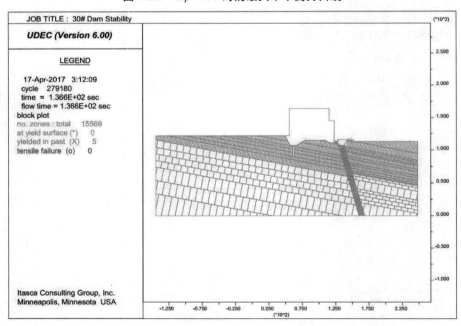

图 4-108　$K_P = 4.0$ 时的塑性屈服区

（5）当超载系数 $K_P = 5.0$ 时,位移值都收敛;其最大不平衡力趋于零,如图 4-109 所示;此时,模型的压性塑性区在增加,依旧分布在右齿槽右下方基岩和下游近地表基岩,如图 4-110 所示。

因此,在 $K_P = 5.0$ 时,闸坝整体未发生破坏。

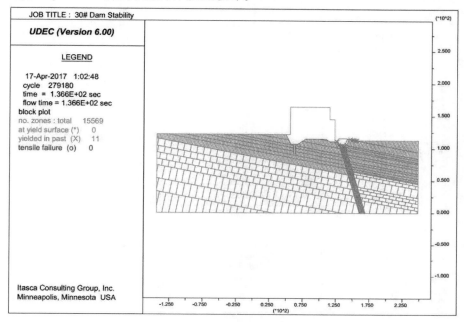

图 4-109　$K_P = 5.0$ 时的塑性屈服区

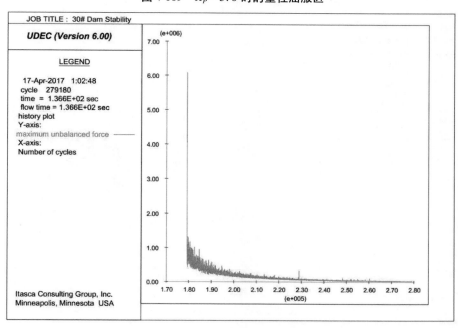

图 4-110　$K_P = 5.0$ 时的最大不平衡力曲线

（6）当超载系数 $K_P = 6.0$ 时，位移值都收敛；其最大不平衡力趋于零，如图 4-111 所示；此时，模型的压性塑性区依旧在增加，分布在右齿槽右下方基岩、断层内和下游近地表基岩，但都并未贯通，如图 4-112 所示。

因此，在 $K_P = 6.0$ 时，闸坝整体未发生破坏。

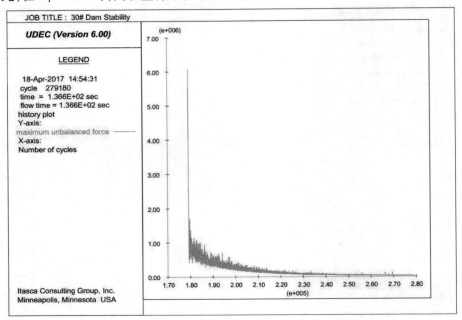

图 4-111　$K_P = 6.0$ 时的最大不平衡力曲线

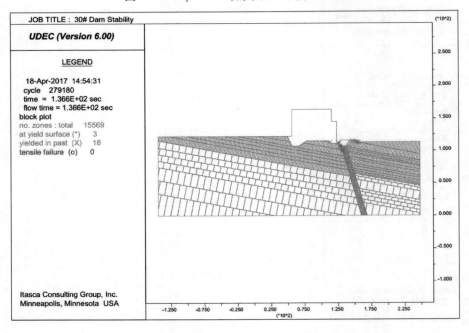

图 4-112　$K_P = 6.0$ 时的塑性屈服区

（7）当超载系数 $K_P = 7.0$ 时,位移值都收敛;其最大不平衡力趋于零,如图 4-113 所示;此时,模型的塑性屈服区在增加,依旧分布在右齿槽右下方基岩、断层内和下游近地表基岩,但并未贯通,如图 4-114 所示。

因此,在 $K_P = 6.0$ 时,闸坝整体未发生破坏。

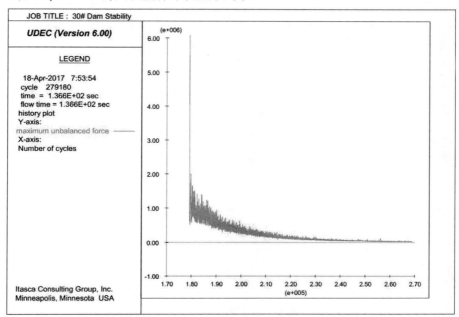

图 4-113 $K_P = 7.0$ 时的最大不平衡力曲线

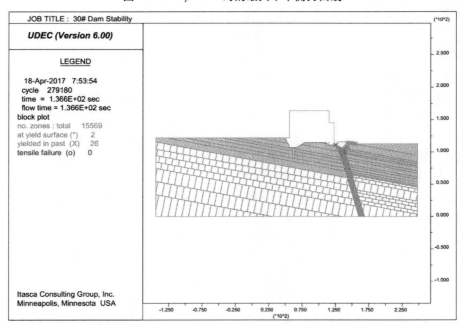

图 4-114 $K_P = 7.0$ 时的塑性屈服区

（8）当超载系数 $K_P = 8.0$ 时，位移值都收敛。$ABCDE$（F、G）H 各点位移值随超载系数 K_P 的变化曲线如图 4-115 所示，由图可知，当 $K_P = 8.0$ 时，闸室、两齿槽基岩、断层及下游近地表基岩 x、y 向位移值的增加速率都在增大，下游近地表基岩 y 向位移有所回弹，开始出现向上运动的趋势，模型已经进入加速破坏阶段。

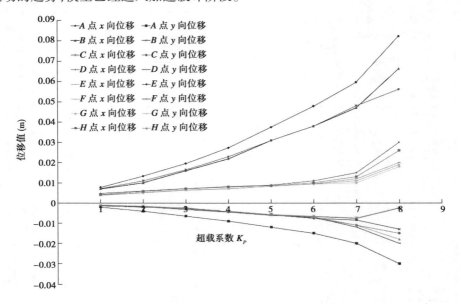

图 4-115　各点位移值随超载系数 K_P 的变化曲线

当 $K_P = 8.0$ 时，其最大不平衡力趋于零，如图 4-116 所示；此时，模型的塑性屈服区增速明显，泄水闸左下角上开始出现拉性塑性区，右齿槽基岩、断层及下游近地表基岩的压性塑性区也增加了很多，如图 4-117 所示，但都未贯通。

因此，在 $K_P = 8.0$ 时，闸坝整体未发生破坏，但塑性屈服区增速明显。

（9）当超载系数 $K_P = 9.0$ 时，模型整体发生破坏。破坏时的位移矢量图和速度矢量图分别如图 4-118 和图 4-119 所示。当计算结束时，闸室发生偏转，左齿槽右下方基岩沿层面向右下方运动，由于下游断层上部进行了混凝土灌溉加固，所以右齿槽只有左下角部分基岩向右下方运动，断层灌溉区下方向右下方运动，下游近地表基岩向上运动。由位移矢量图可以看出，由于闸室发生偏转，各点位移量都不一样，此时位移量已经很大，模型的最大位移量达到 2.111×10^{-1} m，发生在闸室左上角。

当超载系数 $K_P = 9.0$ 时，其最大不平衡力在计算过程中一直处于波动状态，如图 4-120 所示，也说明模型整体已经发生破坏失稳了。

此时，闸室左下角共有 28 个网格单元出现拉性塑性区，下游断层灌溉区有 3 个网格单元出现拉性塑性区，两齿槽基岩、断层及下游近地表基岩共有 107 个网格单元出现压性塑性区，如图 4-121 所示。由于超大推力的作用，闸室对两齿槽右下方基岩产生挤压，引起应力集中。应力集中区域主要分布在闸室左下角、两齿槽右下方基岩及断层内，如图 4-122 所示。应力集中使得闸室左下角产生了拉张破坏，对两齿槽右下方基岩产生挤压，产生压性破坏，导致基岩沿结构面产生运动。下游断层顶部进行了混凝土灌溉加固，灌溉区下侧和右侧基岩都被挤压破坏，右侧基岩由于破坏而引起其位移向上运动。

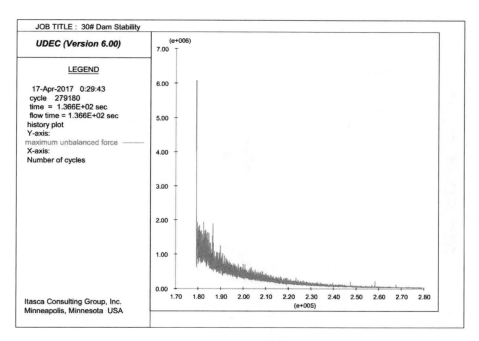

图 4-116　$K_P = 8.0$ 时的最大不平衡力曲线

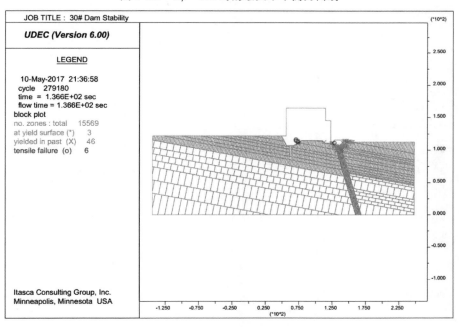

图 4-117　$K_P = 8.0$ 时的塑性屈服区

加上盖板后,当 $K_P = 5.0$ 时,开始出现塑性屈服区,如图 4-123 所示,可知加盖板之后,盖板上有一个网格单元出现塑性区,但是塑性屈服区依旧主要集中在断层灌溉区下方内。

总之,加上盖板之后,相比之前更加安全。

软弱夹层的变形规律与变形趋势同 28# 坝段;加盖板后整体模型破坏所对应的超载倍数更高,大于上述没加盖板的情况,在此也不再赘述,将盖板作为安全储备即可。

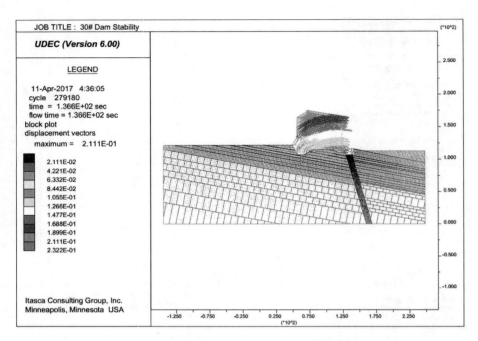

图 4-118　$K_P = 9.0$ 破坏时的位移矢量图

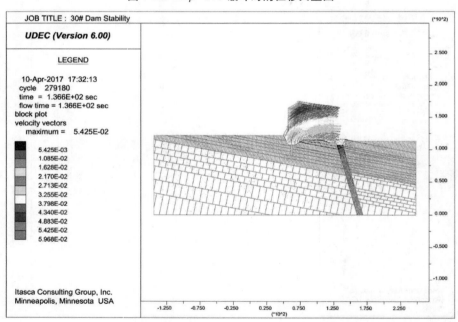

图 4-119　$K_P = 9.0$ 破坏时的速度矢量图

4.4.3　强度折减工况

近几年来,强度折减法的理论越来越成熟,并得到了较为广泛的应用。强度折减法的基本思想是在非线性分析过程中,通过降低介质强度参数(主要是黏聚力和内摩擦角),分析其是否会发生破坏,研究整个系统的破坏机制。另外,坝基岩体涉及灰岩与泥岩,尤其是泥

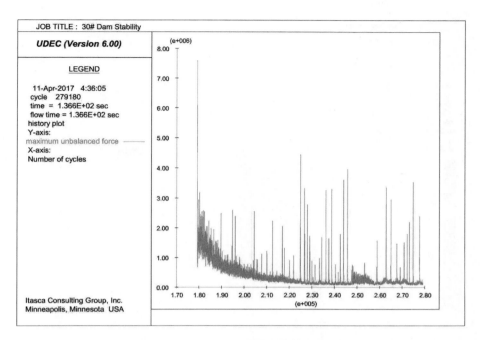

图 4-120 $K_P = 9.0$ 时的最大不平衡力曲线

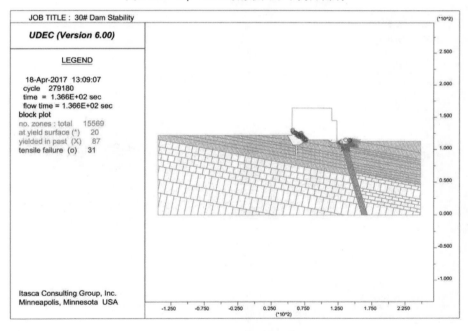

图 4-121 $K_P = 9.0$ 时的塑性屈服区

岩,在与水的物理与化学作用过程中,基岩本身与结构面均会产生力学强度的衰减。从这一角度,进行强度折减也是有一定的实践意义的。

　　UDEC 程序提供了几种常用的结构面模型,如理想弹塑性的 Mohr–Coulomb 模型、连续屈服模型、Barton–Bandis(BB)模型等。本书介绍的强度折减法基于 Mohr–Coulomb 模型,通常的剪切屈服、张开及节理面剪胀效应在此模型中都能实现。下面简要地介绍此模型。

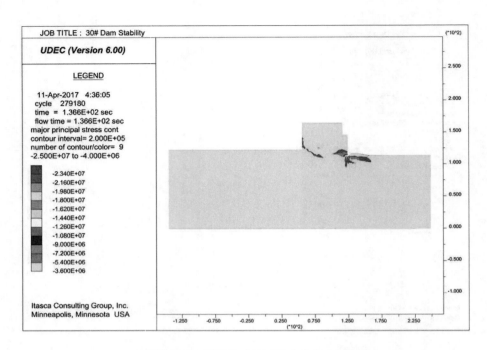

图 4-122　30# 坝段破坏时的应力集中区

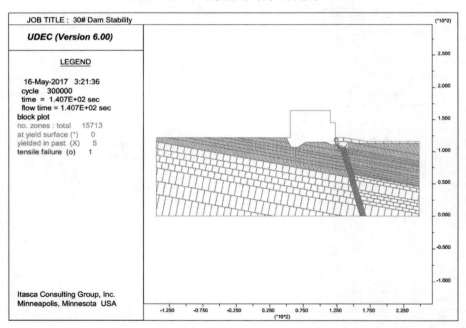

图 4-123　加盖板之后在 $K_P = 5.0$ 时出现塑性屈服区

当结构面未滑动或张开时抗拉强度为

$$T_{\max} = -TA_c \qquad (4\text{-}43)$$

式中，$T_{\max}$ 为最大拉力；T 为结构面的抗拉强度；A_c 为接触面积。

结构面的抗剪强度为

$$F'_{\max} = cA_c + F'''\tan\varphi \qquad\qquad (4\text{-}44)$$

式中，c、φ 分别为结构面黏聚力和内摩擦角。

当结构面张开或滑动后其抗拉强度和抗剪强度可由下式确定：

$$\left.\begin{array}{l} T_{\max} = T_{\text{residual}} \\ F^{S}_{\max} = c_{\text{residual}}A_c + F'''\tan\varphi \end{array}\right\} \qquad\qquad (4\text{-}45)$$

式中，T_{residual} 为残余拉力；$F^{S}_{\max}$ 为残余剪力；c_{residual} 为残余黏聚力；F''' 为法向力。

在 UDEC 计算过程中，当差分节点上最大不平衡力与系统特征力的比值大于某一容许值时，块体系统被认为处于不平衡状态；否则，系统处于平衡状态。在本书的算例中取容许值为 10^{-5}。在计算过程中同时可以通过对应的速度矢量图及位移矢量图确定基岩破坏情况。

本书在正常蓄水工况下，即上游水位 61 m，下游水位 22.71 m，通过对 $28^{\#}$、$29^{\#}$、$30^{\#}$ 坝段结构面及软层强度进行折减，并对三个坝段的位移矢量图进行对比分析，进而分析裂隙强度折减对坝体及基岩稳定性的影响。同上述超载工况一样，本书拟从位移突变法、迭代不收敛（最大不平衡力不收敛）和塑性区对坝基的稳定性进行研究。进行强度折减的参数如表 4-10 ~ 表 4-12 所示。

表 4-10　坝基岩体贯通结构面计算参数

折减系数	1	0.9	0.8	0.7	0.6	0.5	0.4	0.3	0.2	0.1
c(kPa)	0	0	0	0	0	0	0	0	0	0
$\tan\varphi$	0.498 6	0.448 7	0.398 9	0.349	0.299	0.249 3	0.199 4	0.149 6	0.099 7	0.049 9

表 4-11　坝基岩体非贯通结构面计算参数

折减系数		1	0.9	0.8	0.7	0.6	0.5	0.4	0.3	0.2	0.1
$D_1y^1 - 3$（岩溶不发育）	c(kPa)	0	0	0	0	0	0	0	0	0	0
	$\tan\varphi$	0.690 9	0.621 8	0.552 7	0.483 6	0.414 5	0.345 4	0.276 4	0.207 3	0.138 2	0.069 1
$D_1y^1 - 3$（岩溶发育）	c(kPa)	0	0	0	0	0	0	0	0	0	0
	$\tan\varphi$	0.723 6	0.651 2	0.578 9	0.506 5	0.434 2	0.361 8	0.289 4	0.217 1	0.144 7	0.072 4
$D_1y^1 - 2$	c(kPa)	0	0	0	0	0	0	0	0	0	0
	$\tan\varphi$	0.694 5	0.625 1	0.555 6	0.486 2	0.416 7	0.347 2	0.277 8	0.208 4	0.138 9	0.069 4

4.4.3.1　$28^{\#}$坝段计算结果

通过逐级折减坝基岩体结构面和软层的强度，分别模拟 $28^{\#}$ 坝段在强度折减到原来的 90%，80%，…，10% 情况下坝基的稳定性，来研究强度折减对坝基稳定性的影响。

对 $28^{\#}$ 坝段进行模拟，模拟坝体在有防渗帷幕下的强度折减工况，得到的最大不平衡力曲线如图 4-124 所示。从图中可以看出，分别将裂隙的强度折减到原来的 90%，80%，…，10% 时，最大不平衡力曲线均收敛，这说明即使将结构面和软层强度折减到原来的 10% 坝基依旧稳定。

表4-12　软弱夹层计算参数

折减系数		1	0.9	0.8	0.7	0.6	0.5	0.4	0.3	0.2	0.1
$D_1 n_{11-7}$	c(kPa)	15	13.5	12	10.5	9	7.5	6	4.5	3	1.5
	$\tan\varphi$	0.258 6	0.232 8	0.206 9	0.181	0.155 2	0.129 3	0.103 4	0.077 6	0.051 7	0.025 9
$D_1 n_{13-1} \sim$	c(kPa)	20	18	16	14	12	10	8	6	4	2
$D_1 n_{13-1}$	$\tan\varphi$	0.279 2	0.251 3	0.223 4	0.195 4	0.167 5	0.139 6	0.111 7	0.083 8	0.055 8	0.027 9
$D_1 y^1 - 1$	c(kPa)	40	36	32	28	24	20	16	12	8	4
	$\tan\varphi$	0.319 1	0.287 2	0.255 3	0.223 4	0.191 5	0.159 6	0.127 7	0.095 7	0.063 8	0.031 9
$D_1 y^1 - 2$	c(kPa)	30	27	24	21	18	15	12	9	6	3
	$\tan\varphi$	0.3	0.27	0.24	0.21	0.18	0.15	0.12	0.09	0.06	0.03

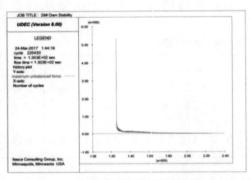

(a) 折减到原来的90%

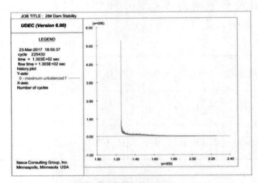

(b) 折减到原来的80%

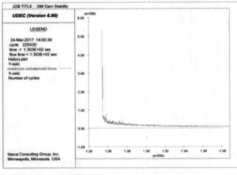

(c) 折减到原来的70%

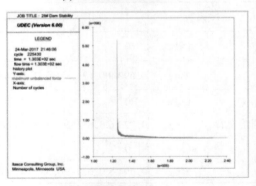

(d) 折减到原来的60%

图4-124　28#坝段结构面和软层强度折减到原来的90%～10%时最大不平衡力曲线

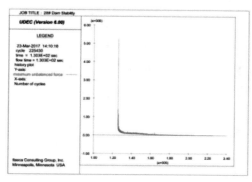

(e) 折减到原来的 50%

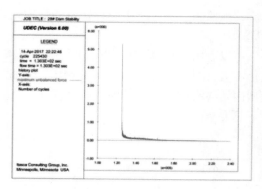

(f) 折减到原来的 40%

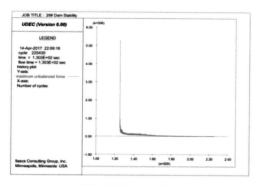

(g) 折减到原来的 30%

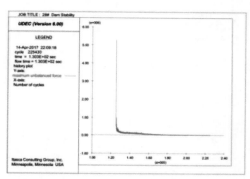

(h) 折减到原来的 20%

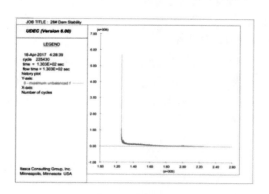

(i) 折减到原来的 10%

续图 4-124

同超载工况,为了便于后期数据的整理与分析,必须保证在每次计算过程中同一坝段监测点的位置不变。所以,对于 28# 坝段,监测点的分布如图 4-42 所示。

图 4-125 为 28# 坝段强度折减到不同倍数时监测点的位移变化折线图。从图中可以看出,监测点 A 的位移值最大,故以监测点 A 举例说明。监测点 A 在未折减时,x 向收敛位移为 9.0×10^{-3} m,方向向右;y 向收敛位移为 -2.0×10^{-3} m,方向竖直向下。随着结构面和软层的强度逐级折减,x 向与 y 向位移均匀增加时,最终,强度折减到原来的 10% 时,监测点 A 的 x 向收敛位移为 12.8×10^{-3} m,方向向右;y 向收敛位移为 -3.5×10^{-3} m,方向竖直向

下。其他监测点随着结构面和软层的强度逐级折减，x 向与 y 向位移均与 A 点的变形趋势相同。

可以看出，对结构面和软层进行强度折减，各监测点最终的位移都趋于某一个常数值且变化不大，位移最大值仅为 12.8×10^{-3} m；此工况下，随着结构面和软层强度的逐级折减，模型内始终没有出现塑性区。所以，可以判断模型不会失稳破坏，即 28# 坝段在强度折减工况下是安全的。

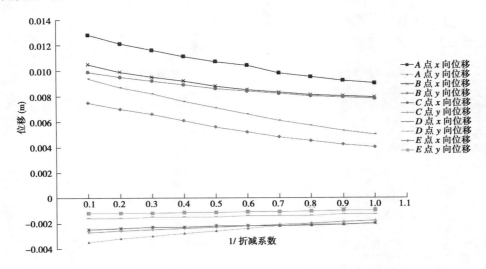

图 4-125   28# 坝段强度折减到不同倍数时监测点的位移变化折线图

4.4.3.2   29# 坝段计算结果

对 29# 坝段进行模拟，模拟坝体在有防渗帷幕下的强度折减工况，得到的最大不平衡力曲线如图 4-126 所示。从图中可以看出，分别将裂隙的强度折减到原来的 90%，80%，…，10%，最大不平衡力曲线均收敛，将强度折减到原来的 10% 时，最大不平衡力曲线稍有波动，但最终仍然收敛。这说明即使将裂隙强度折减到原来的 10% 坝基依旧稳定。

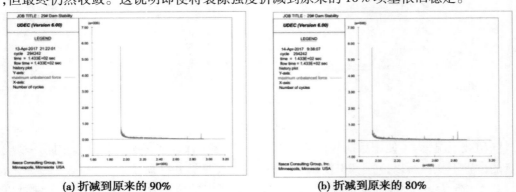

(a) 折减到原来的 90%   (b) 折减到原来的 80%

图 4-126   29# 坝段结构面和软层强度折减到原来的 90% ～10% 时最大不平衡力曲线

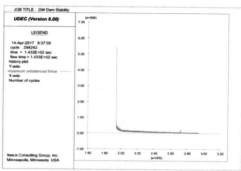

(c) 折减到原来的 70%

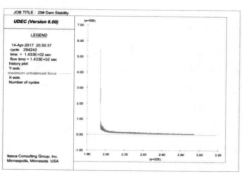

(d) 折减到原来的 60%

(e) 折减到原来的 50%

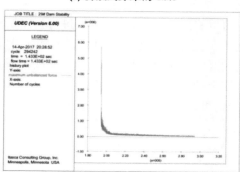

(f) 折减到原来的 40%

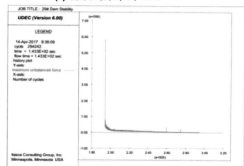

(g) 折减到原来的 30%

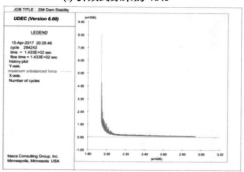

(h) 折减到原来的 20%

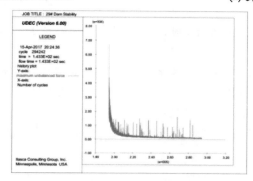

(i) 折减到原来的 10%

续图 4-126

为了便于后期数据的整理与分析,29#坝段监测点设置基本与28#坝段相同,但由于在29#坝段坝体正下方存在一断层,故在断层内设一个监测点F用来检测断层内部的位移。监测点分布情况如图4-85所示。

图4-127为29#坝段强度折减到不同倍数时监测点的位移变化折线图。从图中可以看出,监测点A的位移值最大,故以监测点A举例说明。监测点A在未折减时,x向收敛位移为8.0×10^{-3} m,方向向右;y向收敛位移为-1.8×10^{-3} m,方向竖直向下。随着结构面和软层的强度逐级折减,x向与y向位移均匀增加时,最终,强度折减到原来的10%倍时,监测点A的x向收敛位移为12×10^{-3} m,方向向右;y向收敛位移为-3.5×10^{-3} m,方向竖直向下。其他监测点随着结构面和软层的强度逐级折减,x向与y向位移均与A点的变形趋势相同。

可以看出,对结构面和软层进行强度折减,各监测点最终的位移都趋于某一个常数值且变化不大,位移最大值仅为12×10^{-3} m;此工况下,随着结构面和软层强度的逐级折减,模型内始终没有出现塑性区。所以,可以判断模型不会失稳破坏,即29#坝段在强度折减工况下是安全的。断层内的监测点位移变化趋势与数值和其他监测点基本一致,且断层内没有塑性区,可以认为断层没有明显破坏。

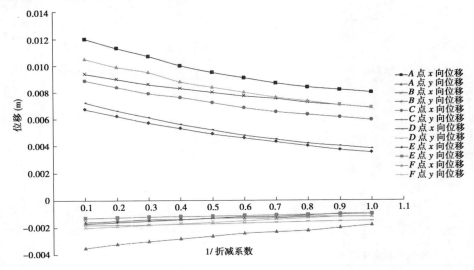

图4-127　29#坝段强度折减到不同倍数时监测点的位移变化折线

4.4.3.3　30#坝段计算结果

对30#坝段进行模拟,模拟坝体在有防渗帷幕下的强度折减工况,得到的最大不平衡力曲线如图4-128所示。从图中可以看出,分别将裂隙的强度折减到原来的90%,80%,…,10%,最大不平衡力曲线均收敛,将强度折减到原来的10%时,最大不平衡力曲线稍有波动,但最终仍然收敛。这说明即使将裂隙强度折减到原来的10%坝基依旧稳定。

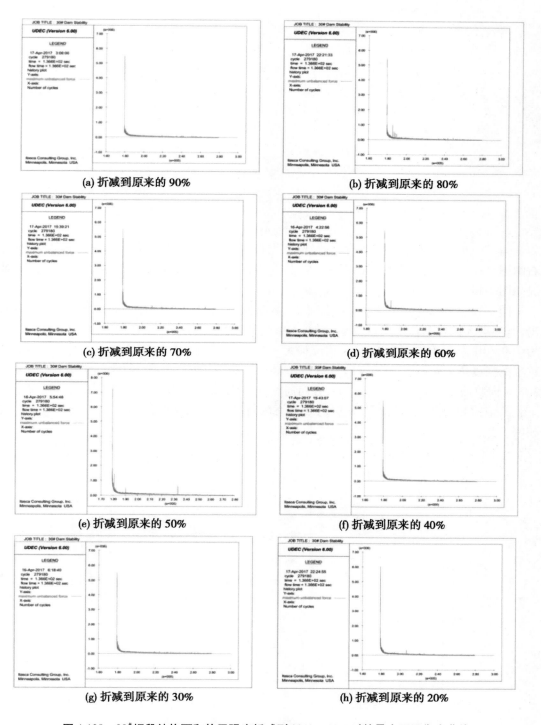

(a) 折减到原来的 90%   (b) 折减到原来的 80%

(c) 折减到原来的 70%   (d) 折减到原来的 60%

(e) 折减到原来的 50%   (f) 折减到原来的 40%

(g) 折减到原来的 30%   (h) 折减到原来的 20%

图 4-128   30#坝段结构面和软层强度折减到 90% ~10% 时的最大不平衡力曲线

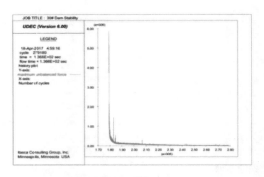

(i) 折减到原来的 10%

续图 4-128

为了便于后期数据的整理与分析,监测点设置基本与 28# 坝段相同,但由于在 30# 坝段右闸脚存在一断层,故在断层内设一个监测点 F 用来检测断层内部的位移。监测点分布情况如图 4-103 所示。

图 4-129 为 30# 坝段强度折减到不同倍数时监测点的移位变化折线图。从图中可以看出,监测点 A 的位移值最大,故以监测点 A 举例说明。监测点 A 在未折减时,x 向收敛位移为 7.0×10^{-3} m,方向向右;y 向收敛位移为 -2.0×10^{-3} m,方向竖直向下。随着结构面和软层的强度逐级折减,x 向与 y 向位移均匀增加。最终,强度折减到原来的 10% 时,监测点 A 的 x 向收敛位移为 11.8×10^{-3} m,方向向右;y 向收敛位移为 -3.5×10^{-3} m,方向竖直向下。其他监测点随着结构面和软层的强度逐级折减,x 向与 y 向位移均与 A 点的变形趋势相同。

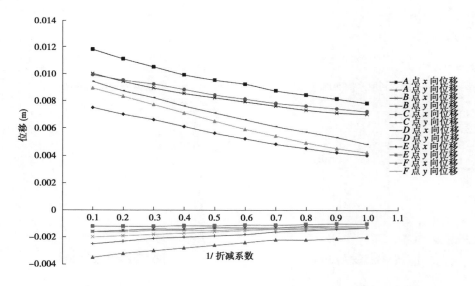

图 4-129　30# 坝段强度折减到不同倍数时监测点的位移变化折线

可以看出,对结构面和软层进行强度折减,各监测点最终的位移都趋于某一个常数值且变化不大,位移最大值仅为 12.8×10^{-3} m;此工况下,随着结构面和软层强度的逐级折减,模型内始终没有出现塑性区。所以,可以判断模型不会失稳破坏,即30#坝段在强度折减工况下是安全的。断层内的监测点位移变化趋势与数值与其他监测点基本一致,且断层内没有塑性区,可以认为断层没有明显破坏。

综上所述,以正常蓄水位为例,对强度折减工况进行分析,随着对结构面和软层的强度逐级折减,闸室与坝基岩体位移虽有增加但没有破坏也没有产生较大的位移变化,且模型内始终没有出现屈服塑性区,所以坝基岩体的可能破坏模式并非剪切性质。

4.4.3.4 坝基变形破坏的敏感性分析

通过对28#、29#、30#三个坝段的结构面和软层强度进行折减,可以看出结构面和软层的强度降低会对模型的位移有影响,但是模型内不会出现塑性区,模型整体保持稳定。为了探明影响坝基变形破坏的主导因素并分析其变形破坏模式,有必要对其他参数进行折减来进行坝基变形破坏的敏感性分析。如前所述,坝基岩体的可能破坏模式并非剪切性质,故结构面的抗剪力学性质对最终的稳定性影响不大。岩体通过坝基传导巨大的水推力,压力整体作用到基岩上,故岩体性质(而非单单结构面的性质)对坝基变形稳定性起到关键作用。鉴于岩体主要受到压力作用,此部分第2.2.2节所述的岩体参数中,抗剪力学强度参数与弹性模量对坝基的变形与稳定性影响比较大。在本部分中,也主要阐述这几个参数的影响。

以28#坝段为例,在正常蓄水工况下,即上游水位61 m,下游水位22.71 m,对28#坝段基岩的抗剪强度和弹性模量进行折减,然后对其位移和塑性区图进行对比分析,进而分析影响泄水闸坝基敏感性的因素,进行岩体抗剪强度和弹性模量折减的参数如表4-13和表4-14所示。

表4-13 坝基岩体抗剪强度计算参数

折减系数		1	0.9	0.8	0.7	0.6	0.5	0.4	0.3	0.2	0.1
D_1n_{11-7}	$c(kPa)$	1 460	1 314	1 168	1 022	876	730	584	438	292	146
	$\tan\varphi$	1.12	1.008	0.896	0.784	0.672	0.56	0.448	0.336	0.224	0.112
D_1n_{13-1}	$c(kPa)$	1 630	1 467	1 304	1 141	978	815	652	489	326	163
	$\tan\varphi$	1.23	1.107	0.984	0.861	0.738	0.615	0.492	0.369	0.246	0.123
D_1n_{13-2}	$c(kPa)$	1 450	1 305	1 160	1 015	870	725	580	435	290	145
	$\tan\varphi$	1.11	0.999	0.888	0.777	0.666	0.555	0.444	0.333	0.222	0.111
D_1n_{13-3}	$c(kPa)$	790	711	632	553	474	395	316	237	158	79
	$\tan\varphi$	0.81	0.729	0.648	0.567	0.486	0.405	0.324	0.243	0.162	0.081
D_1y^1-1	$c(kPa)$	800	720	640	560	480	400	320	240	160	80
	$\tan\varphi$	0.85	0.765	0.68	0.595	0.51	0.425	0.34	0.255	0.17	0.085
D_1y^1-2	$c(kPa)$	850	765	680	595	510	425	340	255	170	85
	$\tan\varphi$	0.88	0.792	0.704	0.616	0.528	0.44	0.352	0.264	0.176	0.088
D_1y^1-3	$c(kPa)$	820	738	656	574	492	410	328	246	164	82
	$\tan\varphi$	0.86	0.774	0.688	0.602	0.516	0.43	0.344	0.258	0.172	0.086
D_1n_{12}	$c(kPa)$	1 720	1 548	1 376	1 204	1 032	860	688	516	344	172
	$\tan\varphi$	1.29	1.161	1.032	0.903	0.774	0.645	0.516	0.387	0.258	0.129

表 4-14　坝基岩体弹性模量计算参数　　　　　　　　　（单位:GPa）

折减系数	1	0.9	0.8	0.7	0.6	0.5	0.4	0.3	0.2	0.1
$(D_1y^1-1)E$	8.0	7.2	6.4	5.6	4.8	4.0	3.2	2.4	1.6	0.8
$(D_1y^1-2)E$	12.0	10.8	9.6	8.4	7.2	6.0	4.8	3.6	2.4	1.2
$(D_1y^1-3)E$	8.0	7.2	6.4	5.6	4.8	4.0	3.2	2.4	1.6	0.8
$(D_1n_{13-3})E$	4.0	3.6	3.2	2.8	2.4	2.0	1.6	1.2	0.8	0.4
$(D_1n_{13-2})E$	8.0	7.2	6.4	5.6	4.8	4.0	3.2	2.4	1.6	0.8
$(D_1n_{13-1})E$	12.0	10.8	9.6	8.4	7.2	6.0	4.8	3.6	2.4	1.2
$(D_1n_{12})E$	14.0	12.6	11.2	9.8	8.4	7.0	5.6	4.2	2.8	1.4
$(D_1n_{11-7})E$	8.0	7.2	6.4	5.6	4.8	4.0	3.2	2.4	1.6	0.8

同超载工况,为了便于后期数据的整理与分析,必须保证在每次计算过程中同一坝段监测点的位置不变,故对于 28# 坝段,监测点的分布如图 4-42 所示。下面通过逐级对基岩抗剪强度和弹性模量分别进行折减,分析模型的变形和破坏模式。

图 4-130 为随着岩体的抗剪强度逐级折减到不同倍数时各监测点的位移变化折线图。对比图 4-125 可知,当岩体强度折减到原来的 40% 时,各监测点位移明显增加,变形变快,并且其最大不平衡力处于波动状态,如图 4-131 所示,说明了模型整体已经失稳。此时,泄水闸右下角有 27 个网格单元出现压性塑性区,且所有塑性区都已经贯通,如图 4-132 所示。相较于对结构面和软层抗剪强度进行折减的情况,可以看出在强度折减到原来的 40% 时模型就已经破坏,说明基岩抗剪强度比软层和结构面的抗剪强度对坝基稳定性影响更大。

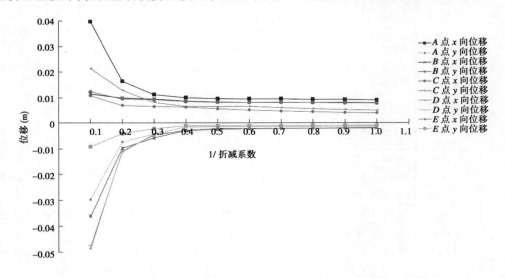

图 4-130　28# 坝段抗剪强度折减到不同倍数时监测点的位移变化折线

图 4-133 为随着基岩的弹性模量逐级折减到不同倍数时各监测点的位移变化折线图。监测点 A 的位移值最大,故以监测点 A 举例说明。监测点 A 在未折减时,x 向收敛位移为 9.0×10^{-3} m,方向向右;y 向收敛位移为 -2.0×10^{-3} m,方向竖直向下。随着节理强度的逐

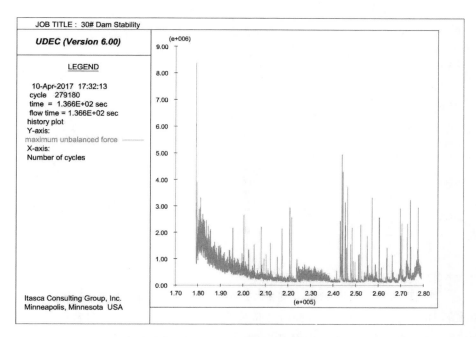

图 4-131　基岩抗剪强度折减到原来的 40% 时的最大不平衡力曲线

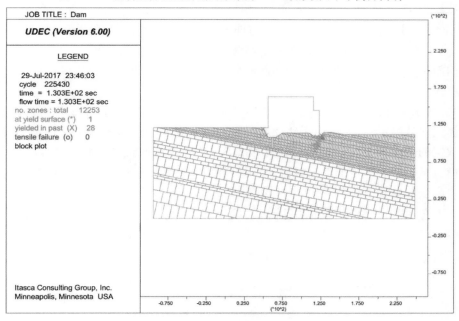

图 4-132　基岩抗剪强度折减到原来的 40% 时的塑性屈服区

级折减,x 向与 y 向位移均匀增加时,最终折减到原来的 10% 时。监测点 A 的 x 向收敛位移为 43.7×10^{-3} m,方向向右;y 向收敛位移为 -9.4×10^{-3} m,方向竖直向下。位移明显增加。其他监测点随着基岩的弹性模量逐级折减,x 向与 y 向位移均与 A 点的变形趋势相同,并且其最大不平衡力一直处于平稳状态,说明了模型整体仍然稳定。

相较于对结构面和软层抗剪强度进行折减的情况,可以看出,在对软层和结构面强度折

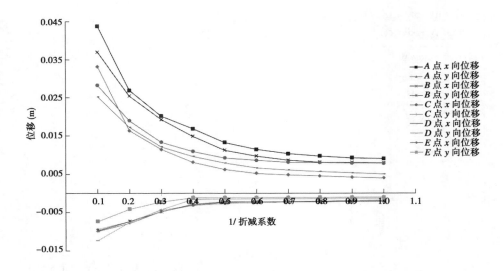

图 4-133　28#坝段弹性模量折减到不同倍数时监测点的位移变化折线

减到原来的 10% 时,监测点 A 的 x 向收敛位移为 12.8×10^{-3} m,方向向右;y 向收敛位移为 -3.5×10^{-3} m,方向竖直向下。而对基岩的弹性模量折减到原来的 10% 时,监测点 A 的 x 向收敛位移为 43.7×10^{-3} m,方向向右,相较于对软层和结构面进行折减的情况增加了 3.41 倍;y 向收敛位移为 -9.4×10^{-3} m,方向向右,相较于对软层和结构面进行折减的情况增加了 2.69 倍。随着对岩体的弹性模量逐级折减的位移增加量要明显大于同情况下对软层和结构面折减的增加量,说明基岩弹性模量比软层和结构面的抗剪强度对坝基基岩的变形影响更大。

此时,泄水闸并没有出现塑性区。试验结果说明,对基岩的弹性模量进行折减,闸室与坝基岩体仍保持稳定,且模型内无塑性屈服区。但是模型内各监测点位移相较于只折减结构面和软层的情况大得多,x 向收敛位移相差 3.41 倍,y 向收敛位移相差 2.69 倍。这是因为弹性模量是影响岩体变形的参数,也说明了基岩弹性模量比软层和结构面的抗剪强度对坝基基岩的变形影响更大。

受上下游混凝土齿槽的嵌固作用,岩层承受闸墩的压力,产生压塑性区的变形与破坏。所以,在坝基变形破坏的敏感性分析中,基岩的抗剪强度与弹性模量影响了坝基的变形与破坏,而并不仅仅是决定坝基剪切破坏的岩体结构面系统。

4.5　小　结

本章以大藤峡水利枢纽泄水闸 28#、29#、30# 三个坝段为研究对象,基于离散元软件 UDEC 模拟了以上三个坝段的渗流及其在正常工况、超载工况及强度折减工况下的稳定性水平,主要得到以下结论:

(1)本章通过分析渗流场来确定扬压力对坝基岩体稳定性产生的影响。以正常蓄水位工况为例,通过 UDEC 渗流模块分别对 28#、29#、30# 坝段进行了分析,计算得到三个坝段的渗流场。设置防渗帷幕之后,防渗帷幕右侧的流量和扬压力明显减小。三个坝段的平均流量分别减小了 22.5%、36.9%、25%;平均扬压力分别减小了 34.8%、36.9%、34.8%。可见,设置防渗帷幕对于坝基岩体的稳定性是较为重要的。不同工况下,渗流场可能会存在较大的变化,在其他工况下,渗流所导致的坝基岩体力学作用,一直作为坝基岩体稳定性的重要因素。

(2)通过 UDEC 分别模拟三个坝段在正常蓄水位(上游水位 61.00 m,下游水位 22.71 m)、设计洪水位(上游水位 61.00 m,下游水位 46.41 m)和校核洪水位(上游水位 61.00 m,下游水位 49.20 m)下的稳定性。由计算结果可知,在不同蓄水位工况下,闸室与坝基岩体位移均收敛,模型未出现塑性区,闸坝正常工作。在不同蓄水位下,闸坝的位移变形主要是闸室的 x 向位移,正常蓄水位工况为 x 向变形最大的工况,28#、29#、30# 坝段的闸室的 x 向位移分别为 9.0×10^{-3} m、9.2×10^{-3} m、8.8×10^{-3} m,其他工况下变形略微减小,但变化幅度不大。可见,三个坝段在三个蓄水位工况下的位移值都很小,都是毫米级。因此,28#、29#、30# 坝段在正常工况下的三个蓄水位是安全的。

(3)在正常蓄水位下,通过增加上游水压力荷载,分别模拟 28#、29#、30# 坝段在不同超载系数 K_P 下坝基的稳定性。由计算结果可知,对于 28#、29#、30# 坝段,当 K_P 分别为 4.0、3.0、4.0 时,闸室和坝基岩体开始出现塑性区;当 K_P 分别为 8.0、7.0、9.0 时,闸坝整体破坏。进行以上分析时,是将下游消力池的混凝土盖板视作安全储备。当分析盖板的影响时,三个坝段初始出现塑性对应的 K_P 分别为 5.0、4.0、5.0。总体来看,坝基的稳定性是较好的。

(4)超载模拟计算结果显示,塑性区易出现在闸室左下角、两齿槽右下方基岩。闸室左下角属于拉性破坏,两齿槽右下方基岩属于压性破坏。其中,右齿槽作用的岩体的压性破坏会引起相应地表处岩体的向上运动,发生破坏。坝体受到超大推力,上下游齿槽挤压附近的岩体,岩体受压后产生不均匀变形,体现为岩体塑性区的扩展与上下游附近软弱夹层、结构面的开裂变形。受上下游混凝土齿槽的嵌固作用,岩层承受闸墩的压力,产生压塑性区的变形与破坏。所以,在坝基变形破坏的敏感性分析中,基岩的抗剪强度与弹性模量影响了坝基的变形与破坏,而并不仅仅是决定坝基剪切破坏的岩体结构面系统。

(5)以正常蓄水位为例,分别对 28#、29#、30# 三个坝段结构面和软层强度进行折减,即对强度折减工况进行分析。计算结果显示,随着折减幅度的增加,闸室与坝基岩体的位移虽有增加,但增加幅度甚小。最终,当软弱夹层和裂隙的强度折减到原来的 10% 时,28#、29#、30# 坝段的 x 向位移分别由 9.0×10^{-3} m、8.0×10^{-3} m、7.0×10^{-3} m 增加到 12.8×10^{-3} m、12.0×10^{-3} m、11.8×10^{-3} m;y 向位移分别由 -2.0×10^{-3} m、-1.8×10^{-3} m、-2.0×10^{-3} m 增加到 -3.5×10^{-3} m、-3.5×10^{-3} m、-3.5×10^{-3} m。闸室与坝基岩体仍保持稳定,且模型内无塑性屈服区。从这一角度,也可说明,坝基岩体的可能破坏模式并非剪切性质。而是结论(4)所述的变形破坏模式。

第5章　物理模型

5.1　模型试验相似理论

5.1.1　破坏试验方法

在自然界中,从宏观的天体到微观的粒子,从无机界到有机界,从原生生物到人类,一般来说,都是由一定要素组成的系统,存在着某些具体的属性和特征。各个系统的属性和特征是客观存在的,不依赖于人们的感性认识而存在。在不同类型、不同层次的系统之间可能存在某些共有的物理、化学、几何等具体属性或特征。这些属性和特征具有明确的概念和意义,并可以进行数值上的度量。对于两个或两个以上不同系统间存在着某些共有属性或特征,并有数值存在差异的这种现象,称之为相似。相似的概念首先出现在几何学中,如图 5-1 中的两个相似三角形,是指对应尺寸不同,但形状一样的图形。

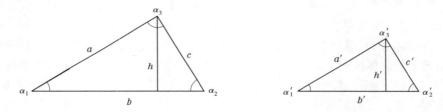

图 5-1　相似三角形

这两个相似的三角形具有如下的性质:各对应线段(各边长、各垂线)的比例相等,各对应角相等,即

$$
\left.\begin{array}{c}
\dfrac{a}{a'} = \dfrac{b}{b'} = \dfrac{c}{c'} = \dfrac{h}{h'} = C_L \\[2mm]
\alpha_1 = \alpha_2',\alpha_2 = \alpha_2',\alpha_3 = \alpha_3'
\end{array}\right\}
\tag{5-1}
$$

式中,C_L 为常数。

属于同类问题的还有各种多边形、圆、椭圆、立方体、长方体、球等相似,这些均称为几何相似现象。推而广之,自然界的一切物质体系中,存在着各种不同的物理变化过程,这些物理变化过程可以具体反映为它们所包含的各种物理量(如时间、力、速度、加速度、位移、变形等)的变化。物理现象相似,是指几个物理体系的形态和某种变化过程的相似。通常所说的相似,有下面三种类型:

(1)相似,或同类相似,即两个物理体系在几何形态上,保持所对应的线性尺寸成比例,所对应的夹角相等,同时具有同一物理变化过程,如图 5-1 所示的两个相似三角形。

(2)拟似,或异类相似,即两个物理体系物理性质不同,但它们的物理变化过程遵循同样的数学规律或模式,如渗流场和电场、热传导和热扩散现象。

（3）差似，或变态相似，即两个物理体系在几何形态上不相似，但有同一物理变化过程。

本书所要讨论的是上述第一种相似，即几何形状相似体系进行的同一物理变化过程，这些体系中的对应点上同名物理量之间具有固定的比数。如果找到这些体系中两个物理现象的同名物理量之间的固定比数，就可以用其中的一个物理现象去模拟另外一个物理现象。这个固定比数可以用相似系数（也称相似常数）、相似指标及相似判据（相似准数）三个概念来描述。

（1）相似系数。是指在模型与原型中，任一物理变化过程的同名物理量都保持着固定的比例关系，称为该物理量相似；阐明这种比例关系的，叫作相似系数。在相似现象中，物理量相似的条件是相似系数为常数，因此相似系数也叫相似常数。相似常数用 C 表示，同时右下角标明物理量类型，如几何尺寸 L、正应力 σ、容重 γ 等，式（5-1）中 C_L 即两个相似三角形的几何尺寸相似系数。

（2）相似指标。是指在模型与原型之间，若有关物理量的相似系数是互相制约的，它们相互之间以某种形式保持着固有的关系，这种关系称之为相似指标，记为 C_i。

（3）相似判据。既然相似指标是表示相似现象中各相似系数之间的关系，而相似系数代表了某个物理量之间所保持的比例关系，所以相似现象中各物理量之间应具有的比例关系可由相似指标导出。这种比例关系是一个定数，称为相似判据或相似准数，通常写成 $K = idem$。

5.1.2　相似理论

相似理论的内容就是揭示相似的物理现象之间存在的固有关系，找同名物理量之间的固定比数，以及将相似理论应用在科学试验及工程技术实践中。

本书所要讨论的相似理论主要应用于试验力学中的水工结构模型试验。结构模型试验的任务是将作用在原型水工建筑物的力学现象，在缩尺模型上重现，从模型上测出与原型相似的力学现象，如应力、位移等，再通过模型相似关系推算到原型，从而达到用模型试验来研究原型的目的，以校核或改进设计方案。可见，相似理论是模型试验的基础，模型试验是用来预演和测定工程中物理现象的手段。因此，在模型试验研究中，应依照相似理论来进行模型设计和建立工程与模型之间物理量的换算关系。

5.1.2.1　相似第一定理——相似现象的性质

相似第一定理可表述为：彼此相似的现象，以相同文字符号的方程所描述的相似指标为1，或相似判据为一不变量。

相似指标等于 1 或相似判据相等是现象相似的必要条件。相似指标和相似判据所表达的意义是一致的，互相等价，仅表达式不同。

相似第一定理是由法国科学院院士别尔特朗（J. Bertrand）于 1848 年确定的，其实早在1686 年，牛顿就发现了第一相似定理确定的相似现象的性质。现以牛顿第二定律为例，说明相似指标和相似判据的相互关系。

设两个相似现象，它们的质点所受的力 F 的大小等于其质量 m 和受力后产生的加速度 a 的乘积，方向与加速度的方向相同，则对第一个现象有

$$F_1 = m_1 a_1 \tag{5-2}$$

对第二个对象有

$$F_2 = m_2 a_2 \tag{5-3}$$

因为两现象相似,各物理量之间有下列关系:

$$C_F = \frac{F_2}{F_1}, \qquad C_m = \frac{m_2}{m_1}, \qquad C_a = \frac{a_2}{a_1} \tag{5-4}$$

式中,C_F、C_m、C_a这些两相似现象的同名物理量之比就为相似系数。

将式(5-4)代入式(5-3),得

$$C_F \cdot F_1 C_m m_1 \cdot C_a a_1$$

$$\frac{C_F}{C_m C_a} \cdot F_1 = m_1 a_1 \tag{5-5}$$

对比式(5-5)和式(5-2)可知,必须有下列关系才能成立:

$$\frac{C_F}{C_m C_a} = C_i = 1 \tag{5-6}$$

式中,C_i称为相似指标(或称相似指数),它是相似系数的特定关系式。

若将式(5-5)移项可得如下形式:

$$\frac{F_1}{m_1 a_1} = \frac{C_m C_a}{C_F} = \frac{1}{C_i} = 1 \tag{5-7}$$

同理由式(5-5)可得

$$\frac{F_2}{m_2 a_2} = 1 \tag{5-8}$$

则

$$\frac{F_1}{m_1 a_1} = \frac{F_2}{m_2 a_2} = \frac{F}{ma} = K = idem \tag{5-9}$$

式中,K为各物理量之间的常数,称为相似现象的相似判据或称相似不变量,它是相似物理体系的物理量的特定组合关系式;$idem$为同一个数的意思。

由式(5-9)可见,两相似现象中,它们对应的质点上的各物理量虽然是 $F_1 \neq F_2$,$m_1 \neq m_2$,$a_1 \neq a_2$ 等,但它们的组合量 F/ma 的数值保持不变,这就是"两物理量相似其相似指标等于1"的等价条件。总之,由牛顿第二定律为例可得相似指标和相似判据的关系如下:

$$\left.\begin{array}{l} 牛顿第二定律 \qquad F = ma \\[2mm] 相似系数 \qquad C_F = \dfrac{F_2}{F_1}, C_m = \dfrac{m_2}{m_1}, C_a = \dfrac{a_2}{a_1} \\[3mm] 相似指标 \qquad \dfrac{C_F}{C_m C_a} = 1 \\[3mm] 相似判据 \qquad \dfrac{F}{ma} = idem \end{array}\right\} \tag{5-10}$$

物理现象总是服从某一规律,这一规律可用相关物理量的数学方程式来表示。当现象相似时,各物理量的相似常数之间应该满足相似指标等于 1 的关系。应用相似常数的转换,由方程式转换所得相似判据的数值必然相同,即无量纲的相似判据在所有相似系统中都是相同的。

5.1.2.2　相似第一定理——相似判据的确定

相似第二定理可表述为:表示一现象的各物理量之间的关系方程式,都可换算成无量纲的相似判据方程式。该定理又称为 π 定理。

这样，在彼此相似现象中，其相似判据可不必用相似常数导出，只要将各物理量之间的方程式转换成无量纲方程式的形式，其方程式的各项就是相似判据。例如，一等截面直杆，两端受有一偏心距为 L 的轴向力 F，则其外侧面的应力 σ 可表示为

$$\sigma = \frac{F}{A} + \frac{FL}{W} \tag{5-11}$$

式中，A 为杆的截面面积；W 为抗弯截面模量。

用 σ 除式(5-11)两端得

$$1 = \frac{F}{\sigma A} + \frac{FL}{W\sigma} \tag{5-12}$$

式(5-12)即为无量纲方程式，其中 $F/\sigma A$、$FL/W\sigma$ 就是相似判据。

若有这种类型的两个相似现象，它们的无量纲式分别为

第一个现象：
$$\frac{F_1}{\sigma_1 A_1} + \frac{F_1 L_1}{W_1 \sigma_1} = 1 \tag{5-13a}$$

第二个现象：
$$\frac{F_2}{\sigma_2 A_2} + \frac{F_2 L_2}{W_2 \sigma_2} = 1 \tag{5-13b}$$

因为两现象相似，各物理量之间的关系式为

$$F_2 = C_F F_1, A_2 = C_A A_1, L_2 = C_L L_1, s_2 = C_1, W_2 = C_W W_1$$

将上述关系代入式(5-13b)得

$$\frac{C_F}{C_\sigma C_A} \cdot \frac{F_1}{\sigma_1 A_1} + \frac{C_F C_L}{C_\sigma C_W} \cdot \frac{F_1 L_1}{W_1 \sigma_1} = 1 \tag{5-13c}$$

对比式(5-13a)和式(5-13b)可知，要使两现象相似，则必须有

$$\left.\begin{array}{l} C_1 = \dfrac{C_F}{C_\sigma C_A} = 1 \\[3mm] C_2 = \dfrac{C_F C_L}{C_\sigma C_W} = 1 \end{array}\right\} \tag{5-14}$$

根据相似第一定理可知，C_1、C_2 都是彼此相似现象的相似指标，将各相似关系及各物理量代入式(5-14)得

$$\frac{F_2}{F_1} \div \left(\frac{\sigma_2}{\sigma_1} \times \frac{A_2}{A_1} \right) = 1 \tag{5-15}$$

即

$$\frac{F_2}{\sigma_2 A_2} = \frac{F_1}{\sigma_1 A_1} = \frac{F}{\sigma A} = K_1 = idem \tag{5-16}$$

又

$$\frac{F_2 L_2}{F_1 L_1} \div \frac{\sigma_2 W_2}{\sigma_1 W_1} = 1 \tag{5-17}$$

即

$$\frac{F_2 L_2}{\sigma_2 W_2} = \frac{F_1 L_1}{\sigma_1 W_1} = \frac{FL}{\sigma W} = K_2 = idem \tag{5-18}$$

由以上看出，无量纲方程中的各项，即是相似判据。

如果现象的描述用偏微分方程描述，则相似第二定理可将偏微分方程无量纲化，从而将

有量纲的偏微分方程变换为无量纲的常微分方程,使之易于求解,这种方法广泛用于数学方程式的理论分析中。常用 π 定理将各物理量之间的方程式转换成无量纲方程式的形式,其应用将在下文中做详细介绍。

5.1.2.3　相似第三定理——相似现象的必要和充分条件

相似第一定理阐述了相似现象的性质及各物理量之间存在的关系,相似第二定理证明了描述物理过程的方程经过转换后可由无量纲综合数群的关系式来表示,相似现象的方程形式应相同,其无量纲数也应相同。第一、二定理是把物理现象相似作为已知条件的基础上,说明相似现象的性质,故称为相似正定理,是物理现象相似的必要条件,但如何判别两现象是否相似呢? 1930 年,苏联科学家 M. B. 基尔皮契夫和 A. A. 古赫曼提出的相似第三定理补充了前面两个定理,是相似理论的逆定理,提出了判别物理现象相似的充分条件:在几何相似系统中,具有相同文字符号的关系方程式,单值条件相似,且由单值条件组成的相似准数相等,则两物理现象是相似的。简单地说,现象的单值量相似,则两物理量现象相似。

单值条件是指从一群现象中把某一具体现象从中区分处理的条件。单值条件相似应包括几何相似、物理相似、边界条件相似、力学相似、初始条件相似。所谓单值量,是指单值条件中所包含的各物理量,如力学现象中的尺寸、弹性模量、面积力、体积力等。因此,各单值量相似,当然包括各单值量的单值条件也就相似,则两现象自然相似。综上所述,用以判断相似现象的是相似判据,它描述了相似现象的一般规律。所以,在进行模型试验之前,总是要先求得被研究对象的相似判据,然后按照相似判据确定的相似关系开展模型设计、试验测试和数据整理等工作。

5.1.2.4　相似条件

前面已经提到,不同的物理体系有着不同的变化过程,物理过程可用一定的物理量来描述。物理体系的相似是指在两个几何相似的物理体系中,进行着同一物理性质的变化过程,并且各体系中对应点上的同名物理量之间存在固定的相似常数。

两个相似的物理体系之间一般存在以下几方面的相似条件。

1. 几何相似

几何相似是指原型和模型的外形相似,对应边成比例、对应角相等,如图 5-2 所示。

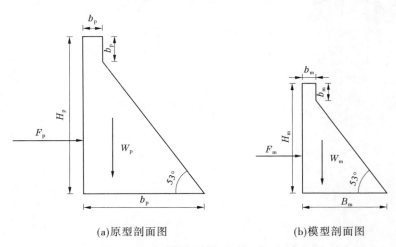

(a)原型剖面图　　　(b)模型剖面图

图 5-2　某重力坝原、模型剖面图

两个重力坝剖面相似,则有

$$\frac{H_\mathrm{p}}{H_\mathrm{m}} = \frac{B_\mathrm{p}}{B_\mathrm{m}} = \frac{h_\mathrm{p}}{h_\mathrm{m}} = C_L \qquad \frac{\theta_\mathrm{p}}{\theta_\mathrm{m}} = C_\theta \tag{5-19}$$

两个几何相似的体系就是同一几何体系通过不同的比例放大或缩小而得,常见的相似常数有:

$$\left.\begin{array}{l} C_L = \dfrac{L_\mathrm{p}}{L_\mathrm{m}} \\[3mm] C_\theta = \dfrac{\theta_\mathrm{p}}{\theta_\mathrm{m}} \end{array}\right\} \tag{5-20}$$

式中,L 为某一线段的长度;θ 为两条边的夹角;C_L、C_θ 为几何相似常数或几何比尺;下标 p 表示原型,m 表示模型(下同)。

2. 物理相似

物理相似是指原型和模型材料的物理力学性能参数相似,常见的相似常数有

应力相似常数 $\qquad\qquad C_\sigma = \dfrac{\sigma_\mathrm{p}}{\sigma_\mathrm{m}}$

应变相似常数 $\qquad\qquad C_\varepsilon = \dfrac{\varepsilon_\mathrm{p}}{\varepsilon_\mathrm{m}}$

位移相似常数 $\qquad\qquad C_\delta = \dfrac{\delta_\mathrm{p}}{\delta_\mathrm{m}}$

弹性模量相似常数 $\qquad\quad C_E = \dfrac{E_\mathrm{p}}{E_\mathrm{m}}$

$$\tag{5-21}$$

泊松比相似常数 $\qquad\quad C_\mu = \dfrac{\mu_\mathrm{p}}{\mu_\mathrm{m}}$

体积力相似常数 $\qquad\quad C_X = \dfrac{X_\mathrm{p}}{X_\mathrm{m}}$

密度相似常数 $\qquad\qquad C_\rho = \dfrac{\rho_\mathrm{p}}{\rho_\mathrm{m}}$

容重相似常数 $\qquad\qquad C_\gamma = \dfrac{\gamma_\mathrm{p}}{\gamma_\mathrm{m}}$

3. 力学相似

所谓力学相似,是指相似结构物对应点所受力的作用方向相同,力的大小成比例。以图 5-2 中坝上作用的力为例,有

$$\frac{F_\mathrm{p}}{F_\mathrm{m}} = \frac{W_\mathrm{p}}{W_\mathrm{m}} = \cdots = C_F \tag{5-22}$$

式中,F_p、F_m 为水推力;W_p、W_m 为坝体自重。

常见的力学相似常数有

重力	$F_{\gamma} = \gamma L^3$
重力相似常数	$C_{F_{\gamma}} = C_{\gamma} C_l^3$
惯性力	$F_a = Ma = \dfrac{\rho L^4}{t^2}$
惯性力相似常数	$C_{F_a} = C_{\rho} C_l^4 C_t^{-2}$
弹性力	$F_e = E \varepsilon A$
弹性力相似常数	$C_{F_e} = C_E C_{\varepsilon} C_l^2$

$$(5-23)$$

4. 边界条件相似

要求模型与原型在与外界接触的区域内的各种条件(包括支撑条件、约束条件、边界荷载和周围介质等)保持相似。

5. 初始条件相似

对于动态过程,各物理量在某瞬间的值一方面取决于该现象的变化规律;另一方面取决于初始条件,即各变量的初始值,如初始位移、初始速度及加速度等。

完全满足各种相似条件的模型称为完全相似模型。实际上,获得完全相似模型是很困难的,一般只能根据研究重点满足主要的相似条件实现基本相似。

5.1.3 相似关系分析方法

要保持原型和模型相似,必须使某个或某几个特定的相似系数相等(或相似指标等于1)。确定了相似系数,各物理量的相似常数之间就建立了一定的关系,选择模型试验中各物理量的比尺也就有了可遵循的规则。

因此,研究两体系相似的一个主要问题,就是找出必须保持为同量的相似系数。确定相似系数的方法一般有如下三种:

(1)根据相似定义,相似体系中同名物理量之间成一固定的比例。对力学体系,我们就根据某体系中不同的作用力之间所保持的固定关系,寻求表示这种体系主要特征的相似系数。主要用牛顿普遍相似定律。

(2)研究体系中各物理因素的量的因次之间的关系,得出一系列无因次的相似系数,这就是因次分析法。

(3)分析描述这种体系的物理方程式——这类相似体系必须共同遵守的量的规律,得出相似系数。

下面分别对这三种方法进行介绍。

5.1.3.1 牛顿普遍相似定律

两个几何相似的体系中对应点上的力互相平行,且互成比例(就是对应的力之间有一定的相似常数),则这两个体系是力学相似的。

力学现象常常很复杂,要研究现象的相似,必须从这类现象所共同遵守的规律出发。某一具体的动力现象遵循某些具体的规律,而力学现象(指经典力学范围内的现象)的最一般的规律是牛顿定律,其中具体规定了量的关系是牛顿第二定律,即

$$F = M \frac{\mathrm{d}v}{\mathrm{d}t} \tag{5-24}$$

对第一体系有

$$F_1 = M_1 \frac{\mathrm{d}v_1}{\mathrm{d}t_1} \tag{5-25}$$

对第二体系有

$$F_2 = M_2 \frac{\mathrm{d}v_2}{\mathrm{d}t_2} \tag{5-26}$$

令各同名物理量之间的相似常数各为 C_F、C_M、C_v 和 C_t，代入以上方程式得

$$C_F F_2 = C_M M_2 \frac{C_v \mathrm{d}v_2}{C_t \mathrm{d}t_2} \tag{5-27}$$

$$\frac{C_F C_t}{C_M C_v} F_2 = M_2 \frac{\mathrm{d}v_2}{\mathrm{d}t_2} \tag{5-28}$$

式中，左端的系数显然应等于 1，即

$$C_i = \frac{C_F C_t}{C_M C_v} = 1 \tag{5-29}$$

这就是力学体系的相似指标。

$$\frac{C_F C_t}{C_M C_v} = 1$$

也就是

$$\frac{F_1 t_1}{M_1 v_1} \bigg/ \frac{F_2 t_2}{M_2 v_2} = 1 \quad 或 \quad \frac{F_1 t_1}{M_1 v_1} = \frac{F_2 t_2}{M_2 v_2}$$

如果推广到其他相似体系，则有

$$\frac{F_1 t_1}{M_1 v_1} = \frac{F_2 t_2}{M_2 v_2} = \frac{F_3 t_3}{M_3 v_3} = \cdots \tag{5-30}$$

或

$$\frac{Ft}{Mv} = idem \tag{5-31}$$

因此，所有相似体系中 Ft/Mv 都应等于同一数值。这一数值称为相似准数或相似判据。相似准数相同是物理体系相似的必要条件。

相似指标和相似准数所表示的意义是一致的。以各物理量的相似常数组合起来的乘积——相似指标等于 1，就是以这些物理量按同一结构形式组合起来的乘积——相似准数等于同一量。如果有

$$\frac{C_F C_t}{C_M C_v} = 1 \tag{5-32}$$

则有

$$\frac{Ft}{Mv} = idem \tag{5-33}$$

如果有

$$\frac{C_A C_B^2}{C_C C_D^3} = 1 \tag{5-34}$$

则有

$$\frac{AB^2}{CD^3} = idem \tag{5-35}$$

Ft/Mv 这一准数表示了牛顿的相似律,准数的形式还可以进行变换。准数中包含质量 M,但所研究的对象常不是单个的质点,而是连续介质。某一部分连续介质的质量和它的体积有关,所以用密度 ρ 乘以体积 L^3 来表示质量是很方便的。时间 t 也是体系运动的坐标,也可用 L/v 表示,因 L 和 v 是体系本身的几何特性和运动特性。将如下变换:

$$C_M = C_\rho C_L^3 \qquad C_v = \frac{C_L}{C_t} \tag{5-36}$$

代入式(5-32)得

$$C_F = C_\rho C_L^2 C_v^2 \tag{5-37}$$

即

$$\frac{F_1}{F_2} = \frac{\rho_1 L_1^2 v_1^2}{\rho_2 L_2^2 v_2^2} \qquad \frac{F_1}{\rho_1 L_1^2 v_1^2} = \frac{F_2}{\rho_2 L_2^2 v_2^2} = \cdots = K \tag{5-38}$$

或

$$K = \frac{F}{\rho L^2 v^2} = idem \tag{5-39}$$

K 就是从牛顿第二定律导出的力学体系的相似准数,称为牛顿数 Ne,即

$$Ne = \frac{F}{\rho L^2 v^2} = idem \tag{5-40}$$

这一准数表明,在力学相似的体系中,对应的力之间的比例与其对应长度的平方,对应速度的平方和对应密度的一次方的乘积之间的比例相同,这就是牛顿普遍相似律。将牛顿普遍相似律中的惯性力与各种力相比,就可求得使各种力保持相似所需满足的判据。以重力相似准则为例,在体系处于重力作用下时,重力 $F = mg$,其与惯性力相比,由式(5-35)推导如下:

$$C_F = C_m C_g = C_\rho C_L^2 C_v^2 = C_\rho C_L^3 C_g \tag{5-41}$$

$$\frac{C_\rho C_L^2 C_v^2}{C_\rho C_L^3 C_g^2} = 1 \tag{5-42}$$

$$\frac{C_v^2}{C_L C_g} = 1 \qquad \frac{v^2}{gL} = idem \qquad \frac{v}{\sqrt{gL}} = Fr \tag{5-43}$$

这一判据称为弗劳德数。对重力作用下的相似体系,它们的弗劳德数必须相同。这种方法在水力学中比较常见,雷诺数 Re 及韦伯数 We 的相似判据均可由这种方法得到。

5.1.3.2 齐次原理与白金汉 π 理论

1. 量纲齐次原理

1)量纲的基本概念

各种物理量的数值要经过量测并用各种度量单位来表示。所谓对某一物理量的"量测",就是先制定或选定一个单位,再把该物理量同这个单位比较,得一倍数。一个物理量 E 就是一个数值 e 和一个单位 U 结合在一起来表示。如质量 5 千克就是一个数值"5"和一个单位"千克"合在一起表示了这一物理量(质量)的大小。如果单位改变,则数值也相应地改

变,但这个物理量不变。客观事实不因我们人为选定的量度标准而改变。例如,一长度为 3 m,如果单位减小到原来的 1/100,改为 cm,则数值放大 100 倍,由 3 变为 300,但这个物理量并不改变,300 cm 和 3 m 所表示的是同一长度。

自然现象的变化有一定的规律,各个物理量并不是互不相关的,而是处在符合这些规律的一定关系之中。当我们还不知道物理现象的物理量间的关系,但已知影响该物理现象的物理量时,可用量纲分析法模拟该物理量。一般选择几个物理量的单位,就能求出其他物理量的单位。我们把这几个物理量叫作基本物理量,基本物理量的单位叫作基本单位。量纲是物理学中的一个重要概念。将一个物理导出量用若干个基本量的乘方之积表示出来的表达式,称为该物理量的量纲式,简称量纲。量纲又称为因次,它是在选定了单位制之后,由基本物理量单位表达的式子。它可以定性地表示出物理量与基本量之间的关系,可以有效地用来进行单位换算,检查物理公式的正确与否,还可以通过它来推知某些物理规律。

2)基本量纲和导出量纲

在国际单位制(SI)中,七个基本物理量长度、质量、时间、电流、热力学温度、物质的量、发光强度的量纲符号分别是 L、M、T、I、Θ、N 和 J。按照国家标准(GB 3101—93),物理量 Q 的量纲记为 $\dim Q$,国际物理学界沿用的习惯记为 $[Q]$。在工程中一般采用长度 L、力 F 和时间 T 作为基本物理量,某物理量 K 的量纲式可用如下的符号表示:

$$[K] = [L^{\alpha}F^{\beta}T^{\gamma}] \tag{5-44}$$

式中,α、β 和 γ 分别为物理量 K 对长度 L、力 F 和时间 T 的量纲。

静力结构模型试验中常用物理量如表 5-1 所示。

表 5-1　常用物理量及其单位表

物理量		符号	量纲	单位名称	米制(米千克力秒制)			单位名称	国际单位制		导出单位
					单位符号		导出单位		单位符号		
					中文	国际			中文	国际	
基本物理量	长度	L	$[L]$	米	米	m		米	米	m	
	时间	T	$[T]$	秒	秒	s		秒	秒	s	
	力	F	$[F]$	公斤力	公斤力	kgf		牛顿	牛[顿]	N	
导出物理量	应力	σ	$[FL^{-2}]$				kgf/m²	帕斯卡	帕[斯卡]	Pa	N/m²
	密度	ρ	$[FT^2L^{-4}]$				kgf·s²/m²				N·s²/m²
	比重	G	$[FL^3]$				kgf/m²				N/m³
	应变	ε									
	泊松比	μ									

3)无量纲量或量纲为零

某些物理量与三个基本单位都无关,如应变 ε、泊松比 μ、摩擦系数 f、角度 θ 等,这些物理量叫作无量纲量。另外,还有一些物理量与三个基本单位中的某一个无关,便可说这个物理量的单位对该基本单位的量纲为零。例如,应力 σ 对时间 T 的量纲为零等。

4) 量纲的齐次原理或量纲的和谐性

先举两个例子。牛顿第二定律公式 $F = ma$ 的量纲:左边量纲为 $[F]$;右边的量纲为 $[m] \cdot [a] = [F \cdot L^{-1} \cdot T^2] \cdot [L \cdot T^{-2}] = [F]$。

简支梁受均布荷载 q 作用下的挠度公式 $y = \dfrac{qx}{24EI}(x^3 + l^3 - 2lx^2)$ 的量纲:等式左边的量纲为 $[y] = [L]$;等式右边的量纲为 $\left[\dfrac{qx}{EI}\right] \cdot [x^3] = [q] \cdot [x] \cdot [E^{-1}] \cdot [I^{-1}][x^3] = [FL^{-1}] \cdot [L] \cdot [F^{-1}L^2] \cdot [L^{-4}] \cdot [L^3] = [L]$。式中,$L$ 为简支梁长度;E 为弹性模量;I 为惯性矩。

从以上两个例子的量纲分析可以看出:

(1)不管物理方程的形式如何,等式两端的量纲式相同。不难理解,在一个物理方程中,不能把以长度计的物理量和以时间计的物理量来相加或相减。

(2)一个由若干项之和(或之差)组成的物理方程组,所包含的各项的量纲相同。

(3)物理方程式中所包含的导出量的量纲,当用基本的量纲表示后,则方程式各项的量纲组合应相同。

(4)任一有量纲的物理方程可以改写为量纲为 1 的项组成的方程而不会改变物理过程的规律性。

以上便是量纲的齐次原理,或称量纲的和谐性。

量纲分析法,就是利用量纲之间的和谐性去推求各物理量之间的规律性的方法。

2. 白金汉 π 理论

任一物理过程,包含有 $k + 1$ 个有量纲的物理量,如果选择其中 m 个作为基本物理量,那么该物理过程可以由 $[(k+1) - m]$ 个量纲为 1 的数所组成的关系式来描述。因为这些量纲为 1 的数用 π 来表示,故称为 π 定理。π 定理又称为白金汉定理。

设已知某物理过程含有 $k + 1$ 个物理量(其中一个因变量,k 个自变量),我们不知道这些物理量之间所构成的函数关系式,但可以写成一般的表达式为

$$N = f(N_1, N_2, N_3, \cdots, N_k) \tag{5-45}$$

则各物理量 $N, N_1, N_2, N_3, N_4, N_5, \cdots, N_k$ 之间的关系可用下列普遍方程式来表示

$$N = \sum_i \alpha_i (N_1^{a_i}, N_2^{b_i}, N_3^{c_i}, N_4^{d_i}, N_5^{e_i}, \cdots, N_k^{n_i}) \tag{5-46}$$

式中,α 为量纲一的系数;i 为项数;$a, b, c, d, e, \cdots, n$ 为指数。

假设我们选用 N_1、N_2、N_3 三个物理量的量纲做基本量纲,则各物理量的量纲均可用该三个基本物理量的量纲来表示:

$$\left.\begin{aligned} N &= N_1^x \cdot N_2^y \cdot N_3^z \\ N_1 &= N_1^{x_1} \cdot N_2^{y_1} \cdot N_3^{z_1} \\ N_2 &= N_1^{x_2} \cdot N_2^{y_2} \cdot N_3^{z_2} \\ N_3 &= N_1^{x_3} \cdot N_2^{y_3} \cdot N_3^{z_3} \\ N_4 &= N_1^{x_4} \cdot N_2^{y_4} \cdot N_3^{z_4} \\ &\vdots \\ N_k &= N_1^{x_k} \cdot N_2^{y_k} \cdot N_3^{z_k} \end{aligned}\right\} \tag{5-47}$$

或写成普通方程式:

$$\left.\begin{array}{rcl}
N &=& \pi N_1^x \cdot N_2^y \cdot N_3^z \\
N_1 &=& \pi_1 N_1^{x_1} \cdot N_2^{y_1} \cdot N_3^{z_1} \\
N_2 &=& \pi_2 N_1^{x_2} \cdot N_2^{y_2} \cdot N_3^{z_2} \\
N_3 &=& \pi_3 N_1^{x_3} \cdot N_2^{y_3} \cdot N_3^{z_3} \\
N_4 &=& \pi_4 N_1^{x_4} \cdot N_2^{y_4} \cdot N_3^{z_4} \\
&\vdots& \\
N_k &=& \pi k N_1^{x_k} \cdot N_2^{y_k} \cdot N_3^{z_k}
\end{array}\right\} \tag{5-48}$$

式中,$\pi,\pi_1,\pi_2,\pi_3,\pi_4,\cdots,\pi_k$ 为量纲 1 的比例系数。

由量纲的和谐性可知式(1.3.1 – 13)方程组各式等号两边的量纲应相等,因此方程组第二式的 $x_1 = 1, y_1 = 0, z_1 = 0$,得 $N_1 = \pi_1 \cdot N_1$,故 $\pi_1 = 1$,即 $N_1 = 1 \cdot N_1$。

同理,第三式 $N_2 = \pi_2 \cdot N_2$,故 $\pi_2 = 1$,即 $N_2 = 1 \cdot N_2$。

第四式 $N_3 = \pi_3 \cdot N_3$,故 $\pi_3 = 1$,即 $N_3 = 1 \cdot N_3$。

这就是说,我们选作基本物理量的三个 π 均等于 1,这样式(5-48)可写作:

$$\left.\begin{array}{rcl}
N &=& \pi N_1^x \cdot N_2^y \cdot N_3^z \\
N_1 &=& \pi_1 N_1 = 1 \cdot N_1 \\
N_2 &=& \pi_2 N_2 = 1 \cdot N_2 \\
N_3 &=& \pi_3 N_3 = 1 \cdot N_3 \\
N_4 &=& \pi_4 N_1^{x_4} \cdot N_2^{y_4} \cdot N_3^{z_4} \\
&\vdots& \\
N_k &=& \pi_k N_1^{x_k} \cdot N_2^{y_k} \cdot N_3^{z_k}
\end{array}\right\} \tag{5-49}$$

将式(5-49)代入式(5-46)得

$$\begin{aligned}
N &= \pi N_1^x \cdot N_2^y \cdot N_3^z \\
&= \sum_i \alpha_i \big[1 \cdot 1 \cdot 1 \cdot \pi_4^{d_i} \cdot \pi_5^{e_i} \cdot L \cdot \pi_n^{k_i} \cdot N_1^{(a_i + x_4 d_i + x_5 e_i + \cdots + x_k n_i)} \cdot \\
&\qquad N_2^{(b_i + y_4 d_i + y_5 e_i + \cdots + y_k n_i)} \cdot N_2^{(c_i + z_4 d_i + z_5 e_i + \cdots + z_k n_i)} \big]
\end{aligned} \tag{5-50}$$

由于量纲的和谐性,上式等号右边每一项的量纲都应与等号左边的量纲相同,即

$$N_1^x \cdot N_2^y \cdot N_3^z = N_1^{(a_i + x_4 d_i + x_5 e_i + \cdots + x_k n_i)} \cdot N_2^{(b_i + y_4 d_i + y_5 e_i + \cdots + y_k n_i)} \cdot N_3^{(c_i + z_4 d_i + z_5 e_i + \cdots + z_k n_i)} \tag{5-51}$$

由此可得

$$\left.\begin{array}{rcl}
a_i + x_4 d_i + x_5 e_i + \cdots + x_k n_i &=& x \\
b_i + y_4 d_i + y_5 e_i + \cdots + y_k n_i &=& y \\
c_i + z_4 d_i + z_5 e_i + \cdots + z_k n_i &=& z
\end{array}\right\} \tag{5-52}$$

将式(5-52)代入式(5-50),得

$$N = \pi N_1^x \cdot N_2^y \cdot N_3^z = \sum_i \alpha_i \big[1 \cdot 1 \cdot 1 \cdot \pi_4^{d_i} \cdot \pi_5^{e_i} \cdots \pi_n^{k_i} \cdot N_1^x \cdot N_2^y \cdot N_3^z \big] \tag{5-53}$$

以 $N^x \cdot N^y \cdot N^z$ 除上式各项,得

$$\pi = \sum_i \alpha_i \big[1 \cdot 1 \cdot 1 \cdot \pi_4^{d_i} \cdot \pi_5^{e_i} \cdots \pi_n^{k_i} \big] \tag{5-54}$$

上式也可写成

$$\pi = f[\,1 \cdot 1 \cdot 1 \cdot \pi_4 \cdot \pi_5 \cdots \pi_n\,] \tag{5-55}$$

式中量纲 1 的数可应用式(5-56)来求,即

$$\pi = \frac{N_k}{N_1^{x_k} N_2^{y_k} N_3^{z_k}} \tag{5-56}$$

式中,N_1,N_2,N_3 为三个基本物理量;x_k,y_k,z_k 可由分子与分母的量纲相等来确定。式(5-56)就是白金汉 π 定理。

π 定理告诉我们,如果物理现象规定的物理量有 n 个,其中 k 个是基本物理量,则独立的纯数有 $(n-k)$ 个。我们把无量纲数叫纯数。这些独立的纯数也叫 π 项。

现以承受一个集中荷载的悬臂梁(见图5-3)为例,来说明如何应用 π 定理求相似判据。

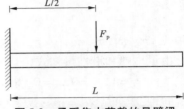

图 5-3　承受集中荷载的悬臂梁

(1)用 π 定理求梁挠度的相似判据,已知 $y = f(F, L,M,E,I)$。

(2)若 $C_E = 5, C_L = 6$ 时,求 $F_m = ?$

已知梁挠度公式表示为

$$y = f(F,L,M,E,I) \tag{5-57}$$

式中,y 为位移;F 为集中荷载;L 为悬臂梁长度;M 为弯矩;E 为材料的弹性模量,I 为惯性矩。

其量纲式为

$$[y] = [L], [F] = [F], [L] = [L], [M] = [FL], [E] = [FL^{-2}], [I] = [L^4]$$

由于基本物理量为力和长度,所以只可能有 $6-2=4$ 个独立的纯数,并且可写成函数关系:

$$f(\pi_1,\pi_2,\pi_3,\pi_4) = 0 \tag{5-58}$$

任选 M 和 F 为不能组成独立纯数的量,则

$$\pi_1 = \frac{y}{M^\alpha F^\beta} \rightarrow \frac{[L^{(1-\alpha)}]}{[F^{(\alpha+\beta)}]} \tag{5-59}$$

$$\pi_2 = \frac{L}{M^\alpha F^\beta} \rightarrow \frac{[L^{(1-\alpha)}]}{[F^{(\alpha+\beta)}]} \tag{5-60}$$

$$\pi_3 = \frac{E}{M^\alpha F^\beta} \rightarrow \frac{[L^{(-2-\alpha)}]}{[F^{(\alpha+\beta-1)}]} \tag{5-61}$$

$$\pi_4 = \frac{I}{M^\alpha F^\beta} \rightarrow \frac{[L^{(4-\alpha)}]}{[F^{(\alpha+\beta)}]} \tag{5-62}$$

因为 π_1、π_2、π_3、π_4 为独立的纯数,所以 L 和 F 的指数应该为零,因此可求得 α 和 β 的数值,并得到

$$\pi_1 = \frac{y}{MF^{-1}} = \frac{F}{M}y \tag{5-63}$$

$$\pi_2 = \frac{F}{M}L \tag{5-64}$$

$$\pi_3 = \frac{EM^2}{F^3} \tag{5-65}$$

$$\pi_4 = \frac{F^4}{M^4}I \tag{5-66}$$

由梁的应力公式可推断:

$$0 = \varphi(F, M, L) \tag{5-67}$$

显然只可能有两个独立的纯数 π_5 和 π_6,因此可得

$$\varphi(\pi_5, \pi_6) = 0 \tag{5-68}$$

又任选 M 和 L 为不能组成独立纯数的量,则有

$$\left. \begin{aligned} \pi_5 &= \frac{\sigma}{M^\alpha F^\beta} \rightarrow \frac{[L^{(-2-\alpha)}]}{[F^{(\alpha+\beta-1)}]} \\ \pi_6 &= \frac{L}{M^\alpha F^\beta} \rightarrow \frac{[L^{(1-\alpha)}]}{[F^{(\alpha+\beta)}]} \end{aligned} \right\} \tag{5-69}$$

又因为 π_5 和 π_6 为独立的纯数,所以 L 和 F 的指数应为零,由此可求得 α 和 β 的数值,并得到:

$$\left. \begin{aligned} \pi_5 &= \frac{\sigma}{M^{-2}F^3} = \frac{\sigma M^2}{F^3} \\ \pi_6 &= \frac{F}{M}L \end{aligned} \right\} \tag{5-70}$$

因此,由式(5-69)及式(5-70)可得如下相似关系式:

$$\left. \begin{aligned} \frac{F_m}{M_m}y_m &= \frac{F_p}{M_p}y_p \\ \frac{F_m}{M_m}L_m &= \frac{F_p}{M_p}L_p \\ \frac{M_m^2}{F_m^3}E_m &= \frac{M_p^2}{F_p^3}E_p \\ \frac{F_m^4}{M_m^4}I_m &= \frac{F_p^4}{M_p^4}I_p \\ \frac{\sigma_m M_m^2}{F_m^3} &= \frac{\sigma_p M_p^2}{F_p^3} \end{aligned} \right\} \tag{5-71}$$

由式(5-71)得

$$\frac{M_p}{M_m} = \frac{F_p}{F_m}C_L \tag{5-72}$$

将式(5-72)代入式(5-71)得

$$\frac{F_p}{F_m} = C_E C_L^2 \rightarrow F_m = \frac{F_p}{C_E C_L^2} \tag{5-73}$$

$$\frac{y_p}{y_m} = \frac{F_m M_p}{F_p M_m} = \sqrt{\frac{E_m F_p}{E_p F_m}} \tag{5-74}$$

量纲分析的优点在于可根据经验公式进行模型设计。由于上述公式的基本物理量中只有一个长度物理量,所以量纲分析只适用于几何相似的结构模型。

5.1.3.3 方程分析法

方程分析法中所用的方程主要是指微分方程,此外也有积分方程、积分–微分方程。这

种方法的优点是：结构严密，能反映现象最为本质的物理定律，故可指望在解决问题时结论可靠，分析过程程序明确，分析步骤易于检查，各种成分的地位一览无遗，有利于推断、比较和校验。

通过科学试验和理论研究，人们已经找到某些物理现象中各物理量之间的函数关系，即物理定律，对于这些物理现象应在模型上重现这个物理定律。线弹性体弹性力学是变形体力学中已经比较完善的学科。可以说，弹性力学已给出了受载线弹性体各物理量的函数关系。因此，可从弹性力学的基本方程求出相似判据。

5.1.4 大坝模型试验的相似关系

5.1.4.1 结构模型试验的相似关系

大坝结构模型试验分为结构线弹性应力模型试验和结构模型破坏试验。

1. 结构线弹性应力模型试验的相似关系

结构线弹性应力模型试验可以简称为线弹性模型试验。通常通过这种模型试验来研究水工混凝土建筑物在正常或非正常工作条件下的结构性态，即研究在基本或特殊荷载组合作用下，建筑物（例如坝体）的应力和变形状态。这是经常采用的一种很重要的模型试验，它能反映出建筑物的实际工作状态，可为工程设计和科学研究工作提供可靠的试验数据。

从模型弹性阶段的相似关系的推导可知，线弹性模型需要满足相似条件，其相似判据有：

（1）$\dfrac{C_\sigma}{C_X C_L} = 1$；

（2）$C_\mu = 1$；

（3）$\dfrac{C_\varepsilon C_E}{C_\sigma} = 1$；

（4）$\dfrac{C_\varepsilon C_L}{C_\delta} = 1$；

（5）$\dfrac{C_{\bar{\sigma}}}{C_\sigma} = 1$。

其中，混凝土坝在自重和水压力作用下的相似判据有：

（1）$C_\gamma = C_\rho$；

（2）$C_\sigma = C_\gamma C_L$；

（3）$C_\varepsilon = \dfrac{C_\gamma C_L}{C_E}$；

（4）$C_\delta = \dfrac{C_\gamma C_L^2}{C_E}$。

概括地说，线弹性模型除要满足几何相似和荷载强度相似条件外，还要满足原型和模型材料性能在弹性阶段相似的要求，即原型和模型材料的弹性模量 E 和泊松比 μ 应满足相似条件。具体地说，原型和模型材料的泊松比应该相等，即 $\mu_p = \mu_m$。

当坝体和坝基的弹性模量不同时，如图 5-4 所示，必须满足的相似条件为

$$\frac{E_{1p}}{E_{1m}} = \frac{E_{2p}}{E_{2m}} = \frac{E_{3p}}{E_{3m}} = \frac{E_{4p}}{E_{4m}} = C_E \tag{5-75}$$

式中，E_{1p}，E_{1m}，$\cdots$，E_{4p}，E_{4m}分别为原型及模型的相应弹性模量值。

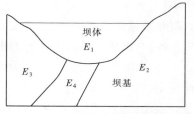

图5-4　坝体和坝基弹性模量
不同的结构模型

当坝基中有地质构造如断层、软弱带等时，对线弹性模型而言，必须考虑其弹性模量之间的相似关系，即C_E应为常数。

在线弹性模型中模拟具有不同弹性模量的结构或地基时，主要有两种方法：一种是研制不同弹性模量的材料并满足相似关系的要求；另一种是在模拟坝基的材料上穿孔以按需要降低其弹性模量，葡萄牙国家土木工程研究所就常用这种方法，这种方法的缺点是使坝基模型成为各向异性的介质，而且无法测定坝基的应力；其优点则是不论坝基和坝体弹性模量的比值如何，可以预先浇制大块体，便于雕制模型。

2. 结构模型破坏试验的相似关系

结构模型破坏试验与结构线弹性应力模型试验的不同点是模型的加荷不限制在结构模型材料的弹性范围内，而是继续加荷直至结构模型破坏而丧失承载能力为止。应该说，无论是结构的破坏还是地基的破坏都属于破坏试验，但本章讨论的破坏试验主要是指结构本身的破坏，而对于地基与其上部结构相互作用下的破坏试验，本书将其作为地质力学模型试验，并在下文进行介绍。

结构模型破坏试验的目的是研究水工建筑物结构本身的极限承载能力或安全度，以及在外荷载作用下结构的变形破坏机制及其演变过程，以确定结构的薄弱环节，从而对结构进行改进，使其各部分材料都能最大限度地发挥作用，或者对结构加固方案进行验证与优选。另外，引入断裂力学的原理研究水工建筑物（主要是拱坝）设置诱导缝后结构的应力、变形及开裂破坏特征，还可以对诱导缝的位置进行优选。

从模型塑性阶段的相似关系的推导可知，结构模型破坏试验需要满足相似条件，除了弹性阶段的相似判据，还应该满足如下相似判据：

(1) $\begin{cases} C_\varepsilon = 1 \\ C_\mu = 1 \\ C_\sigma = C_E \end{cases}$。

(2) $C_{\sigma_c} = C_{\sigma_t} = C_\tau = C_\sigma$。

(3) $C_c = C_\sigma$；$C_f = 1$。

式中，C_{σ_c}、C_{σ_t}分别为原型、模型材料的抗压强度、抗拉强度的相似系数；C_c、C_f分别为原型、模型材料的黏聚力（抗剪强度）和摩擦系数的相似常数。

另外，对于研究诱导缝的开裂问题，还应引进断裂力学的相似原理，即原型与模型的开裂条件相似，也就是满足原型和模型的应力强度因子比和断裂韧度比相似，即

$$\left. \begin{array}{l} C_{kI} = \dfrac{K_{Ip}}{K_{Im}} = \dfrac{K_{ICp}}{K_{ICm}} = \dfrac{F_p \sigma_p \sqrt{\pi a_p}}{F_m \sigma_m \sqrt{\pi a_m}} = C_F C_\sigma C_a^{1/2} \\[3mm] K_{Ip} = K_{ICp}, K_{Im} = K_{ICm} \end{array} \right\} \tag{5-76}$$

$$C_a = \frac{a_p}{a_m}$$

$$C_F = \frac{F_p}{F_m}$$

式中，K_I 为应力强度因子；K_{IC} 为材料的断裂韧度；C_a 为原、模型裂纹长度之比；C_F 为原、模型有限宽度修正系数之比，与裂纹的长度和间距有关。

5.1.4.2 地质力学模型试验的相似关系

与结构模型试验类似，地质力学模型试验也必须满足模型与原型之间的相似性要求，这是模型试验的理论依据。在前文中已对破坏试验的相似要求做详细说明，但是地质力学模型试验还需要模拟出岩体特性和岩体中的断层、破碎带、软弱带及节理裂隙等，相似要求较之其他类型的模型试验来说，更为复杂。它要满足工程结构及岩体的模型与原型之间线弹性模型和破坏模型的全部相似判据：

（1）一般来说，为了满足自重的模拟，地质力学模型在选取材料时，尽量满足原型、模型材料的容重相等，即

$$C_\gamma = 1 \tag{5-77}$$

式中，C_γ 为容重相似常数，这里的容重既包括坝体的容重，也包括岩体的容重。

（2）根据相似理论可知，模型破坏试验要求：

$$C_\varepsilon = 1, C_\varepsilon^0 = 1 \tag{5-78}$$

式中，C_ε 为应变相似常数；C_ε^0 为残余应变相似常数。

由此可导出相关的相似关系：

$$C_\sigma = C_E, C_\delta = C_L \tag{5-79}$$

式中，C_σ 为应力相似常数；C_E 为弹性模量相似常数；C_δ 为位移相似常数；C_L 为几何相似常数。

（3）地质力学模型试验是一种破坏试验，因此要求原型岩体与模型材料的应力应变关系曲线不仅在弹性阶段要相似，在超出弹性阶段后直至破坏为止均要相似，即实现全过程相似，包括强化阶段、软化阶段及残余强度。具体见图 5-5 中的 BC 段及 $B'C'$ 段以及 σ_c 和 $\sigma_{c'}$。

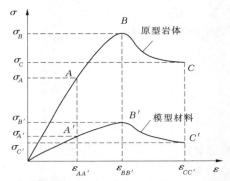

图 5-5 原型岩体与模型岩体材料的应力—应变关系

图中 A、A' 为两曲线上同一任意应变值 $\varepsilon_{AA'}$ 的对应点，σ_B、σ'_B 为峰值强度，σ_C、$\sigma_{C'}$ 为残余强度，有如下相似要求：

$$\frac{\sigma_A}{\sigma_{A'}} = \frac{\sigma_B}{\sigma_{B'}} = \frac{\sigma_C}{\sigma_{C'}} = C_\sigma \tag{5-80}$$

（4）对于原型中及模型中各构造面或软弱夹层之间的摩擦系数 f 及黏聚力 c，要求：

$$C_f = 1, C_c = C_\sigma \tag{5-81}$$

式中，C_f 为摩擦系数相似常数；C_c 为黏聚力相似常数；C_σ 为应力相似常数。

目前,国内的地质力学模型试验中采用小块体模型的较多,这类模型能够模拟岩体中有规律分布的主要节理裂隙组,能较好地模拟工程实际。但是在模型中为了保持模型与原型的相似,在模拟节理裂隙砌筑块体和选择模型材料方面,还需补充以下要求:

(1)岩体各方向节理裂隙出现的频度,模型与原型应相似。原型岩体单位长度内的裂隙数,在模型中各个方向减少的比值应相同。这是为了满足模型岩体非均匀等向性与原型岩体相似。

(2)模型中各组节理裂隙的连通率应与原型相同,各个节理裂隙面之间的摩擦系数、黏聚力或抗剪强度应满足相似条件。这是为了满足模拟过程中原型、模型的结构相似及强度相似。

(3)除要求模型材料与室内试验的岩石小试件(不包含裂隙)的物理力学性能相似外,还要求模型材料小块体组合体的性能与岩体的物理力学性能相似。这是为了实现模型从局部到整体的相似性,也是小块体地质力学模型试验中衡量是否满足相似条件的一项重要指标。

对地质力学模型试验的相似性要求,比常规的线弹性应力结构模型试验或建筑物的结构模型破坏试验的要求更为复杂。所以,要全部满足这些相似条件是十分困难的,甚至是不可能的。因此,通常都需进行适当的简化,并且还要根据岩体稳定的性质,保证一些主要区域及主要物理参数的模拟而放弃次要部分或参数的模拟。只有这样,才能使模型既能基本满足试验相似要求,又能切实可行。

5.2 大坝模型试验方法

大坝模型试验按作用荷载特性分为静力模型试验和动力模型试验。静力模型试验是研究建筑物在静荷载(包括水沙压力、自重和温度等荷载)作用下的稳定问题,动力模型试验主要考虑地震对工程作用的影响。本章主要介绍结构模型试验和地质力学模型试验的研究内容和主要类型,并对其他模型试验方法,如动力模型试验和离心模型试验做一简要介绍。

5.2.1 大坝结构模型试验

5.2.1.1 结构模型试验的意义和任务

随着有限元法的发展,电子计算机在结构应力分析中的运用越来越广泛,但因水工建筑物的结构特性、几何形状和边界条件等一般都较为复杂,特别是拱坝这类空间壳体结构,以及建筑在复杂地基上的水工建筑物的强度和稳定性问题,较难采用理论计算方法精确分析其应力、位移和安全度。为弥补理论计算的不足,常借助于结构模型试验来解决空间问题和验证理论计算成果的合理性、正确性,特别是当需要预测结构和地基发生破坏的条件,并确定防止破坏的安全系数时,结构模型试验是最有效的手段之一。在一定程度上可以说,正确的试验成果完全有可能作为确定建筑物尺寸、验证新的计算理论和评价新的设计方法的重要依据。

当然结构模型试验本身也还存在不少问题有待于解决。首先是模型材料尚不能做到与原型的力学特性完全相似;其次是对由于温度变化、地震及渗透压力等引起的应力状态,尚难准确地模拟等。这些问题有待于今后进一步探讨解决。

水工结构模型试验的任务是将作用在原型水工建筑物上的力学现象,按一定的相似关系,重演到模型上,从模型演示的与原型相似的力学现象中,采用电测技术量测应变,以确定其应力、位移及安全度,再通过相似关系换算到原型,则可求得原型建筑物上的力学特征,以此解决工程设计中提出的复杂结构问题。所以,水工结构模型试验是一项非常重要的有意义的试验研究工作。

5.2.1.2　结构模型试验的主要研究内容

结构模型试验的主要内容有:

(1)应力试验:研究水工建筑物在正常工作状态下的结构性态,也就是研究建筑物及基础在设计荷载作用下的应力状态。

(2)应力(或强度)安全度试验:研究水工建筑物结构本身的极限承载能力,以及建筑物可能的破坏形态。

(3)稳定安全度试验:研究水工建筑物在外荷载作用下结构及地基的变形破坏机制及其演变过程,探讨坝基或两岸基岩的抗剪能力,以确定基岩的可能滑动面的位置及稳定安全度的近似值。

需要指出的是,为了使模型试验成果能准确地反映实际情况,从模型设计、制作、贴片量测及成果整理分析等全过程,必须严格要求,才能有所保证。对于一些重要工程的试验,宜同时做不少于两个相同的模型试验,或做两个以上不同材料(或不同方法)的模型进行试验,以便相互校核,使之能全面反映工程的实际状态。

5.2.1.3　结构模型试验的类型

1. 按受力阶段分类

结构模型试验分为结构模型应力试验和结构模型破坏试验两大类。结构模型应力试验,通常指线弹性结构应力模型试验,主要研究结构物本身在受力处于弹性范围内的应力应变分布情况及变化规律等,图 5-6 为重力坝结构应力模型。结构模型破坏试验,亦可以称为弹塑性应力模型试验,与结构模型应力试验不同之处在于破坏模型的加荷不限制在弹性范围内,而是将荷载继续增加直至模型破坏,即模型丧失承载能力为止。广义上,无论是沿结构破坏还是沿基础破坏的试验都应属于破坏试验。这里结构模型破坏试验主要指沿结构破坏的一类,模型研究的重点仍是结构本身,图 5-7 为普定碾压混凝土拱坝结构破坏模型。

图 5-6　重力坝结构应力模型

图 5-7　普定碾压混凝土拱坝结构破坏模型

2. 按结构类型分类

根据工程结构类型和工作条件的不同,结构模型试验可以分为整体模型、半整体模型和平面模型三种类型。整体模型多用于研究空间结构,如拱坝、连拱坝等;半整体模型用于研究独立坝段或局部结构,如重力坝的坝段、大头坝等;平面模型则用于研究重力坝、空腹重力坝、拱坝等平面问题。图 5-8 为沙牌 RCC 拱坝平面结构模型。

图 5-8　沙牌 RCC 拱坝平面结构模型

3. 按材料本构关系分类

根据材料的本构关系,可以将结构模型分为线弹性结构模型及弹塑性结构模型。线弹性模型试验用于研究结构物受力在弹性范围内时的应力应变分布;而在此基础上再加载直至破坏,则属于结构模型破坏(即弹塑性破坏)试验。

5.2.2　大坝地质力学模型试验

5.2.2.1　地质力学模型试验的目的与意义

随着大型水电工程的迅速发展和建设,越来越多的水工建筑物修建在具有复杂地质构造的岩基上或岩体内,如大坝、厂房、隧洞、地下电站和高边坡等,这类建筑物的抗滑稳定性、地基的变形及整体稳定性、岩体高边坡的稳定问题,地下结构的围岩稳定等都是地质力学模型试验的研究内容。

地质力学模型试验是指与工程及其岩石地基有关的、能反映出一定范围内具体工程地质构造条件的一类模型试验,试验的主要目的是研究大坝与地基的极限承载能力,反映结构和地基的破坏形态,了解地基的变形分布特性,分析破坏机制,确定整体稳定安全度。

广义的地质力学模型试验,是从大范围、宏观和定性的角度出发,用力学观点来研究地壳构造变化及地壳运动规律的模拟试验,这类地质力学模型试验又可以称为地壳力学模型试验或岩石力学模型试验。而本章重点讨论的是与工程结构及其岩石地基相关的、能反映出小范围内具体工程地质构造条件的另一类模型试验,称之为工程地质力学模型试验。大坝地质力学模型试验就是根据模型相似理论对大坝工程地质问题进行缩尺研究。

对于水电工程中地质构造较为复杂的岩石地基,地质力学模型试验在满足相似原理的前提下,可以较准确地反映出地质构造与工程结构的空间关系,模拟岩体、上部结构的破坏全过程,使工程整体的力学特征、变形趋势和稳定性等问题可以有效地得到解决。地质力学模型试验是岩土、结构工程稳定分析的一种重要的研究方法。目前,在水电工程中,大坝地质力学模型试验主要用来解决以下工程问题：

(1)研究地质构造对大坝稳定的影响。建在复杂地基上的大坝，其地基中的复杂地质构造可能造成大坝、坝基变形过大、失稳，对工程的安全影响重大。通过地质力学模型试验，在模型中模拟断层、破碎带、软弱夹层、节理裂隙等不利地质构造，并在连续加荷或降低材料力学参数的状态下得到坝与地基的变形和破坏形态，从而分析地质构造对工程安全的影响。

(2)研究坝与地基的相互作用。通过地质力学模型试验可以得到大坝结构与地基结构的变形分布特性，观测大坝与坝基变形破坏的相互影响，特别是能得到坝与地基的破坏形态，从而了解薄弱环节，为工程加固提供参考。

(3)研究坝基破坏机制，获得坝与地基的整体稳定安全度。通过地质力学模型试验，可以分析得到地基的极限承载能力，分析破坏机制，从而得到模型的综合稳定安全度，做出工程的安全性评价。

(4)研究工程加固措施。通过地质力学模型试验，可以针对应用了不同加固处理措施的模型，进行加固处理措施的影响分析。通过分析其破坏机制、承载能力和安全系数，为获得更有效的加固措施提出建议。

5.2.2.2 地质力学模型试验的特点和研究内容

工程地质力学模型试验主要具有以下特点：

(1)能模拟出岩体中的断层、破碎带及软弱带、一些主要节理裂隙组。

(2)能体现出岩体的非均匀性及各向异性、非弹性及非连续、多裂隙体等基本力学特征。

(3)模型的几何尺寸、边界条件及作用荷载、模拟岩体的模型材料的容重、强度及变形特性等方面，均须满足相似理论的要求。

随着我国水能资源的大力开发，越来越多的水工建筑物将修建在地质条件复杂的地基上。地质力学模型试验的研究对象是工程结构与周围岩体为一体的联合体，是从力学的观点出发，采用试验的手段，考虑地质构造条件对工程的影响，研究建筑物基础在上部结构及外荷载作用下的变形破坏机制及其演变过程，以确定采取提高工程岩体稳定性的措施，或者对加固工程方案进行验证与优选。它主要研究岩体及断层、破碎带、软弱夹层等软弱结构面对结构的应力分布和变形状态的影响及岩体稳定和工程安全问题，是解决水电、交通和矿山开采等大型岩土、结构工程稳定安全问题的一种重要的研究方法。

5.2.2.3 地质力学模型试验的类型

地质力学模型试验的类型可以按照不同形式进行分类。

1. 按模型试验的性质划分

1)平面模型试验

平面模型试验即从整体模型中取出单位长度或某一高程，研究特定区域在平面力系作用下的强度或稳定问题。在选择切取平面时，切取平面应尽量与主要地质结构面相垂直，否则不能反映实际情况。

2)三维模型试验

三维模型试验主要研究坝与地基整体在空间力系作用下的强度，以及坝与地基的破坏机制及整体稳定问题；明确大坝、岩体及主要结构面的应变和变形随荷载增加而变化的情况；得出工程的薄弱环节，为工程处理措施提出参考依据。

2.按照模型的制作方式分类

1)现浇式模型

现浇式模型预先制作试验模型槽,以地质结构面划分不同的浇筑区,分期浇筑。每浇筑一区后养护一段时间,再浇筑上一层。这种模型制作周期长,但可以保证层层接触紧密。

2)预制块体砌筑模型

预制块体砌筑模型是预先压制模型材料块体进行加工成需要的块体形状,或者利用模具直接压制所需尺寸的块体,再按照地质构造分层砌筑成模型。此类模型所需的块体数量巨大,工程量较大,但由于毛坯或块体可预制,故其模型制作时间能缩短,目前国内地质力学模型试验多采用这类制作方式。

3.按照作用荷载特性进行分类

1)静力模型试验

静力模型试验是指研究建筑物在静荷载(包括水沙压力、自重和温度等荷载)作用下的应变、变形及稳定问题的整体或者平面模型试验。这类模型是建立在弹塑性力学的基本假定上,模型中需模拟一些特殊地质构造(如岩体内的断层、软弱夹层、节理和裂隙等),主要用于研究在一定范围内的受到建筑物影响的坝基岩体等,在承受静力荷载后的变形、失稳过程、破坏机制及岩基变形对其上部建筑物的影响等问题。本章主要介绍的是采用高容重、低强度、低变模的非线性模型材料制成的静力模型。

2)动力模型试验

考虑到地震作用对工程的影响,可以采用动力模型试验,动力模型试验除满足空间条件相似、物理条件相似和边界条件相似外,还要满足运动条件相似。这类试验常以抗震模型试验为主,研究建筑物在不同地震烈度影响下,空库或满库时的自振特性(包括频率、振型和阻尼等)、地震荷载、地震应力及抗震稳定性等。

4.按照模型模拟的详细程度分类

(1)大块体地质力学模型试验。由于砌筑模型的块体尺寸较大,在地基中只模拟断层破碎带等主要的地质构造。

(2)小块体地质力学模型试验。采用小尺寸块体砌筑模型,在地基中除模拟断层破碎带等主要地质构造外,还可以模拟主要的节理裂隙组,以反映岩体的非连续、多裂隙体的结构特征。

5.2.3 其他模型试验方法

5.2.3.1 动力模型试验方法

研究大坝地震过程中动力反应的方法主要有实际观测(包括大坝地震反应记录)、室内模型试验(包括振动台试验)和数值计算及理论分析。测试仪器的革新和计算机的广泛应用也使试验领域为之一新,大大提高了试验结果的可靠性和获得数据的范围,伴随着相似理论的发展和科学技术的进步,混凝土坝的动力模型试验也获得了迅速发展。动力模型试验除满足空间条件相似、物理条件相似和边界条件相似外,还要满足运动条件相似。这类试验常以抗震模型试验为主,研究建筑物在不同地震烈度影响下,空库或满库时的自振特性(包括频率、振型和阻尼等)、地震荷载、地震应力及抗震稳定性等。

混凝土坝的动力模型试验大体上可以分为两类:一类是起求解作用,如坝体结构模型弹性动力试验;另一类动力模型试验是为了搞清楚所研究问题的物理机制,如坝体结构模型动力破坏试验。对于后一类问题,还没有准确的描述运动状态的方程,模型试验的目的是了解大坝的非线性地震响应,研究大坝的地震破坏机制,建立比较符合实际的力学模型,或检验由假定的力学模型所得到的分析结果。

模型材料的选取是试验中的关键问题,需要模拟材料物理力学特性主要有密度、弹性模量、泊松比、各种强度和变形等。根据相似原理,模型材料的物理力学特性要满足相应的相似比尺,而材料的各种物理力学特性之间的关系是客观存在的。因此,如一种物理力学特性满足相似判据,另一种物理力学特性就不一定能满足相应的判据。近几十年来,国内外许多学者都对模型材料进行了大量的研究,取得了较显著的研究成果,对各类模型试验,材料的物理力学特性有了明确的认识。

混凝土坝动力模型试验所用的模型材料主要有硬橡胶、乳胶、软胶、石膏、水泥砂浆和微粒混凝土材料。模型材料的选择和所具备的试验手段、试验目的和采用的试验方法有关,前三种材料制成的模型主要用于研究混凝土大坝的频率、振型及弹性阶段的动力反应,软胶模型只能用振动台起振,用直接摄影法记录,所有极低弹性模量材料制成的模型都有和软胶模型相似的特点。后四种材料可以用激振器、振动台起振,能够进行线弹性模型试验,也能够进行动力破坏试验。在上述材料中以石膏类材料用得最普遍。

5.2.3.2 离心模型试验方法

离心模型试验是以相似理论为基础,将原型材料按照一定比例尺寸制成模型后,将其置于由离心机生成的离心场中,通过加大的体积力,使模型达到与原型相同的应力状态,从而使原型与模型的变形和破坏过程保持良好的相似性,并以此来研究原型的变形等规律。

我国自 20 世纪 80 年代以来,许多学者致力于该技术的研究及对离心机的研制,从开始的小型离心机试验逐渐发展到大型的离心机试验。1983 年以来,南京水利科学研究院和河海大学的小型离心机,以及长江科学院的岩土和结构两用大型离心机最早投入使用,并进行工程模拟试验。当时的研究领域仅限于比较简单的堤基和码头的小型试验,且量测设备比较简单,许多专门技术尚未解决。而目前,随着我国第三代离心机的研制与建成,离心模型试验技术已取得了长足发展。现今,许多大中型离心机已投入工程应用,不同容量的大中型离心试验机已相继建成,并对岩土力学与岩土工程的许多方面进行了比较广泛深入的研究。离心试验技术被广泛应用于高土石坝、地下结构、挡土墙、堤基、软基和边坡工程中。

离心模型试验装置能够根据研究者的要求模拟再现原型地层中的重力场,越来越广泛地运用于岩土力学和岩土工程领域的各个方面,它在促进岩土力学基础理论研究有效的发展、提高岩土工程的设计和施工水平方面发挥着重要的作用,其作为一种新型的试验方法显示了强大的生命力。

5.2.4 大坝地质力学模型材料

5.2.4.1 材料选用原则

地质力学模型往往用于研究超过弹性范围直至破坏阶段的建筑物及周围岩体的静力平衡问题,所以在模型材料的选择上,已不同于传统的弹性模型试验,它需要考虑到材料经过弹性、弹塑性或黏弹性阶段直至破坏的整个发展过程的相似问题。地质力学模型试验能否真实地反映工程实际,除岩石力学参数测试的准确性、选定概化模型的代表性外,模型材料的力学性能也必须和原型材料的力学性能满足相似关系,尤其是对断层、软弱夹层和节理裂隙等软弱结构面的相似模拟至关重要。因此,研究满足相似关系的模型材料是地质力学模型试验最重要的内容之一,也是关系到模型试验是否取得成功的关键所在。

在模型试验中要找到完全满足相似关系的模型材料十分困难,不论是混凝土材料,还是岩体材料,其物理力学性质都是非常复杂的,尤其岩体材料更是如此,不同种类的材料各有其特殊性质,即使是同一类材料,在应力应变关系曲线的不同阶段,所表现出来的力学特征也有所不同,包括受力条件在内的各种外界条件,都可以导致材料性质的多变性。一般根据要研究问题的性质,配制出满足主要参数相似的模型材料。

模型材料的选用应遵循以下原则:

(1)地质力学模型材料应满足破坏模型相似条件,除一般性要求外,还必须满足一些特殊要求:

①在地质力学模型试验的稳定分析中,自重的影响非常重要,通常不能像弹性模型试验那样,考虑转化为集中荷载采用人工加荷的方法来施加。因此,通常情况下,是利用模型材料的自重来模拟岩体的自重效应。一般要求模型和原型材料的容重比值接近于 1,即 $C_\gamma \approx 1$,以此来模拟岩体的自重。

②模型材料的主要力学性质与原型材料在整个极限荷载范围内都必须满足相似要求。如模拟破坏过程,在单向、两向或三向应力状态中,必须使材料的极限强度(拉、压、剪)有相同的相似常数。

③模型把包含断层、破碎带等的复合岩体结构视为一个整体,其各组成部分的变形特性 $E_1/E, E_2/E, \cdots, \mu_1, \mu_2 \cdots$ 等也必须加以考虑。就材料的非线性应力与应变的关系而言,除要求弹性阶段 $C_\varepsilon = 1$ 外,还应要求塑性阶段满足 $C_\varepsilon = 1$。此外,原型、模型材料的屈服应变和破坏应变也必须相等。

④在考虑断层、破碎带、节理、裂隙等不连续面的强度特性时,除满足摩擦系数 f' 相等外,还要考虑材料的内摩擦角 φ 相等,使材料满足抗剪强度相似的条件。

(2)地质力学模型材料还应尽量满足材料成本低廉、性能稳定、无毒害和容易加工的要求,使材料加工成型简单方便,工作人员的健康得以保证,并确保成果的可靠性。

根据相似条件,地质力学模型材料变形特性的比例尺必须和模型的几何比尺相等或接近。而模型的几何比尺受到多种条件的限制,不能太大,则只好降低模型材料的强度及弹性模量以满足相似条件的要求。因此,地质力学模型材料是一种高容重、低强度、低变形模量的材料。

5.2.4.2 模型相似材料的研制

自研究人员和工程师们开发出并开始利用地质力学模型试验来解决实际工程问题以来,地质力学模型试验的试验理论和试验技术日臻成熟,国内外的科研机构在不断开发应用先进试验技术的同时,也在不断地对现有地质力学模型材料的性能进行改进,并且从未放弃对性能更好的新型地质力学模型材料的探索研究。在地质力学模型试验发展的几十年里,各国的科研机构开发出了各种材料配比的模型材料,它们拥有不同的力学特性和优缺点,并且在实际应用中都取得了一定的成果。

20 世纪 60 年代,以 E. Fumagalli 为首的专家在意大利结构模型试验研究所(ISMES)开创了工程地质力学模型试验技术,研究范围从弹性到塑性直至最终破坏阶段。随后,葡萄牙、苏联、法国、德国、英国和日本等也开展了这方面的研究。在国内,从20世纪70年代开始,长江科学院、清华大学、河海大学、中国水利水电科学研究院、华北水利水电学院、武汉水利电力大学、四川大学等单位,结合大型水利工程的抗滑稳定问题进行了大量的试验工作,取得了一大批研究成果。

1. 岩体相似材料的研制

地质力学模型中,岩体材料是组成模型的主体材料,岩体相似材料的研制是模型材料研制的重要内容之一。为了配制出高容重、低变形模量的岩体相似材料,各研究单位开展了相应的研制工作,并获得了多种配制方法和技术。

意大利贝加莫结构模型试验研究所(ISMES)采用的地质力学相似材料主要有两类:一类是采用以环氧树脂为胶凝剂的重晶石和石灰石的混合料,可以获得较高强度和变形模量的材料,用来模拟较完整、较坚硬的岩石,但是材料配制需要高温固化,其固化过程中散发的有毒气体会危害人体健康;另一类是以石蜡油为胶凝剂的重晶石和氧化锌的混合料,材料强度低、变形大,用来模拟软弱基岩。

目前,国内正在使用的地质力学模型试验相似材料主要有以下几种:

(1)采用重晶石粉为主要材料,以石膏或液体石蜡油作为胶结剂,其他添加剂如石英砂、氧化锌粉、铁粉、膨润土粉等作为调节容重和弹性模量的辅助材料。

(2)石膏类材料,以砂或硅藻土等材料为骨料,石膏为胶结剂。

(3)以铜粉作为主要骨料,满足高容重材料的要求,且不易生锈,但铜粉成本过高。

(4)武汉水利电力大学韩伯鲤研制的 MIB 材料,由加膜铁粉和重晶石粉为骨料,以松香为胶结剂并且使用模具压制而成。MIB 材料具备高容重、低强度、低变形模量、高绝缘度以及砌块易黏结、易干燥、可切割、材料易得等优点;缺点是给铁粉粗骨料加膜用的氯丁胶黏剂中含有甲苯,对人体有毒害作用,且铁粉外膜脱落后易生锈影响材料性质的稳定性。

(5)清华大学李钟奎研制的 NIOS 材料,含有主料磁铁矿精矿粉、河砂、胶结剂石膏或水泥、拌和用水及添加剂。NIOS 相似材料可以模拟较大的容重,其弹性模量和抗压强度等主要力学指标可以在比较大的范围内进行调整,物理化学性质比较稳定,并且配制较方便,成本低廉,没有毒性,最主要的缺点是材料干燥太慢。

(6)山东大学的王汉鹏、李术才、张强勇等结合武汉大学 MSB 材料和清华大学 NIOS 材料的优点,研制了一种铁晶砂胶结材料(IBSCM),由铁精粉、重晶石粉、石英砂为骨料,松香、酒精溶液为胶结剂,石膏作为调节剂。该材料具有容重高、抗压强度与弹性模量低、性能稳定、价格便宜、易干燥、易于加工堆砌以及可重复使用的特点。

2. 断夹层相似材料

作为研究岩体抗滑稳定性及岩体破坏机制的地质力学模型试验,正确地模拟岩体中软弱结构面、断夹层等是十分重要的,它直接影响到岩体的抗滑稳定性及破坏形态。

在模型内通常略去岩石表面的不规则性,事实上为了简化起见,岩体表面大部分被概化,并用折面进行模拟。有黏土或充填物存在时,必须考虑充填物是否成层以形成一个连续的滑动平面。对于沿已知软弱结构面的剪切破坏,目前多采用摩尔—库仑屈服条件,即

$$\tau = \sigma_n \tan\varphi + c' \tag{5-82}$$

式中,τ 为抗剪强度,MPa;σ_n 为作用在软弱结构面上的正应力,MPa;φ 为内摩擦角,(°);$\tan\varphi$ 为摩擦系数 f';c' 为黏聚力,MPa。

根据相似原理,要求 $C_f = 1, C_c = C_\sigma$,即原型软弱结构面的摩擦系数应与模型的相同,黏聚力相似常数应等于应力相似常数。

国外实验室在模拟摩擦系数时,多用清漆掺润滑脂及滑石粉等混合料涂在层面间,这种方法可获得较大幅度($f' = 0.1 \sim 1.0$)的不同摩擦系数,但由于温度变化及喷涂工艺对它们的性能影响较大,因此成果离散度大,稳定性差。

国内曾有研究单位采用不同光滑度的纸张来模拟夹层摩擦系数,效果不错。但由于纸张容易受潮,所以具有一定的局限性。此外,还有一些研究单位也采用过防潮性较好的铝箔纸、蜡纸或塑料薄膜等来模拟夹层模拟系数。

此外,四川大学水工结构实验室采用一种新型的夹层变温相似材料,可以较好地实现地基中软弱结构面的模型材料的降强。

5.2.5 大坝结构模型材料

5.2.5.1 模型材料分类

由结构模型试验的分类可以知道,按材料的本构关系,可以将结构模型分为线弹性结构模型及弹塑性结构模型,线弹性结构模型材料的本构关系属于线弹性力学研究的范畴,其应力应变关系服从广义虎克定律,在试验中可按照虎克定律将测得的应变换算成应力。但在弹塑性模型即结构模型破坏试验中,当试验处于超载阶段时,材料已超出其弹性范围进入弹塑性阶段,此时试验测得的应变不能用来换算成应力,但可以作为判断结构安全度和开裂破坏的参考依据,从定性的角度去分析结构物的变形破坏特征。

5.2.5.2 结构模型试验材料选择

1.结构模型试验材料的基本要求

模型试验在各试验阶段,即线弹性阶段和破坏阶段,由于结构受力情况存在差异,研究弹性范围内线弹性应力模型,与研究超出弹性范围直至破坏的弹塑性模型试验,对模型的相似要求、试验研究目的有着不同的材料要求。而在满足量测仪器的精度和便于模型加工制作等方面,两者对模型材料的要求存在相同之处。总结起来,两者都必须考虑以下要求:

(1)模型材料满足各向同性和连续性,与原型材料的物理、力学性能相似,且在正常荷载下无明显残余变形。

(2)两者泊松比相等或至少相近。

(3)要求模型材料的弹性模量应有较大的可调范围,以供选择,并且能满足试验要求的强度和承载能力。

(4)模型材料具有较好的和易性,便于制模、施工和修补。物理、力学、化学、热学等性能稳定,受时间、温度、湿度等变化的影响小。

(5)材源丰富,价格便宜、容易购买。

2.结构应力模型对材料的特殊要求

结构应力模型试验研究的多为混凝土坝或浆砌石坝,在设计荷载作用下,原型坝中的混凝土或浆砌石基本处于弹性阶段,可以认为原型材料服从弹性力学中的假设和定律,即等向、均质、服从虎克定律等。因此,模型材料除必须满足上述共同要求外,还需满足以下要求:

(1)混凝土和石膏等模型材料在较小应力范围内存在非弹性残余应变,重复多次加载、卸荷,其应力应变关系才趋于直线。选择材料弹性模量大于 2.0×10^3 MPa 时,非弹性变形影响微小,可以忽略不计,小于 2.0×10^3 MPa 时可以通过模型测试前反复多次预压降低其影响。

(2)泊松比对应力应变影响较大,而结构应力模型以测应力应变为主要目的,对泊松比要求则更高。混凝土结构的泊松比 μ 为 0.17 左右,模型材料也应使 μ 值尽量接近 0.17。

(3)破坏模型对材料的特殊要求。

结构模型破坏试验,特别是研究碾压混凝土坝诱导缝方案时,因为要实现开裂破坏过程相似,除对材料有上述共同要求外,必须满足模型材料和原型材料在弹性阶段和非弹性阶段的应力应变关系曲线完全相似,特别是非弹性变形也应满足相似。

5.2.5.3 石膏材料

在结构模型试验中,常采用的模型材料有石膏、石膏硅藻土、石膏重晶石粉、轻石浆等。其中石膏材料,主要指纯石膏和石膏硅藻土,由于其可塑性和均匀性好,制作简易,且可通过改变水膏比和添加其他混合材料,达到试验所需的物理力学参数等优点,在结构模型试验中已广泛应用于模拟混凝土坝及地基。

1. 纯石膏材料

石膏作为结构模型材料已有几十年的历史。它属于脆性材料,其抗压强度远大于抗拉强度,泊松比为 0.2 左右;通过加水或掺入不同掺和料可使模型材料的弹性模量为 $0.08 \times 10^3 \sim 10 \times 10^3$ MPa。石膏材料成型方便,易于加工,性能稳定,非常适合于制作线弹性应力模型。

石膏模型材料系天然石膏矿石(主要成分为二水硫酸钙 $CaSO_4 \cdot 2H_2O$,俗称生石膏),经煅烧脱水并磨细而成,由于煅烧温度、时间和条件的不同,所得石膏的组成与结构也就不同。结构模型常用的是 b 型半水石膏,属于气硬性胶凝材料,制作模型时,加水后重新水化成二水石膏,并很快凝结硬化实现模型的浇制。

$$CaSO_4 \cdot \frac{1}{2}H_2O + 1\frac{1}{2}H_2O = CaSO_4 \cdot H_2O \tag{5-83}$$

上述化学反应过程为放热反应,并形成胶体微粒状的晶体,二水石膏的结晶体再互相联结形成粗大的晶体,便构成了硬化的石膏。石膏的凝结速度主要取决于水膏比的大小,当拌合用水较少时,凝结速度过快,浇模时操作会有困难。有时可在石膏浆中掺入适量的缓凝剂,例如亚硫酸酒精废液或磷酸氢二钠等,用量为石膏质量的 0.5% ~ 1.0%,它可以延缓石膏初凝时间。必须注意的是,对于石膏及其掺和料,由于原料产地、煅烧工艺、磨细度的不同,其材料性质亦各有差异,在多次混合或不同批号的材料之间,其材料性质并不一定能保持不变,因此对每批浇制的石膏原料,应选用同一厂家生产的同一批石膏;并且对每批浇制的模型材料,都需要进行有关性能测定。另外,半水石膏在凝结和硬化的初期,体积略有膨胀(约 1%),但是进一步硬化和干燥时,体积又会有所收缩,而且收缩量随水膏比的增大更显著。

硬化后的石膏,其性质(主要指强度和变形特性)与石膏粉的磨细度、水膏比(拌和用水和石膏的质量比)等因素有关。对同一批石膏材料而言,其物理性质主要取决于水膏比的大小。因为半水石膏变成二水石膏的硬化过程中,用水量不到石膏质量的 1/5,未掺加反应的多余水分在干燥过程中蒸发出来,结果使得石膏块体内部形成很多微小的气孔。因此,随着拌和水量的增多,材料的强度、弹性模量及容重等物理力学参数亦随之降低。石膏之所以广泛应用于作弹性范围内的模型材料,也正是利用了它的这种特性。

石膏和混凝土、岩石等材料相同,均属于脆性材料,抗压强度远大于抗拉强度。但是石膏材料的抗压强度值与抗拉强度值之比 n 要比混凝土、岩石等小一些,若以抗拉强度为相似判据,则抗拉强度相似系数要偏大些,因此计算原型拉应力时要进行修正,具体方法这里则不阐述。

石膏的弹性模量也与水膏比相关,当水膏比介于 $1.0 \sim 2.0$ 时,其压缩弹性模量 E 与水膏比 K 值的关系可以采用以下经验公式估算:

$$E = 3.6(1/K - 0.1K) \tag{5-84}$$

式中,E 的单位为 GPa。

石膏的泊松比随水膏比的变化不显著,但其泊松比为 0.2 左右,可近似认为与混凝土泊松比 0.17 相近。

2. 石膏硅藻土材料

石膏硅藻土材料也是具有较好线弹性的模型材料,在水膏比不变的情况下,随着硅藻土掺入量的增大,材料的极限强度、弹性模量以及容重等随之增大,其应力应变关系曲线和纯石膏材料也相似。这种材料由于容重比石膏高,并且可以根据要求配置成不同容重,因此适应性很广,但其线弹性性能不及纯石膏,且其材料配置较纯石膏材料相对复杂。当采用纯石膏材料,不能通过施加外荷载模拟重力时,可采用石膏硅藻土通过材料自身质量满足容重相似的要求。

5.3　坝基稳定破坏试验理论与方法

随着有限元法的发展,电子计算机在结构应力分析中的运用越来越广泛,但因水工建筑物的结构特性、几何形状和边界条件等一般都较为复杂,特别是建筑在复杂地基上的水工建筑物的强度和稳定性问题,较难采用理论计算方法精确分析其应力、位移和安全度。为弥补理论计算的不足,常借助于结构模型试验来解决空间问题和验证理论计算成果的合理性、正确性,特别是当需要预测结构和地基发生破坏的条件,并确定防止破坏的安全系数时,结构模型试验是最有效的手段之一。在一定程度上可以说,正确的试验成果完全有可能作为确定建筑物尺寸、验证新的计算理论和评价新的设计方法的重要依据。

当然结构模型试验本身还存在不少问题有待于解决。首先是模型材料尚不能做到与原型的力学特性完全相似;其次,对由于温度变化、地震及渗透压力等引起的应力状态,尚难准确地模拟等。这些问题有待于今后进一步探讨解决。

水工结构模型试验的任务是将作用在原型水工建筑物上的力学现象,按一定的相似关系,重演到模型上,从模型演示的与原型相似的力学现象中,采用电测技术量测应变,以确定其应力、位移及安全度,再通过相似关系换算到原型,则可求得原型建筑物上的力学特征,以此解决工程设计中提出的复杂结构问题。所以,水工结构模型试验是一项非常重要的有意义的试验研究工作。

结构模型试验的主要内容有:

(1)应力试验:研究水工建筑物在正常工作状态下的结构性态,也就是研究建筑物及基础在设计荷载作用下的应力状态。

(2)应力(或强度)安全度试验:研究水工建筑物结构本身的极限承载能力,以及建筑物可能的破坏形态。

（3）稳定安全度试验：研究水工建筑物在外荷载作用下结构及地基的变形破坏机制及其演变过程，探讨坝基或两岸基岩的抗剪能力，以确定基岩的可能滑动面的位置及稳定安全度的近似值。

需要指出的是，为了使模型试验成果能准确地反映实际情况，从模型设计、制作、贴片量测及成果整理分析等全过程，必须严格要求，才能有所保证。对于一些重要工程的试验，宜同时做不少于两个相同的模型试验，或做两个以上不同材料（或不同方法）的模型进行试验，以便相互校核，使之能全面反映工程的实际状态。

5.3.1 破坏试验方法

地质力学模型破坏试验的方法有三种，即超载法、强度储备法、综合法。三种方法从不同的角度研究大坝及其坝基的安全度和稳定性。

5.3.1.1 超载法

超载法是考虑到工程上可能遇到的洪水对坝基承载能力的影响，在保持坝基岩体力学参数不变的前提下，逐步增加上游荷载直至坝与地基整体破坏失稳，由此得到的安全系数称为超载法安全系数 K_{PS}。由于超载法试验较为简单，长期以来被人们所接受和采用，是当前地质力学模型试验中最常用的一种试验方法。

超载法的超载方式有两种：三角形超载法（增大上游水容重）和梯形超载法（加高上游水位），如图5-9所示。但在实际工程中，水荷载不会无限增大，汛期洪水中夹砂量增大或因暴雨出现超标洪水翻坝等因素的影响都是有限的。虽然历史上曾出现过瓦依昂拱坝超标水位达1倍的情况，但对绝大多数工程而言，水压超标是很有限的。经论证，三角形超载较梯形超载更便于在试验中加载。目前，在超载试验中一般按三角形荷载进行超载。

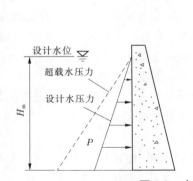
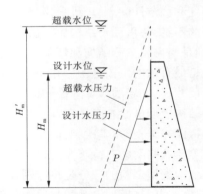

图5-9　水压力超载方式示意图

超载法虽然只考虑了水荷载超载这一个因素，忽略了其他影响因素，但作为一种单因素法，超载法可用来专门研究超载因素对坝与地基的工作性态和安全性的影响，检验坝与地基的超载能力，发现坝基中存在的薄弱部位，并与其他方法结合，共同分析、相互验证，为工程的设计和施工提供依据。

5.3.1.2 强度储备法

强度储备法（或降强法）是考虑到工程长期运行中岩体及软弱结构面参数逐步降低对

坝基稳定的不利影响,在正常工况下,保持荷载不变,逐步降低岩体的力学参数直至坝基破坏失稳,由此得到的安全系数称为强度储备法安全系数 K_{SS}。

强度储备法是在超载法基础上发展起来的一种方法,其关键技术是可控制性地改变材料的参数。常规的试验方法是用一个材料参数对应一个模型,但这需做多个模型才能获得强度储备系数,试验工作量大、投资高,实际可行性较差。等价的试验方法是通过同步增加建筑物的自重和外部荷载,依据模型相似关系,求得等价的强度储备安全系数。已有一些试验通过采用拉杆挂砝码、离心机加荷等方法来实现模型材料容重的增加。但用拉杆挂砝码增重方法的试验干扰性较大,在三维模型中布置较困难。用离心机作为加荷工具的方法只适合于小尺寸的模型,对于地质结构较复杂的大型模型来说则不适用。因此,为了能在同一模型中实现强度储备法,关键是研制出一种能降低材料力学参数的新型模型材料。本课题组经过多年的研究,在模型材料和试验技术上有所创新,研制出了新型模型材料——变温相似材料,从而在一个模型上实现了强度储备法(降强法)。该方法已成功应用于丹巴重力坝、锦屏一级拱坝、溪洛渡拱坝、大岗山拱坝、沙牌拱坝、普定拱坝、铜头拱坝等工程的地质力学模型试验,取得了良好的效果。

5.3.1.3 综合法

综合法是超载法和强度储备法的结合,它既考虑到工程上可能遇到的突发洪水,又考虑到工程长期运行中岩体及软弱结构面力学参数在水的作用下逐步降低的可能,反映多种因素对工程稳定安全性的影响。在综合法试验中,一般是先将荷载加载至 1 倍正常荷载,然后保持荷载不变,逐步降低岩体力学参数到一定倍数,最后再超载直到破坏,由此得到的安全系数称为综合法安全系数 K_{SC}。综合法既考虑了超载因素的影响,又考虑了强度参数弱化的力学行为,比较符合工程实际。

5.3.2 破坏试验理论依据

5.3.2.1 超载法安全系数

在超载法试验中,超载法安全系数 K_{PS} 就是模型破坏时的超载系数(超载倍数)K'_P,即超载破坏时的荷载 P'_m 与设计荷载 P_m 的比值,其表达式为

$$K_{PS} = K'_P = \frac{P'_m}{P_m} = \frac{\gamma'_m}{\gamma_m} \qquad (5-85)$$

式中,γ_m 为模型加压液体的设计容重;γ'_m 为模型破坏时加压液体的容重。

由地质力学模型试验的相似条件 $C_\tau = C_\sigma = C_E = C_\gamma \cdot C_L$ 可得

$$C_\tau = \frac{\tau_p}{\tau_m} = \frac{\gamma_p}{\gamma_m} C_L \qquad (5-86)$$

则

$$\frac{1}{\gamma_m} = \frac{\tau_p}{\tau_m \cdot \gamma_p \cdot C_L} \qquad (5-87)$$

将式(5-87)代入式(5-85)中得到超载法安全系数 K_{PS} 的表达式为

$$K_{PS} = \frac{\tau_p \cdot \gamma'_m}{\tau_m \cdot \gamma_p \cdot C_L} \qquad (5-88)$$

根据抗剪公式,超载法安全系数 K_{PS} 还可表示为

$$1 = \frac{\int (f\sigma + c)\,\mathrm{d}s}{K_{PS} \cdot P} = \frac{\int \tau\,\mathrm{d}s}{K_{PS} \cdot P} \tag{5-89}$$

式中,σ 为积分微元面上的法向应力;τ 为积分微元面上的抗剪强度;f 为抗剪摩擦系数;c 为抗剪黏聚力;s 为积分微元面积;P 为滑动力。

比较式(5-88)和式(5-89)可知,超载法试验就是保持模型材料的强度不变,不断增大荷载 P 的倍数或加荷容重 γ_m,直到模型破坏,破坏时的超载系数 K'_P(破坏荷载与设计荷载之比)就是超载法安全系数 K_{PS},其对应的点安全度可用莫尔应力圆来表示,见图5-10。

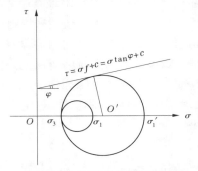

图 5-10　点超载安全度示意图

根据稳定安全系数的定义,安全系数 K 是抗滑力与滑动力之比。为了分析超载法安全系数 K_{PS} 与稳定安全系数 K 之间的相互关系,依据相似理论进行。

由抗剪公式知,稳定安全系数 K 为

$$K = \frac{\int (f\sigma + c)\,\mathrm{d}s}{P} = \frac{\int \tau\,\mathrm{d}s}{P} \tag{5-90}$$

荷载超载 K'_P 倍发生破坏时的安全系数 $K' = 1$,则

$$K' = \frac{\int (f\sigma + c)\,\mathrm{d}s}{K'_P P} = \frac{\int \tau\,\mathrm{d}s}{K'_P P} = 1 \tag{5-91}$$

将式(5-90)除以式(5-91)得安全系数的相似常数

$$\left.\begin{array}{l} C_K = \dfrac{K}{K'} = K'_P \\[2mm] K = K'_P \end{array}\right\} \tag{5-92}$$

由此可知,模型发生破坏时的超载系数 K'_P 与稳定安全系数 K 相等,超载法试验得到的超载系数 K'_P 可以作为模型的安全评价指标。

5.3.2.2　强度储备法安全系数

强度储备法认为坝基岩体和软弱结构面的强度,尤其是抗剪强度参数 c、f 值(或抗剪强度 τ 值),在水库长期运行过程中会不断降低,对坝基的稳定安全影响较大。因此,在强度储备法试验中,材料强度以莫尔库仑理论确定的抗剪强度 $\tau = f\sigma + c$ 来控制。强度储备法安全系数 K_{SS} 就是模型破坏时的降强系数(降强倍数)K'_S,即设计抗剪强度 τ_m 和降强破坏时的抗剪强度 τ'_m 的比值,其表达式为

$$K_{SS} = K'_S = \tau_m / \tau'_m \tag{5-93}$$

由式(5-86)得

$$\tau_{\mathrm{m}} = \frac{\tau_{\mathrm{p}} \cdot \gamma_{\mathrm{m}}}{C_L \cdot \gamma_{\mathrm{p}}} \tag{5-94}$$

将式(5-94)代入式(5-93)中得到强度储备安全系数 K_{SS} 的表达式为

$$K_{\mathrm{SS}} = \frac{\tau_{\mathrm{p}} \cdot \gamma_{\mathrm{m}}}{\tau_{\mathrm{m}}' \cdot \gamma_{\mathrm{p}} \cdot C_L} \tag{5-95}$$

根据抗剪公式,强度储备安全系数 K_{SS} 还可表示为

$$1 = \frac{\int (f\sigma + c)/K_{\mathrm{S}}' \mathrm{d}s}{P} = \frac{\int \tau \mathrm{d}s / K_{\mathrm{S}}'}{P} \tag{5-96}$$

比较式(5-95)和式(5-96)可知,强度储备法试验就是保持荷载 P 不变,不断降低模型材料的抗剪强度 τ,直到模型破坏,相应于破坏时的降强系数 K_{S}' 就是强度储备法安全系数 K_{SS},其对应的点安全度的意义见图5-11。

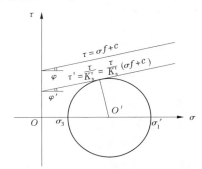

图5-11 点强度储备安全度示意图

同理,应用相似理论分析强度储备法安全系数 K_{SS} 与稳定安全系数 K 之间的相互关系。材料强度降低 K_{S}' 倍发生破坏时的安全系数 $K' = 1$,则

$$K' = \frac{\int [(f\sigma + c)/K_{\mathrm{S}}'] \mathrm{d}s}{P} = \frac{\int \tau \mathrm{d}s / K_{\mathrm{S}}'}{P} = 1 \tag{5-97}$$

将式(5-97)除以稳定安全系数 K 的表达式(5-90)得安全系数的相似常数:

$$\left. \begin{array}{l} C_K = \dfrac{K}{K'} = K_{\mathrm{S}}' \\[2mm] K = K_{\mathrm{S}}' \end{array} \right\} \tag{5-98}$$

由此可知,模型破坏时的降强系数 K_{S}' 与稳定安全系数 K 相等,强度储备法试验得到的降强系数 K_{S}' 可作为模型的安全评价指标。

5.3.2.3 综合法安全系数

综合法是将超载法与强度储备法结合起来,既考虑了材料强度降低的可能性,又考虑了超载发生的不利影响。试验中通过降强后再超载直至模型破坏,获得了一个降强系数 K_{S}' 和一个超载系数 K_{P}'。

依据式(5-88)和式(5-95),同时改变 γ_{m} 和 τ_{m},得到综合法试验的综合法安全系数 K_{SC} 的表达式为

$$K_{SC} = \frac{\tau_p \cdot \gamma'_m}{\tau'_m \cdot \gamma_p \cdot C_L} \tag{5-99}$$

根据抗剪公式,综合法安全系数 K_{SC} 还可表示为:

$$1 = \frac{\int (f\sigma + c)/K'_S \mathrm{d}s}{K'_P \cdot P} = \frac{\int \tau \mathrm{d}s}{K'_S \cdot K'_P \cdot P} = \frac{\int \tau \mathrm{d}s}{K_{SC} \cdot P} \tag{5-100}$$

由上式可知,综合法试验就是考虑降强和超载两个因素,所得的综合法安全系数 K_{SC} 就等于模型破坏时得降强系数 K'_S 与超载系数 K'_P 的乘积,即 $K_{SC} = K'_S \cdot K'_P$,其对应的点安全度的意义见图 5-12。

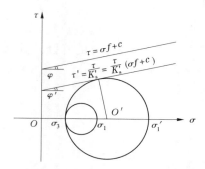

图 5-12 点综合法安全度示意图

依据前节相同方法,分别建立稳定安全系数 K 和综合法安全系数 K_{SC} 的表达式,分析综合法安全系数 K_{SC} 与稳定安全系数 K 之间的相互关系。

材料强度降低 K'_S 倍后再超载 K'_P 倍发生破坏时的安全系数 $K' = 1$,则

$$K' = \frac{\int \left[(f\sigma + c)/K'_S \right] \mathrm{d}s}{K'_P P} = 1 \tag{5-101}$$

将式(5-101)除以稳定安全系数 K 的表达式(5-90)得安全系数的相似常数:

$$\begin{cases} C_K = \dfrac{K}{K'} = K'_S \cdot K'_P \\ K = K_{SC} = K'_S \cdot K'_P \end{cases} \tag{5-102}$$

由此可知,综合法安全系数 $K_{SC} = K'_S \cdot K'_P$ 与稳定安全系数 K 相等,将模型破坏时的降强系数 K'_S 与超载系数 K'_P 的乘积作为评价模型安全性的指标是可行的。

5.3.3 28[#]坝段物理模型试验任务要求及试验方法

5.3.3.1 物理模型试验研究任务及要求

大藤峡水利枢纽工程泄水闸坝基岩层为泥盆系下统莲花山组、那高岭组和郁江阶近岸及滨浅海相沉积岩。岩性以细砂岩、含泥细砂岩、泥质粉砂岩及泥岩为主,软硬岩互层及交错变化复杂。坝址主要出露那高岭组第 11～13 层,发育有泥化夹层。岩层倾向下游偏左岸。由于软弱夹层发育,且软弱夹层产状与岩层产状基本一致,易产生坝基滑移破坏。泄水闸闸门推力较大,采用两孔一联的结构布置,结构相对单薄,为保证工程安全性,充分考虑不利地质条件对泄水闸坝基的影响,有必要对泄水闸坝段基础的滑移破坏模式及安全性水平做进一步研究。

多节理裂隙及软弱结构的力学性能及闸坝的稳定安全性是工程关心的核心问题,特别是在工程的长期运行中,在工程荷载与渗透水压的共同作用下,坝基的强度参数和变形特性将产生一定弱化,基础材料性能降低,由此对坝基稳定性的影响程度究竟有多大,直接影响到工程的安全建设和运行,因此需要开展大藤峡水利枢纽多节理裂隙及软弱结构面上坝基稳定的专题研究。

鉴于大藤峡水利枢纽工程的重要性,以及泄水闸坝段坝基失稳模式的不确定性,本书按初步设计阶段深度,采用降强与超载相结合的综合法地质力学模型试验方法,对 28# 泄水坝段进行坝段三维地质力学模型试验。在模型中重点模拟坝基中的各类岩体及影响坝基稳定的不利地质构造,并对影响坝基稳定的控制性结构面进行降强。通过综合法破坏试验,获得 28# 泄水坝段坝基抗滑失稳的破坏过程、破坏形态与破坏机制,揭示坝基的失稳破坏模式,提出抗滑稳定安全系数,并综合评价坝基抗滑稳定性。通过研究获得以下主要成果:

(1)获得在正常工况下,28# 坝段闸室与基础的变形及分布规律,以及闸室结构的应变分布特征,评价在正常荷载工况下闸室与基础的工作性态。

(2)获得在降强与超载情况下,28# 坝段闸室与基础在各阶段的变位及分布规律,获得各测点变位与超载倍数的关系曲线,评价闸室与基础的变形特征。

(3)获得 28# 坝段闸室与基础的失稳破坏过程、破坏形态,分析闸室与基础的失稳破坏特征,揭示其失稳破坏模式和破坏机制。

(4)获得 28# 坝段闸室与基础的强度储备系数与超载系数,提出坝基抗滑稳定的综合法试验安全系数。

(5)综合评价 28# 坝段闸室与基础的抗滑稳定安全性。

5.3.3.2　试验方法、关键技术及试验程序

结合大藤峡水利枢纽 28# 坝段工程地质特点及试验任务的要求,本次试验采用超载与降强相结合的综合法进行破坏试验。

根据模型相似理论,由原型材料的物理力学参数换算得到模型材料的物理力学参数,开展模型相似材料的研制。对模型中的闸室混凝土及坝基中岩体、软弱夹层等均采用模型相似材料进行模拟制作,研制本工程软弱结构面力学特性相似要求的变温相似材料是本项目的重点和难点,用以模拟影响坝基抗滑稳定的控制性结构面在工程长期运行过程中强度参数逐步弱化的力学行为,以期实现坝基降强是本项目的关键技术问题。

根据大藤峡水利枢纽 28# 坝段工程的地质特征和试验研究内容,本次模型试验的程序是:首先对模型进行预压,然后加载至 1 倍正常荷载,在此基础上进行降强阶段试验,即升温降低坝基中软弱结构面的抗剪强度,以考虑在工程运行工况下,坝基受到水的侵蚀或渗透的影响可能出现的强度弱化现象。升温降强过程采用逐级实现的办法,将上述部位坝基材料的抗剪强度降低约 10%。在保持降低后的强度参数条件下,再进行超载阶段试验,对上游水荷载分级进行超载,直至坝与地基出现整体失稳,试验终止。

在降强与超载过程中,测试闸室结构的变形、应变及其发展变化过程,以及坝基在降强和超载过程中的变形特征及发展变化过程,研究坝基抗滑失稳的破坏过程、破坏形态和破坏机制,揭示坝基失稳破坏模式,提出抗滑稳定安全系数,评价坝基抗滑稳定性。

5.4 模型设计与制作工艺

5.4.1 模型相似条件

地质力学模型试验属于非线性破坏试验,它必须满足破坏试验的相似要求,也就是说,必须满足以下四方面的相似要求:

(1)几何相似要求:原型与模型的几何形态及主要地质构造必须满足几何相似条件。

(2)应力应变关系相似要求:原型与模型材料的变形模量、应力与应变关系以及抗压、抗拉强度等满足相似条件。

(3)地质构造面上抗剪断强度相似要求:原型与模型坝基、坝肩岩体内各主要地质构造面上的抗剪断强度(f'与c')应满足相似要求。

(4)荷载相似要求:原型与模型的荷载条件,如水压力、自重及淤沙压力等应保持相似。

概括起来说,第(1)项为必要条件,第(2)、(3)项为相似的决定条件,第(4)项为相似边界条件。三种条件缺一不可。根据以上条件,以 C 为原型与模型之间相同的物理量之比,由相似理论可知,模型破坏试验主要应满足以下关系:

$$C_E = C_\gamma \times C_L \tag{5-103}$$

$$C_\mu = 1, C_\varepsilon = 1, C_f = 1 \tag{5-104}$$

$$C_\sigma = C_E = C_\tau = C_C = \cdots \tag{5-105}$$

$$C_F = C_\gamma \times C_L^3 = C_E \times C_L^2 \tag{5-106}$$

当 $C_\gamma = 1$ 时,则有

$$C_E = C_L \tag{5-107}$$

$$C_F = C_L^3 \tag{5-108}$$

式中,C_E、C_γ、C_L、C_σ、C_F、C_C 分别为变形模量比、容重比、几何比、应力比、集中力比及黏聚力比;C_μ、C_ε、C_f 分别为泊松比、应变比及摩擦系数比。

5.4.2 模型主要相似系数

本次模型试验采用的主要相似系数有:

(1)几何相似系数:$C_L = 100$;

(2)变形模量相似系数:$C_E = 100$;

(3)容重相似系数:$C_\gamma = 1$;

(4)荷载相似系数:$C_F = 100^3$;

(5)摩擦系数相似系数:$C_f = 1$;

(6)黏聚力相似系数:$C_C = 100$;

(7)泊松比相似系数:$C_\mu = 1$;

(8)应变相似系数:$C_\varepsilon = 1$。

5.4.3 模型几何比尺 C_L 及模拟范围确定

根据大藤峡28#坝段工程特点及试验任务要求,结合试验场地规模及试验精度要求等

综合分析,与东北院协商后,确定模型几何比尺 $C_L = 100$。坝段三维模型模拟范围主要根据 28# 坝段地形特点、坝基主要地质构造特性及试验任务要求等因素综合分析,确定模型模拟范围为:①顺河向:坝前模拟 1 倍坝高 42 m,坝后模拟 2.5 倍坝高 106 m,坝长 67 m,顺河向长度共计 215 m;②横河向:模拟 28# 坝段一个坝段宽度 31.3 m,但考虑到模型砌筑块体的尺寸问题,模型模拟坝段实际宽度为 30.3 m;③竖直向:坝基以下模拟 2 倍坝高 84 m,加上坝高 42 m,总高 126 m。综上定出模型尺寸为 2.15 m × 0.303 m × 1.26 m(纵向 × 横向 × 高度),相当于原型工程 215 m × 30.3 m × 126 m 范围。模型模拟范围如图 5-13 所示。

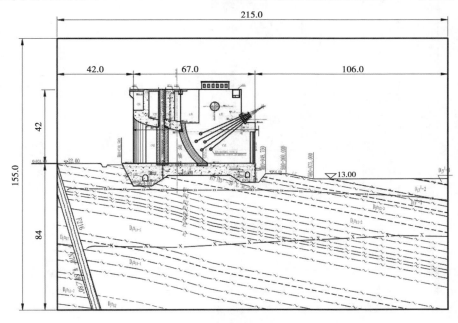

图 5-13　28# 坝段物理模型模拟范围　(单位:cm)

5.4.4　闸坝及下游护坦的模拟

大藤峡 28# 坝段闸室按照委托单位提供的设计体型(原体型见图 5-14、图 5-15),根据几何相似比 $C_L = 100$ 换算为模型尺寸进行模拟。在地质力学模型试验中,为研究坝基破坏形态及破坏机制,闸室仅作为一个传力机构,且为便于模型加载系统的安装,对闸室结构进行一定的简化:①闸底板中的灌浆廊道及排水廊道不进行模拟,底板全部采用 CⅡ 类混凝土进行模拟。②闸坝不考虑胸墙等细部结构,将闸墩简化成矩形状,便于荷载的施加;闸墩采用 CⅥ 类混凝土模拟。28# 坝段简化后的结构如图 5-16 所示。

下游护坦原型结构图见图 5-17,根据模型比尺换成模型尺寸,并截取模型模拟长度,见图 5-18,护坦全部采用 CⅡ 类混凝土进行模拟。模型闸坝及护坦按设计体型采用相似材料浇制而成,等干燥后精加工至设计尺寸。模型上为了便于底板荷载的施加,不模拟上游铺盖。

5.4.5　坝基岩体及地质构造模拟

在地质力学模型中,能较真实地模拟坝基中主要地质构造及其力学变形特征,如岩体中的主要断层、软弱夹层及节理裂隙等,体现出岩体的非均匀性、各向异性、非线性及多裂隙体

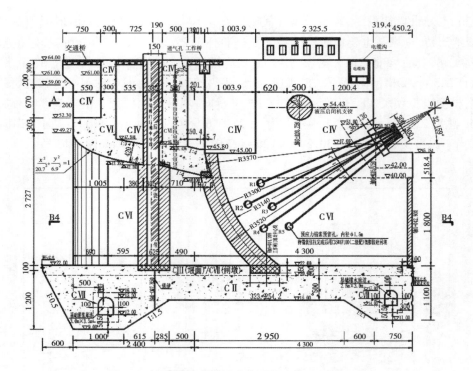

图 5-14　28#坝段泄水低孔典型剖面图　（单位:cm）

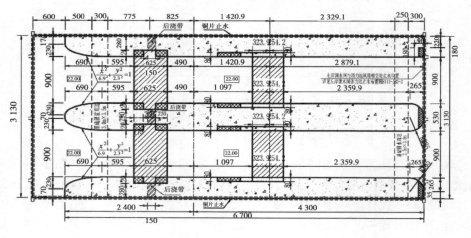

图 5-15　28#坝段泄水闸 B4—B4 剖面图　（单位:cm）

的岩石力学特征。同时,在保证充分反映工程实际的前提下,力求抓住对坝基稳定起控制作用的地质构造因素,忽略一些次要因素,有利于抓住主要矛盾,揭露事物的本质,这对取得较为符合工程实际的研究成果是十分重要的。

28#坝段坝基地层岩性较为复杂(见图 5-13),同时存在断层 F216、多条软弱夹层、节理裂隙等地质构造。断层 F216 位于坝址上游侧,距坝踵 30 多 m,对该坝段抗滑稳定性的影响不大,因此在物理模型中不模拟断层 F216;坝基存在诸多软弱夹层,近于顺岩层走向,在地质力学模型试验中,鉴于模型比尺及模型制作工艺的影响,只能选择代表性的软弱夹层进行模拟。在坝基出露的那高岭 D_1n_{13-2} 岩层中,选择 R9、R14 两条软弱夹层进行模拟,R9 为该

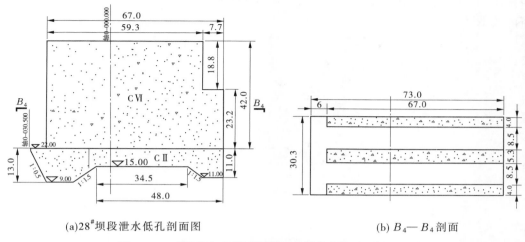

(a)28#坝段泄水低孔剖面图   (b) B_4— B_4 剖面

图 5-16   28#坝段物理模型闸墩及底板简化图 （单位：cm）

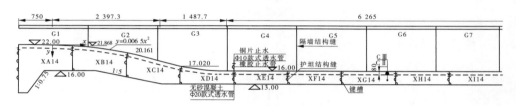

图 5-17   28#坝段下游护坦部分结构图 （单位：cm）

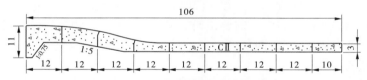

图 5-18   28#坝段物理模型下游护坦简化剖面图 （单位：cm）

岩层中埋深相对较深的软弱夹层，R14 为出露于上游坝踵底板齿槽附近的软弱夹层，这两条夹层位于上游坝踵主要受拉区域；坝基出露的另一岩层那高岭 $D_1 n_{13-3}$ 和下游护坦出露的郁江阶 $D_1 y^1-1$ 岩层中，原地质剖面揭示的各有两条软弱夹层，其中一条为 R17，另外三条均未编号，为便于描述，以 R18 命名 $D_1 n_{13-3}$ 岩层中的另一条软弱夹层，以 R19、R20 命名 $D_1 y^1-1$ 岩层中的两条软弱夹层，这四条夹层位于下游坝趾主要受压区域，有必要对其进行模拟，以分析其对坝基抗滑稳定的影响。坝基中的节理裂隙根据吉林大学张文教授课题组现场调查结果，模拟一组垂直于软弱夹层方向的节理裂隙，节理裂隙不切割软弱夹层及地层分界面。节理间距由砌筑块体尺寸决定，在模型上每组节理间距为 10 cm，相当于原型上的10 m 间距。

    28#坝段坝基岩体可分为弱风化、微风化和新鲜岩体，根据地质提供的参数，微风化和新鲜岩体采用相同的力学参数，因此在岩性划分时，坝基岩体可划分为弱风化岩体和微（鲜）岩体，根据不同岩层，28#坝段坝基岩体共分为十类，分别是 $D_1 n_{12}$（鲜）、$D_1 n_{13-1}$（鲜）、$D_1 n_{13-2}$（微鲜）、$D_1 n_{13-3}$（微）、$D_1 y^1-1$（微）、$D_1 n_{13-2}$（弱）、$D_1 n_{13-3}$（弱）、$D_1 y^1-1$（弱）、$D_1 y^1-2$

（弱）、D_1y^1-3（弱），对不同岩类分别采用不同的模型材料进行模拟。坝基地质构造及岩体的简化如图 5-19 所示。

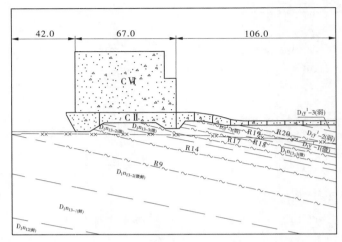

图 5-19   28#坝段闸室及坝基简化图

5.4.6   模型材料的研制

模型材料的研制是地质力学模型试验的关键技术，只有原型材料与模型材料的物理力学指标满足相似要求，即 $C_\gamma=1$，$C_\mu=1$，$C_f=1$，$C_c=C_L$，$C_E=C_L$ 等，地质力学模型试验才能较真实地反映工程实际。因此，模型相似材料的研制需根据原型材料的物理力学参数，按相似关系换算得到模型材料的物理力学参数，并从力学相似的角度开展大量的材料试验，从而研制出与原型材料相似的模型材料。需要说明的是，原型材料的物理力学指标选取原则与此前数值模拟指标选取原则一致，即从工程安全保守考虑，原型材料物理力学指标均采用原状性质未加固处理的指标。

5.4.6.1   闸坝与护坦模型材料的研制

原型闸墩混凝土材料力学参数见表 5-2：闸墩材料容重 $\gamma_p=2.4\ g/cm^3$，变形模量 $E_p=31.5\ GPa$，闸底板及下游护坦混凝土材料容重 $\gamma_p=2.4\ g/cm^3$，变形模量 $E_p=25.5\ GPa$。由相似关系 $C_\gamma=1$，$C_E=100$，可得模型闸墩材料容重 $\gamma_m=2.4\ g/cm^3$，变形模量 $E_m=315\ MPa$；底板及护坦材料容重 $\gamma_m=2.4\ g/cm^3$，变形模量 $E_m=255\ MPa$，见表 5-3。根据模型材料的力学参数，首先浇制坝体材料试件，按照以往工程经验，大藤峡闸墩、底板及护坦试件均采用重晶石粉为加重料、石膏粉为胶结剂、水为稀释剂，并掺适量的添加剂浇制而成，按不同配合比浇筑，每组浇筑 4 个半径为 5 cm、高为 10 cm 的圆柱体试件，材料试验试件见图 5-20。

表 5-2   闸室及护坦主要力学参数（原型值）

编号	部位	相应编号	弹性模量（GPa）	密度（g/cm³）
1	底板、下游消力池 （基础混凝土）	CⅡ、CⅢ	25.5	2.40
2	闸墩混凝土	CⅣ、CⅥ	31.5	2.40

注：CⅢ弹性模量应该为 30 GPa，为堰面抗冲耐磨混凝土，在模型上概化为与基础混凝土同材料。

表 5-3　闸室及护坦主要力学参数（模型值）

编号	部位	相应编号	弹性模量（MPa）	密度（g/cm³）
1	底板、下游消力池（基础混凝土）	CⅡ、CⅢ	255	2.40
2	闸墩混凝土	CⅣ、CⅥ	315	2.40

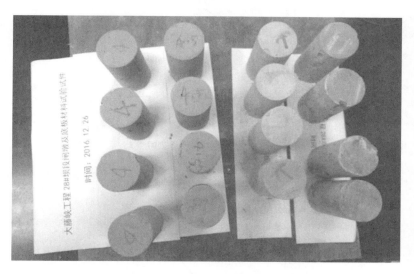

图 5-20　28#坝段物理模型闸坝及护坦材料试验试件

　　材料试件经过半个月的自然风干后，在模型材料剪切试验仪（见图 5-21）上进行坝体试件的变形模量测试，按表 5-3 要求的材料力学指标选定最终配合比，基本满足原模型材料物理力学相似要求，最后按照选定的配合比根据设计体型浇制闸墩、底板及护坦。闸坝与护坦模型材料最终测试成果曲线见图 5-22、图 5-23。

图 5-21　模型材料压剪和剪切试验仪

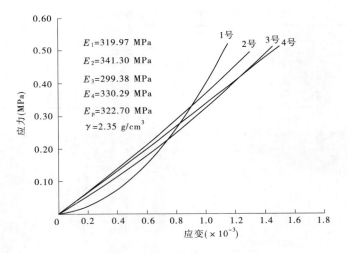

图 5-22　闸墩变形模量测试曲线

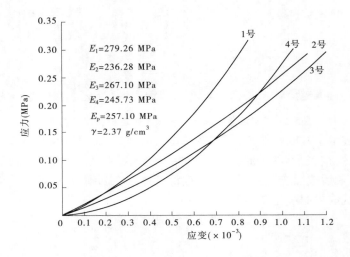

图 5-23　闸底板及下游护坦变形模量测试曲线

曲线图 5-22、图 5-23 中，E_1、E_2、E_3、E_4 分别为 4 个圆柱体试件的测试变形模量，E_p 为 4 个圆柱体变形模量的平均值，γ 为圆柱体试件的平均密度，下同。

5.4.6.2　坝基岩体模型材料的研制

坝基各类岩体的原型力学参数详见表 5-4，按相似关系要求，取原模型的变模比 $C_E =$ 100、泊松比之比 $C_\mu = 1$ 换算得到相应的模型材料力学参数，并把具有相同变形模量的岩体合并为一类，密度取几类的平均值，合并后的模型物理力学参数值详见表 5-5。

表 5-4　坝基岩体主要物理力学参数(原型值)

序号	岩层编号	岩性描述	风化状态	相应工程地质类别	变形模量 GPa	弹性模量 GPa	泊松比	密度 g/cm³
1	D_1y^1-3	灰岩+白云岩	弱风化	Ⅲ	5	8	0.28	2.82
2	D_1y^1-2	灰岩		Ⅲ	8	12	0.26	2.82
3	D_1y^1-1	泥岩+泥灰岩		Ⅲ	5	8	0.28	2.79
4	D_1n_{13-2}	泥岩+泥质粉砂岩		Ⅲ	3	4	0.28	2.77
5	D_1n_{13-3}	泥质粉砂岩+粉砂岩		Ⅲ-Ⅳ	3	4	0.32	2.75
6	D_1y^1-1	泥岩+泥灰岩	微风化	Ⅲ	5	8	0.28	2.79
7	D_1n_{13-3}	泥质粉砂岩+粉砂岩		Ⅱ	5	8	0.28	2.74
8	D_1n_{13-2}	泥岩+泥质粉砂岩		Ⅲ	6	8	0.28	2.77
9	D_1n_{13-1}	含泥细砂岩+泥质粉砂岩		Ⅱ	8	12	0.26	2.73
10	D_1n_{12}	含泥细砂岩+细砂岩		Ⅱ	9	14	0.26	2.69

表 5-5　坝基材料物理力学参数(模型值)

材料编号	岩层编号	岩性描述	密度 g/cm³	密度 g/cm³	相应工程地质类别	变形模量 MPa
1#	D_1y^1-2(弱微风化)	灰岩	2.82	2.78	Ⅲ	80
	D_1n_{13-1}(微风化)	含泥细砂岩+泥质粉砂岩	2.73		Ⅱ	
2#	D_1n_{13-2}(微风化)	泥岩+泥质粉砂岩	2.77	2.77	Ⅲ	60
3#	D_1y^1-3(弱风化)	灰岩+白云岩	2.82	2.82	Ⅲ	50
	D_1y^1-1(弱风化)	泥岩+泥灰岩	2.79	2.77	Ⅲ	
	D_1y^1-1(微风化)	泥岩+泥灰岩	2.79		Ⅲ	
	D_1n_{13-3}(微风化)	泥质粉砂岩+粉砂岩	2.74		Ⅱ	
4#	D_1n_{13-2}(弱风化)	泥岩+泥质粉砂岩	2.77	2.76	Ⅲ	30
	D_1n_{13-3}(弱风化)	泥质粉砂岩+粉砂岩	2.75		Ⅲ	
5#	D_1n_{12}(微风化)	含泥细砂岩+细砂岩	2.69	2.69	Ⅱ	90

在地质力学模型制作过程中,为保证模型试验结果的真实可靠性,需做到岩体模型材料与原型材料在力学性能上保持相似。对岩体来说,着重模拟其容重以及变形模量相似。按表 5-5 中的模型岩体材料参数,配置不同配比的相似材料,制成不同类型岩体试块[见图 5-24(a)],岩体试块尺寸为长×宽×高 = 10 cm×10 cm×5 cm,在 MTS-815 材料特性试验机[见图 5-24(b)]和模型材料压剪剪切试验仪(见图 5-23)上进行测试,测得模型材料的容重 γ_m 和变形模量值 E_m,并根据试验结果调整材料配合比,以达到岩体设计力学指标,几

类模型材料的最终关系曲线见图 5-25 ~ 图 5-29。根据岩体材料试验成果，配制出满足不同类型岩体力学参数相似关系的各类材料配比，各类岩体均以重晶石粉为主，高标号机油为胶结剂，不同岩类掺入不同量的添加剂等，按不同配合比制成混合料，再用 BY－100 半自动压模机(见图 5-30)压制成小块体备用(见图 5-31)，块体尺寸以 10 cm×10 cm×5 cm 为主，在局部区域，为免把块体切割得太破碎，采用 10 cm×10 cm×2.5 cm、10 cm×10 cm×3 cm、10 cm×10 cm×3.5 cm 的小块体(见图 5-32)。

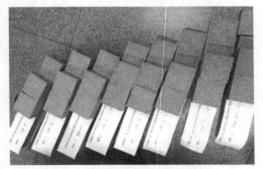

(a) 坝基材料试验试件

(b)MTS－815 材料特性试验机

图 5-24

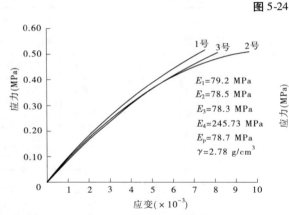

图 5-25　坝基 1# 材料变形模量测试曲线

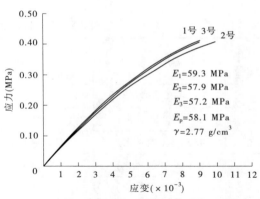

图 5-26　坝基 2# 材料变形模量测试曲线

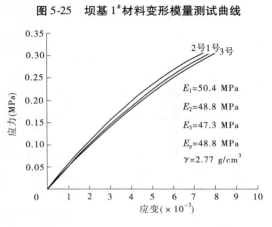

图 5-27　坝基 3# 材料变形模量测试曲线

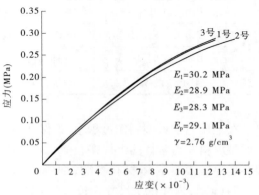

图 5-28　坝基 4# 材料变形模量测试曲线

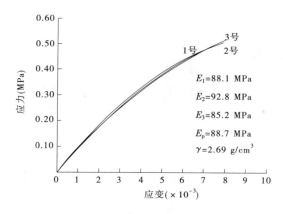

图 5-29　坝基 5#材料变形模量测试曲线

图 5-30　BY - 100 半自动压模机

坝基岩层抗剪强度参数原型值如表 5-6 所示,在满足各类岩体材料的变形模量及容重指标后,选择坝基中的三类主要岩层($D_1 n_{13-2}$微风化、$D_1 n_{13-3}$微风化、$D_1 y^1 - 1$弱风化)进行岩石/岩石抗剪材料试验,选择与闸底板、护坦相接触的四类岩体($D_1 n_{13-2}$微风化、$D_1 n_{13-2}$弱风化、$D_1 n_{13-3}$弱风化、$D_1 y^1 - 1$弱风化)进行岩石/混凝土抗剪材料试验,按相似关系要求,取原模型的摩擦系数比 $C_f = 1$、黏聚力比 $C_c = 100$ 换算得到相应的模型材料力学参数,模型材料参数如表 5-6 ~ 表 5-8 所示。

图 5-31　坝基材料分组备块　　　　　图 5-32　坝基局部采用的小块体材料

表 5-6　坝基岩层抗剪强度参数(原型值)

岩层编号	风化状态	相应工程地质类别	岩石/混凝土			岩石/岩石		
			f'	c'(MPa)	f	f'	c'(MPa)	f
D_1y^1-3	弱风化	Ⅲ	0.92	0.76	0.55	0.86	0.82	0.60
D_1y^1-2		Ⅲ	0.94	0.78	0.57	0.88	0.85	0.62
D_1y^1-1		Ⅲ	0.90	0.75	0.55	0.85	0.80	0.60
D_1n_{13-3}		Ⅲ-Ⅳ	0.87	0.72	0.53	0.81	0.79	0.58
D_1n_{13-2}		Ⅲ	0.91	0.75	0.55	0.85	0.82	0.60
D_1n_{13-1}		Ⅲ	0.97	0.84	0.58	0.94	0.97	0.63
D_1n_{13-3}	微风化	Ⅱ	1.12	1.12	0.66	1.21	1.58	0.71
D_1n_{13-2}		Ⅲ	1.02	1.02	0.60	1.11	1.45	0.64
D_1n_{13-1}		Ⅱ	1.13	1.13	0.66	1.23	1.63	0.71
D_1n_{12}		Ⅱ	1.19	1.19	0.70	1.29	1.72	0.75

表 5-7　坝基主要岩石/岩石抗剪参数(模型值)

岩层编号	相应工程地质类别	岩石/岩石		
		f'	$c'(\times10^{-2}$ MPa)	f
D_1y^1-1(弱风化)	Ⅲ	0.86	0.82	0.60
D_1n_{13-3}(微风化)	Ⅱ	1.21	1.58	0.71
D_1n_{13-2}(微风化)	Ⅲ	1.11	1.45	0.64

　　抗剪材料试验在图 5-21 所示的抗剪试验仪上进行,岩石/混凝土试验采用 4 块 10 cm × 10 cm × 5 cm 岩体材料平铺而成,其上覆盖相同尺寸的底板材料块体进行抗剪试验;岩石/岩石试验采用 8 块 10 cm × 10 cm × 5 cm 岩体材料平铺两层进行试验,根据不同抗剪强度要求,岩石/混凝土、岩石/岩石均需采用不同宽度的黏接。

表 5-8 坝基主要岩石/混凝土抗剪参数(模型值)

岩层编号	相应工程地质类别	岩石/混凝土		
		f'	$c'(\times 10^{-2}$ MPa$)$	f
$D_1 y^1 - 1$(弱风化)	III	0.90	0.75	0.55
$D_1 n_{13-3}$(弱风化)	III ~ IV	0.87	0.72	0.53
$D_1 n_{13-2}$(弱风化)	III	0.91	0.75	0.55
$D_1 n_{13-2}$(微风化)	III	1.02	1.02	0.60

这里需说明的是,一般在模型试验中,对岩体和结构面抗剪断强度指标 f'、c' 值,只需求 $C_f = 1$,而忽略 c' 值的作用。这是因为模型材料的 c' 值非常小,近乎为零,如表 5-7、图 5-8 所示。实际上,由地质力学模型材料实测结果可知,一般是 f' 值偏低,c' 值又偏高,特别是岩体材料更为明显。因此,试验选材时,只求模型材料的 f'_m 与原型材料的 f'_p 相似,而忽略模型材料 c'_m 值影响,无形中提高了 c'_m 值,难以满足材料的相似要求,从而可能出现由试验所得安全度偏高的结果。为此,我们采用由模型材料实测得的 f'_m 与 c'_m 值,以 $f' \sim c'$ 综合效应,即 $\tau'_m = f'_m \sigma_m + c'_m$ 求得 τ'_m 值,使之满足相似要求,这样处理更为符合工程实际。

5.4.6.3 软弱夹层变温相似材料的研制

坝基中的软弱夹层、节理裂隙是影响 28# 坝段坝基抗滑稳定的主要因素,其力学指标如表 5-9 所示,在大藤峡 28# 坝段工程中,根据模型试验的研究目的和研究内容,在本次地质力学模型中主要对模拟的那高岭组 $D_1 n_{13-2}$、$D_1 n_{13-3}$ 岩层以及郁江阶 $D_1 y^1 - 1$ 岩层中的 6 条软弱夹层作降强处理,因此根据相似关系换算得到这两种岩层中软弱夹层的模型材料力学参数,详见表 5-10。软弱夹层降强幅度约为 10%,因而需针对大藤峡工程的地质条件研制相应的变温相似材料。

表 5-9 坝基软弱夹层主要地质参数(原型值)

结构面名称及部位	抗剪(断)强度			变形模量(GPa)
	f'	$c'($MPa$)$	f	
软弱夹层($D_1 n_{11-7}$)	0.26	0.015	0.25	0.15
软弱夹层($D_1 n_{13-1}$—$D_1 n_{13-3}$)	0.28	0.02	0.26	0.15
软弱夹层($D_1 y^1 - 1$)	0.32	0.04	0.26	0.15
软弱夹层($D_1 y^1 - 2$)	0.3	0.03	0.24	0.15

表 5-10 坝基软弱夹层主要地质参数(模型值)

结构面名称及部位	抗剪(断)强度			变形模量($\times 10^{-1}$ MPa)
	f'	$c'(\times 10^{-2}$ MPa$)$	f	
软弱夹层($D_1 n_{13-1}$—$D_1 n_{13-3}$)	0.28	0.02	0.26	15
软弱夹层($D_1 y^1 - 1$)	0.32	0.04	0.26	15

变温相似材料是一种新型模型材料,是将高分子材料与传统的模型材料结合起来,即在模型材料中加入适量的高分子材料及相关添加材料,同时在模型中配置升温系统,在试验过程中通过升温的方法使高分子材料逐步熔解,材料的抗剪断强度参数逐步降低,以此模拟岩体及结构面的力学参数逐步弱化的力学行为,在一个模型上实现综合法试验。变温相似材料在模型应用过程中,首先要在常温状态下配制满足与原型抗剪断强度参数相似的模型材料(材料曲线见图5-33、图5-34),然后进行变温过程的剪切试验,测得抗剪断强度 τ、f'、c' 与温度 T 之间的关系曲线,以此作为判定强度储备系数的依据。

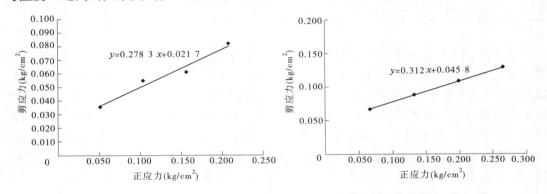

图 5-33　D_1n_{13-2}—D_1n_{13-3} 岩层中软弱夹层　　　　图 5-34　D_1y^1-1 岩层中软弱夹层
抗剪断强度参数试验曲线　　　　　　　　　　抗剪断强度参数试验曲线

软弱夹层变温相似材料主要依据结构面的抗剪断强度的相似关系进行选配。根据表 5-10 的模型力学参数值,按 $f'\sim c'$ 综合效应得到抗剪断强度 $\tau(f',c')$,经大量的材料试验研制后选取以重晶石粉、机油及可熔性高分子材料等配制结构面的相似材料。然后在此基础上进行材料的变温试验,得出各变温相似材料的温度 T 与抗剪断强度 τ 的关系曲线,根据表 5-10 中的参数,本次试验变温相似材料分为两类,其变温相似材料 $\tau_m\sim T$ 关系曲线见图 5-35、图 5-36。各软弱夹层在制作时根据不同区域的抗剪断强度,分别采用不同的变温相似材料进行模拟。

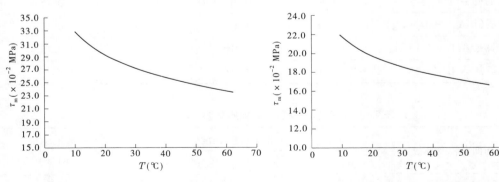

图 5-35　D_1n_{13-2}—D_1n_{13-3} 岩层中软弱夹层　　　　图 5-36　D_1y^1-1 岩层中软弱夹层
变温相似材料 $\tau_m\sim T$ 关系曲线　　　　　　　　　变温相似材料 $\tau_m\sim T$ 关系曲线

5.4.7 模型制作及加工工艺

5.4.7.1 模型闸室及下游护坦的制作

模型闸墩及底板、下游护坦均采用相似材料，按设计体型浇筑成坝坯，经干燥养护后使用。考虑到模型闸墩、底板及下游护坦尺寸均较小，后期精修加工时容易损坏，因此模型坝坯浇筑时预留有富余尺寸，并考虑一定数量的备用坝坯。模型浇筑完成的坝坯详见图5-37。

图5-37 闸墩、底板及护坦浇筑毛坯

当模型坝基砌筑至建基面高程后，首先按照设计要求，将闸室底板、下游护坦与坝基黏结好，待干燥达到强度要求后，再将闸墩分别按照设计强度要求黏结到底板上。下游护坦的横缝自然形成，不进行黏结。模型闸室、护坦黏结完成情况见图5-38、图5-39。

图5-38 中墩、底板及护坦安装完毕

图5-39 闸墩、底板及护坦全部安装完毕

5.4.7.2 模型坝基制作与加工

模型制作时采用顺河向及沿高程方向交叉控制。在模型砌筑前，先在模型钢架上确定出各岩层及软弱夹层的位置（见图5-40），各类岩体采用不同配合比的岩体相似材料，根据地质特征压制成小块体砌筑而成，块体尺寸一般为 10 cm × 10 cm × 5 cm；在那高岭组 D_1n_{13-3} 岩层中存在 R17、R18 这2条软弱夹层，郁江阶 D_1y^1-1 岩层中存在 R19、R20 这2条软弱夹层，使得这两处岩层在模型上岩体尺寸极小，为了便于模型的砌筑，并使模型岩体不至于被制作工艺切割得很零碎，因此在那高岭组 D_1n_{13-3} 岩层、郁江阶 D_1y^1-1 岩层中采用 10 cm × 10 cm × 2.5 cm、10 cm × 10 cm × 3 cm 及 10 cm × 10 cm × 3.5 cm 的小块体尺寸。软

弱结构面的制作与加工采用 2 类不同的软弱结构面相似材料,那高岭组 $D_1 n_{13-2}$、$D_1 n_{13-3}$ 岩层中的 R9、R14、R17、R18 这 4 条软弱夹层采用 1# 变温相似材料,郁江阶 $D_1 y^1 - 1$ 岩层中的 R19、R20 这 2 条软弱夹层采用 2# 变温相似材料。软弱夹层由于厚度极小,无法压块制模,因此按要求选定不同配合比的变温相似材料,根据地质剖面图沿各软弱结构面的产状敷填而成。

模型基础砌筑时,先在左下角最底层的 $D_1 n_{12}$ 岩层中,按照岩层走向在起始高程处起坡,按照岩层走向开始砌筑,节理裂隙与岩层走向相垂直,且不切割岩类分界线以及软弱夹层。在软弱夹层上进行电阻丝、变温监控系统的制作与安装。

模型制作过程详见图 5-41 ~ 图 5-48,坝基制作完成后的模型详见图 5-49,坝基砌筑及坝体安装完成后全貌见图 5-50。

图 5-40　模型钢架及钢化玻璃上放线

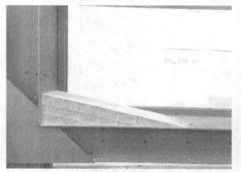

图 5-41　模型起坡照片　　　　　图 5-42　模型完成 $D_1 n_{12}$ 岩层砌筑

5.4.8　模型加载系统

5.4.8.1　模型荷载及其组合

根据委托单位提供的资料,大藤峡 28# 坝段在正常工况下受坝体自重 W、水重、门机重、钢梁重、上下游水压力、扬压力、浪压力等荷载的作用。在物理模型试验中,坝体自重由模型材料容重相等实现;扬压力由于模型试验技术方法受限,未能在物理模型中进行模拟;水重、门机重、钢梁重可以作为抗滑稳定的安全储备,在模型试验中做简化处理,不进行模拟。综上所述,泄水闸 28# 坝段物理模型模拟的荷载包括自重以及上下游水压力、浪压力。

图 5-43　D_1n_{13-2}岩层软弱夹层 R9 敷设　　　　　图 5-44　D_1n_{13-2}岩层软弱夹层 R14 敷设

图 5-45　D_1n_{13-3}岩层软弱夹层 R17 敷设　　　　　图 5-46　D_1n_{13-3}岩层软弱夹层 R18 敷设

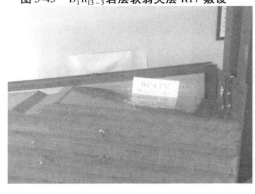

图 5-47　D_1y_{1-1}岩层软弱夹层 R19 敷设　　　　　图 5-48　D_1y_{1-1}岩层软弱夹层 R20 敷设

5.4.8.2　加载方式选择

在地质力学模型试验中,通常采用液压、气压和小型千斤顶加载,本次试验采用油压千斤顶进行加载。所用千斤顶数量与规格由荷载分布及分块计算确定。油压千斤顶用 WY - 300/VⅢ型 4 通道自控油压稳压装置供压,加压装置见图 5-51。

5.4.8.3　荷载分层分块

根据闸坝荷载分布形式、荷载大小、坝高、千斤顶规格与油压出力等因素综合考虑,将荷载沿高程方向分为 2 层,因为是三维模型,每层就是一个坝段宽度的一块传压板。上层荷载较小,采用 0.8 t 的小吨位千斤顶,下层荷载相对较大,采用 1.4 t 油压千斤顶,千斤顶作用在

图 5-49　模型坝基砌筑完成全貌　　　　　　图 5-50　模型坝基坝体砌筑安装完成全貌

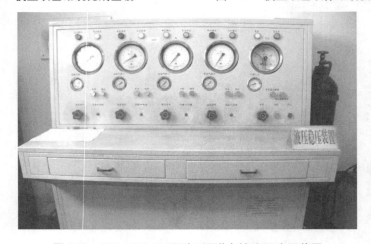

图 5-51　WY-300/VⅢ型 4 通道自控油压稳压装置

荷载分块的形心点上,用 WY-300/VⅢ型 4 通道自控油压稳压装置的 2 个油压通道分层进行加压,并通过传压系统将荷载分布施加在闸墩及底板上游面。模型闸墩及底板上游侧荷载分块见图 5-52,加载系统安装完成后的情况见图 5-53。

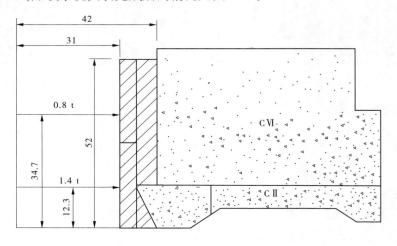

图 5-52　模型荷载分层分块图　(单位:cm)

图 5-53　加载系统布置完成全貌

5.4.9　模型量测系统

地质力学模型试验属于非线性破坏试验,它所使用的模型材料为高容重、低变形模量及低强度的非线性材料,模型量测主要进行变位量测,包括闸室段及下游护坦段的表面变位量测、坝基的表面变位量测。此外,在闸墩及底板典型部位布置应变测点,进行应变量测,以此作为判断安全度的依据之一。对于综合法地质力学模型试验,还需在软弱夹层变温相似材料中布置升温降强控制系统。

综上所述,本次地质力学模型试验主要有三大量测系统,即表面变位量测系统、应变量测系统、升温降强控制系统。

5.4.9.1　闸坝、护坦、坝基表面变位量测

在闸墩顶部上下游、下游护坦表面等位置以及在坝基剖面每条软弱夹层的上下盘位置布置变位测点,为了测试模型的对称性,在左边墩以及中墩顶部也分别布置了变位测点,同时在坝基面上布置了横河向的位移计,以监测坝基是否因受力不均产生横河向位移。在模型上共布置了 40 个变位测点,分别测试顺河向及竖直向变位,以及个别的横河向变位,共布置位移计 82 支,采用 SP – 10A 型位移数显仪测试(见图 5-56)。表面变位测点布置详见图 5-54、图 5-55。模型表面位移计安装完成后的全貌见图 5-57。

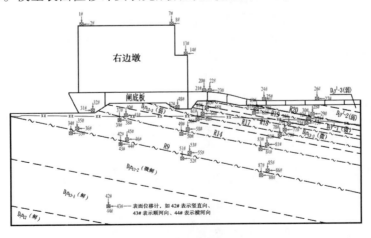

图 5-54　模型表面变位测点布置图

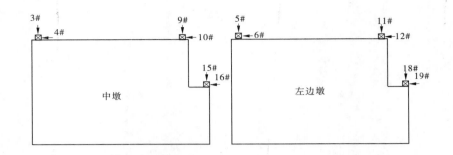

图 5-55　中墩及左边墩表面变位测点布置图

图 5-56　SP – 10A 型位移数显仪

图 5-57　表面变位测试系统安装完成全貌

5.4.9.2　闸墩及底板应变量测

应变量测主要监测闸坝与地基变形及承载能力发生变化时,闸室应变所产生的相应变化。由于受坝体模型材料非线性特性的限制,应变测点所测得的应变值不能换算为闸坝应力,但应变曲线的变化特征可作为判定闸坝稳定安全系数的重要依据之一。

在左右闸墩侧面靠近闸室底板处布置了 8 个测点,在中墩的左右侧面共布置了 8 个测点,在底板建基面处左右两侧共布置了 7 个测点。综上所述,本次试验共布置 23 个应变测点,每个测点在水平向、竖直向及 45°方向分别贴一电阻应变片,共布置 69 张应变片,应变片布置见图 5-58、图 5-59,闸坝应变测点布置完成见图 5-60,应变量测采用 UCAM – 70A 型多点万能数字测试装置,见图 5-61。

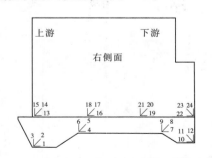

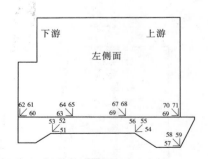

图 5-58　左右边墩及底板应变测点布置图

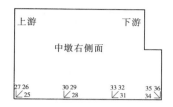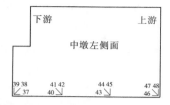

图 5-59　中墩左右侧面应变测点布置图

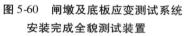

图 5-60　闸墩及底板应变测试系统
安装完成全貌测试装置

图 5-61　UCAM - 70A 型多点万能数字

5.4.9.3　升温降强控制系统

本次模型采用超载与降强相结合的综合法进行试验,降强阶段的试验主要是通过升温的办法实现模型材料强度的降低,即用热效应来产生力学效应的变化,试验中要想实现升温降强,重点就是要能进行升温,同时还需要对温度的升高进行严格控制,以确保升温降强的过程是可控的,因此升温降强控制系统包括了升温系统和温度控制系统。其中,升温系统由埋设在模型内的电阻丝(直接与变温相似材料接触的加热设备)、模型外的加热控制设备(主要通过调压器进行加热控制),以及连接电阻丝和调压器的电线组成,调压器可调整电压实现温度的调节。温度控制系统由模型外的温度巡回检测仪、埋设在变温相似材料中的热电偶以及两者的连线组成,连接好后通过外部的温度巡回检测仪(XJ - 100 型温度巡回检测仪),测试埋设部位的温度值。电阻丝和热电偶分别随模型的砌筑进程在设计位置埋设。在设备埋设过程中需要注意,一是要合理布置模型砌筑过程中的施工工序,顺利埋入各种模型测试、加热内埋系统及其配套设施,确保其正常工作运行而不相互干扰;二是要注重各种材料在温度变化过程中的协调性和同步性。

本次试验需要对坝基模拟的 6 条软弱夹层采用升温降强试验技术,在每条夹层层面上全断面均匀布置电阻丝,保证软弱夹层的强度参数均匀降低,同时将热电偶埋设于电阻丝旁一定距离处,既能准确地测定内部温度升高的情况,又避免与电阻丝直接接触而损坏。电阻丝和热电偶均通过引出线与模型外的控制设备相连,通电后,电阻丝受热升温,热量传递给变温相似材料,使其中的粒状高分子材料熔化,从而降低材料的抗剪断强度参数。

本次试验在 6 条软弱夹层上布置了 7 支热电偶分别监测各区域的温度值(详细布置见图 5-62),其中软弱夹层 R9 在模型上的总长度达到 2.2 m,因此分两段埋设电阻丝及热电偶,其他夹层分别布设一组电阻丝及一个热电偶,根据变温相似材料的不同类型,需要采用两台调压器进行监控,其中 R9、R14、R17、R18 为一类变温相似材料,其深度升高值一致,因此需要采用一台调压器进行监控;R19 和 R20 采用的是另一类变温相似材料,也需要采用一台调压器进行监控。考虑到 R9 和 R14 两条软弱夹层的埋深相对较深,温度升高相对会较慢,因此又把 R9 和 R14 两条夹层上的电阻丝单独连接到一台调压器。所以,模型上总共采用 3 台调压器来控制升温降强的幅度,温度调压器与巡检仪见图 5-63、图 5-64。

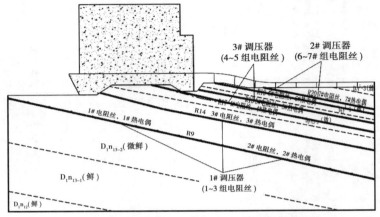

图 5-62　电阻丝、热电偶及调压器布置图

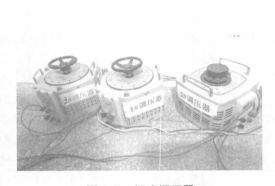

图 5-63　温度调压器

图 5-64　XJ－100 型温度巡检仪

5.5　闸坝与地基变形及破坏特性分析

根据试验任务要求,本次试验采用降强与超载相结合的综合法试验,正常工况下降低坝基 6 条软弱夹层的抗剪强度约 10% ,在此基础上对上游水荷载分级进行超载,直至闸坝与地基出现整体失稳破坏,观测各级荷载下闸坝与基础的变形、破坏形态,在超载系数为 4.0 之前,超载步长按照 $0.2P_0$(P_0 为正常工况下的水荷载)递增,在 $4.0P_0$ 之后按照 $4.3P_0$、$4.6P_0$、$5.0P_0$、$5.3P_0$、$5.6P_0$、$6.0P_0$、$6.3P_0$、$6.6P_0$、$7.0P_0$、$7.3P_0$、$7.6P_0$、$8.0P_0$、$8.5P_0$ 进行超载。通过模型破坏试验获得以下主要成果:

(1)闸坝与底板上测点顺河向变位 δ_H、竖直向变位 δ_V 与超载安全系数 K_P 发展过程图,即 $\delta \sim K_P$ 关系曲线,详见图 5-67 ~ 图 5-70。

(2)闸坝应变测点应变 μ_ε 与超载安全系数 K_P 变化发展过程图,即 $\mu_\varepsilon \sim K_P$ 关系曲线,详见图 5-71 ~ 图 5-75。

（3）坝基上测点顺河向变位 δ_H、竖直向变位 δ_V 与超载安全系数 K_P 发展过程图,详见图 5-79 ~ 图 5-102。

（4）闸坝与坝基的破坏过程及破坏形态。

根据上述四个方面的试验结果,尤其是通过分析各关系曲线的超载特征,如曲线的波动、拐点、增长幅度、转向等特征,可综合分析出各阶段的破坏过程,提出超载系数 K'_P、降强系数 K'_S,得到综合稳定安全系数 K_{SC}。

5.5.1 闸坝变位特性

5.5.1.1 正常工况变位特性

在左右边墩及中墩均布置了位移测点,测试数据显示闸墩受力均衡,边墩及中墩的位移数据基本一致,这里选取右边墩位移数值进行分析。正常工况下右闸墩顺河向和竖直向变位如图 5-65 所示。

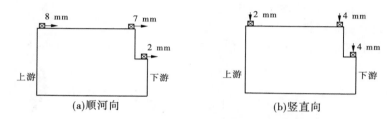

图 5-65　正常工况下闸墩顺河向和竖直向变位示意图

图 5-65 中箭头方向与变位方向一致,图中数据均为原型值,下同。

从图 5-65 可以看出,正常工况下,闸墩顺河向往下游变位,上部变位大于下部变位,上游变位大于下游变位,顺河向变位值范围为 2 ~ 8 mm,最大值出现在闸墩上游顶部位置。在竖直方向,闸墩上游出现上抬变位,其值为 2 mm;下游沉降变位,其值为 4 mm。

正常工况下底板顺河向和竖直向变位如图 5-66 所示。

图 5-66　正常工况下底板顺河向和竖直向变位示意图

从图 5-66 可以看出,正常工况下,底板顺河向往下游变位,上游测点变位值为 4 mm,下游测点变位值为 2 mm;竖直向发生较小的沉降变位,其值均为 1 mm。

综合闸墩和底板顺河向及竖直向变位特征可以看出,正常工况下总体发生向下游以及下沉变位特征,数值不大,坝体处于正常工作状态。这里需要说明的是,本次试验所测得的位移仅为水荷载引起的变位,不包括施工期产生的位移。

5.5.1.2 降强阶段变位特性

保持正常荷载作用,在此基础上进行降强阶段试验,即降低坝基软弱夹层抗剪强度约 10%。

降强前后各测点变位关系如表 5-11 所示。

表 5-11　降强前后闸墩、底板各测点位移变化关系　　　　（单位:mm）

工况	闸墩			底板	
顺河向测点	2#	8#	14#	31#	47#
正常工况	8	7	2	4	2
降强 10%	11	10	5	4	5
竖直向测点	1#	7#	13#	32#	48#
正常工况	2	4	4	1	1
降强 10%	3	6	8	3	5

从表 5-11 中可以看出,在降强阶段闸墩及底板顺河向变位向下游稳步增长,但增幅不大。受坝基软弱夹层降强的影响,竖直向变位增幅相对顺河向变位增幅稍大,说明坝基抗剪强度参数降低对竖直向变位的影响较明显。

5.5.1.3　超载过程变位特性

闸墩和底板测点顺河向和竖直向变位 δ 与超载倍数 K_P 关系曲线见图 5-67 ~ 图 5-70 所示。

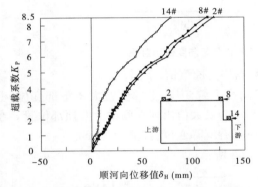

图 5-67　闸墩测点顺河向变位 $\delta_H \sim K_P$ 关系曲线

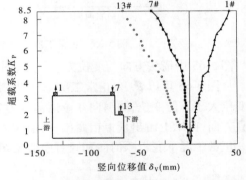

图 5-68　闸墩测点竖直向变位 $\delta_V \sim K_P$ 关系曲线

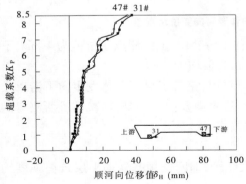

图 5-69　底板测点顺河向变位 $\delta_H \sim K_P$ 关系曲线

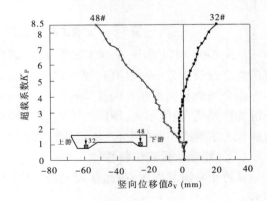

图 5-70　底板测点竖直向变位 $\delta_V \sim K_P$ 关系曲线

说明:顺河向变位以向下游为正,竖直向变位以上抬为正。

从图 5-67 ~ 图 5-70 分析可以得出：

（1）顺河向变位特征：在超载阶段，闸坝总体发生向下游的变位，顶部变位大于下部变位，上游变位大于下游变位。从测点变位与超载倍数关系曲线来看，在超载倍数 $K_P = 3.0$ 之前，各测点变位稳步增长，其增幅较小；在 $K_P \geqslant 3.0 \sim 3.6$ 之后，位移值的变化幅度明显增大，曲线斜率变缓、增长速度加快，部分测点出现拐点；在 $K_P \geqslant 6.0$ 时，曲线斜率进一步变缓、变位增长速度进一步加快；在 $K_P = 8.5$ 时，大部分测点读数出现不稳定现象。

（2）竖直向变位特征：在超载初期，各测点竖直变位值均较小，闸墩上游顶部出现上抬变位，其他测点为沉降变位；在超载倍数 $K_P = 3.0$ 之前，各测点变位值随着超载倍数稳步增加；在 $K_P \geqslant 3.0 \sim 3.6$ 之后，各测点的变位值开始快速增长，底板上游部位的变位出现反向，由原来的沉降变位逐步变为上抬变位；从测点变位数值上看，在同一超载倍数下，闸墩下部变位大于顶部变位，且相对于顺河向变位值，竖直向变位值较小。

5.5.2　闸坝应变分布规律

闸坝左右边墩及中墩上均布置了应变测点，从测试数据看，左右边墩及中墩的数值基本一致，因此这里还是选取右边墩应变数据进行分析。右边墩及底板各测点应变 μ_ε 与超载倍数 K_P 关系曲线如图 5-71 ~ 图 5-76 所示，曲线中应变以拉为正、压为负，余同。由于受闸坝材料非线性特性的限制，闸坝上的应变值不能换算成应力，但可作为判定安全系数的依据，通过分析应变曲线的波动、拐点、增长幅度、反向等特征，可以反映出不同超载阶段的破坏特征，得到不同超载阶段的破坏过程和安全系数。

由应变与超载倍数关系曲线可见，闸墩和底板主要受压，上游坝踵区域随超载倍数增加，出现受拉现象，但拉应变数值均不大。此外，大部分应变测点的变化规律比较一致，可为判定安全系数提供充分依据。从阶段分析来看，在正常工况下，即 $K_P = 1.0$ 时，应变较小，闸墩和底板主要受压，上游坝踵区域测点出现较小的拉应变，闸墩和底板整体呈现出坝踵小拉或小压、坝趾受压的状态；降强阶段，闸墩和底板的应变有一定的变化，但变化不大；在超载阶段，应变随超载系数的增加而逐渐发生变化，在 $K_P = 1.8$ 时，应变曲线发生一定波动；当 $K_P = 3.0 \sim 3.2$ 时，应变曲线出现明显波动、转折，闸墩和底板上游部位的受拉现象更为明显，这主要是受超载阶段闸坝的受力特征影响所致；当 $K_P > 5.0$ 后，大部分应变曲线发生较大波动，应变出现不稳定现象，闸坝逐渐出现失稳趋势。

5.5.3　闸基变位特性

5.5.3.1　正常工况变位特性

正常工况下坝基表面变位主要呈现出：顺河向变位向下游、竖直向变位向下，也即沉降变位的趋势，仅有个别测点有上抬现象，如 R9 软弱夹层上 42# 测点。从变位值来看，正常工况下，大部分测点的变位值均较小，且总体呈现沉降变位大于顺河向变位、坝基浅表层变位大于深部变位现象，变位值较大的区域主要是闸趾区域，以及护坦基础软弱夹层 R18、R19、R20 出露的部位，如坝基顺河向的 66#、64#、62# 测点以及 70#、68# 测点，其变位值为 5 ~ 8 mm（原型值，下同），竖直向的 65#、63#、61# 测点以及 69#、67# 测点，其变位值为 -6 ~ -12 mm（负号表示沉降变位）。正常工况下，坝基各测点的变位情况如图 5-77 所示，测点编号如图 5-78 所示。

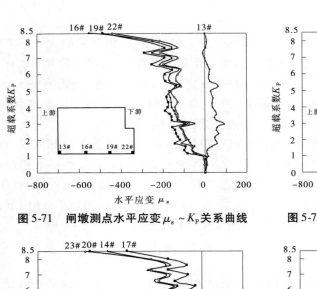

图 5-71　闸墩测点水平应变 $\mu_\varepsilon \sim K_P$ 关系曲线

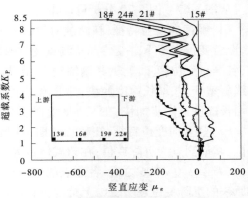

图 5-72　闸墩测点竖直应变 $\mu_\varepsilon \sim K_P$ 关系曲线

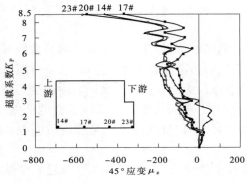

图 5-73　闸墩测点 45° 应变 $\mu_\varepsilon \sim K_P$ 关系曲线

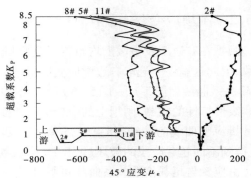

图 5-74　底板测点 45° 应变 $\mu_\varepsilon \sim K_P$ 关系曲线

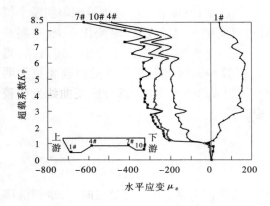

图 5-75　底板测点水平应变 $\mu_\varepsilon \sim K_P$ 关系曲线

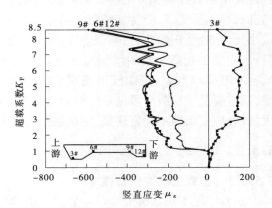

图 5-76　底板测点竖直应变 $\mu_\varepsilon \sim K_P$ 关系曲线

从图 5-77 可以看出,顺河向变位:靠近闸趾断面的基础位移最大,往上下游的基础位移逐渐减少,这种规律主要由闸坝受力特征决定的,闸坝在上游水荷载和自重荷载作用下,闸趾断面承受最大的压力,往上游和下游所受荷载都逐步减少。竖直向变位:埋深相对较深的软弱夹层 R9 和 R14 的变位值均较小,正常工况下变位值仅为 $1 \sim 2$ mm,而埋深较浅的软弱

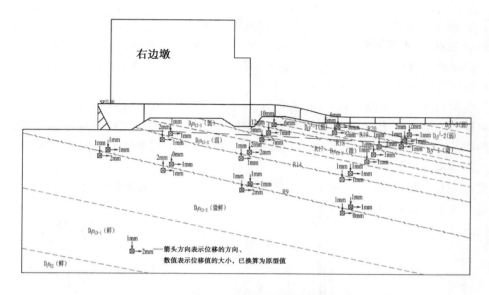

图 5-77 正常工况下坝基各测点顺河向和竖直向变位示意图

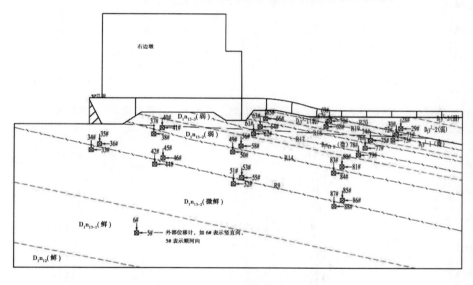

图 5-78 模型坝基表面变位测点布置图

夹层 R17、R18、R19、R20 变位值相对较大,特别是 R17、R18 在靠近坝趾出露部位,最大变位值达到 -12 mm。由此可见,在正常工况下,浅表层的缓倾角软弱夹层对闸坝的工作性态有一定影响。

5.5.3.2 降强阶段变位特性

在坝基 6 条软弱夹层升温降强的过程中,坝基的变位值均有一定的增长,受降强的影响,沉降变位值增加较顺河向变位大。相对于正常工况,降强后的软弱夹层 R9 各测点的顺河向变位增加 0~4 mm,沉降变位增加 0~9 mm;软弱夹层 R14 各测点的顺河向变位增加 0~4 mm,沉降变位增加 0~10 mm;软弱夹层 R17 各测点的顺河向变位增加 1~4 mm,沉降变位增加 2~12 mm;软弱夹层 R18 各测点的顺河向变位增加 1~4 mm,沉降变位增加 7~

12 mm;软弱夹层 R19 各测点的顺河向变位增加 1~3 mm,沉降变位增加 6~12 mm;软弱夹层 R20 各测点的顺河向变位增加 0~3 mm,沉降变位增加 4~9 mm。在同一条软弱夹层上,大部分测点的沉降变位呈现出上盘测点变位值大于下盘测点的现象。降强阶段各软弱夹层的变位曲线如图 5-79~图 5-90 所示。

从变位曲线分析可以得到:在降强阶段,各软弱夹层的变位值均有增加,相对而言,埋深较浅的软弱夹层 R17、R18、R19、R20 沉降变位值增大更为明显,说明坝基软弱夹层抗剪断强度的降低对竖直向变位的影响更为明显,且浅表层软弱夹层集中的部位,竖直向变位更容易受坝基强度降低的影响。

总体来看,坝基软弱夹层强度的降低,特别是坝基埋深较浅的软弱夹层的降强,对闸坝与地基的变形稳定影响较明显。

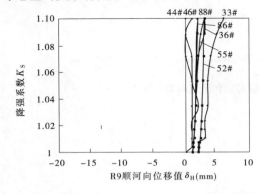

图 5-79　降强阶段 R9 顺河向位移 $\delta_H \sim K_S$ 关系曲线

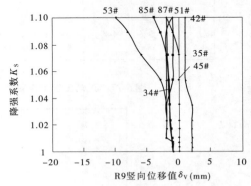

图 5-80　降强阶段 R9 竖向位移 $\delta_V \sim K_S$ 关系曲线

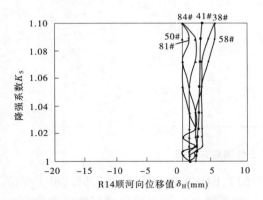

图 5-81　降强阶段 R14 顺河向位移 $\delta_H \sim K_S$
关系曲线

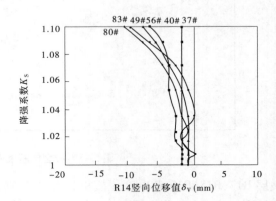

图 5-82　降强阶段 R14 竖向位移 $\delta_V \sim K_S$
关系曲线

5.5.3.3　超载阶段变位特性

随着超载系数的增加,坝基顺河向和竖直向变位值均逐步增长,特别是竖直向,大部分测点的沉降变位增加明显,同样表现出,埋深较浅的软弱夹层 R17、R18、R19、R20 变位值增加相对较大的现象。坝基各软弱夹层表面变位与超载系数 K_P 关系曲线如图 5-91~图 5-102 所示。

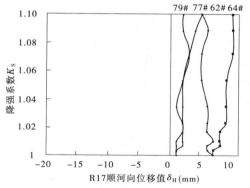

图 5-83 降强阶段 R17 顺河向
位移 $\delta_H \sim K_S$ 关系曲线

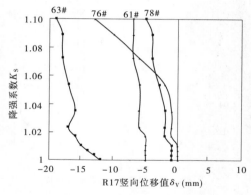

图 5-84 降强阶段 R17 竖向
位移 $\delta_V \sim K_S$ 关系曲线

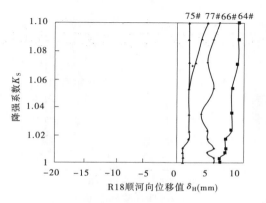

图 5-85 降强阶段 R18 顺河向
位移 $\delta_H \sim K_S$ 关系曲线

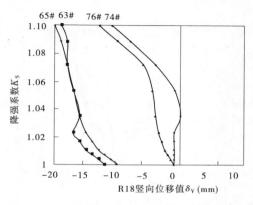

图 5-86 降强阶段 R18 竖向
位移 $\delta_V \sim K_S$ 关系曲线

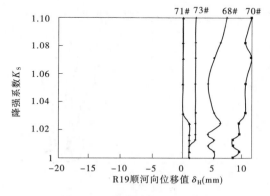

图 5-87 降强阶段 R19 顺河向
位移 $\delta_H \sim K_S$ 关系曲线

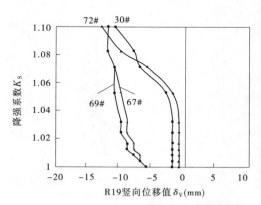

图 5-88 降强阶段 R19 竖向
位移 $\delta_V \sim K_S$ 关系曲线

从变位曲线可以看出,当超载系数 $K_P = 1.8$ 时,大部分测点的变位曲线出现一定的波动现象,特别是浅表层的表面变位测点,其波动现象较为明显,如图 5-95 ~ 图 5-102 所示,说明随着荷载的增加,坝基出现了一定的位移调整,R14 软弱夹层上的竖向变位测点 37#、40# 也

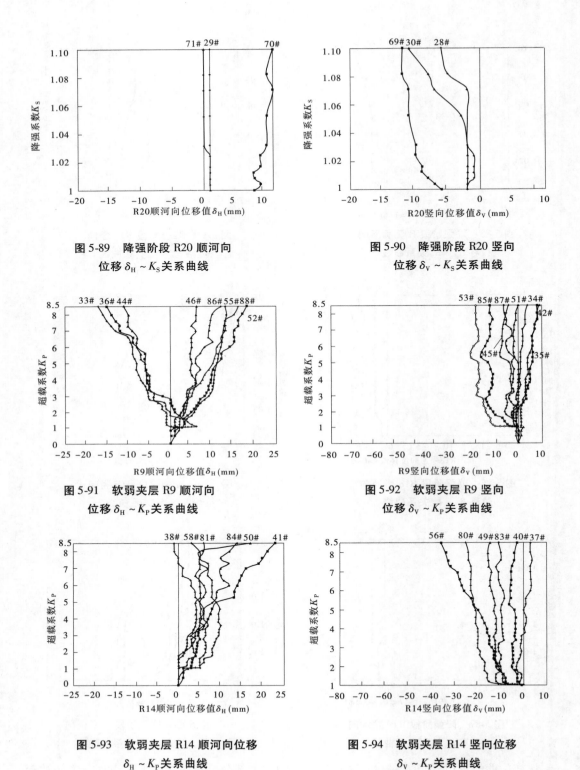

图 5-89　降强阶段 R20 顺河向
位移 $\delta_H \sim K_S$ 关系曲线

图 5-90　降强阶段 R20 竖向
位移 $\delta_V \sim K_S$ 关系曲线

图 5-91　软弱夹层 R9 顺河向
位移 $\delta_H \sim K_P$ 关系曲线

图 5-92　软弱夹层 R9 竖向
位移 $\delta_V \sim K_P$ 关系曲线

图 5-93　软弱夹层 R14 顺河向位移
$\delta_H \sim K_P$ 关系曲线

图 5-94　软弱夹层 R14 竖向位移
$\delta_V \sim K_P$ 关系曲线

有明显的波动,见图 5-103;当 $K_P = 2.0 \sim 2.8$ 时,大部分测点的变位稳步增长,靠近坝踵的坝

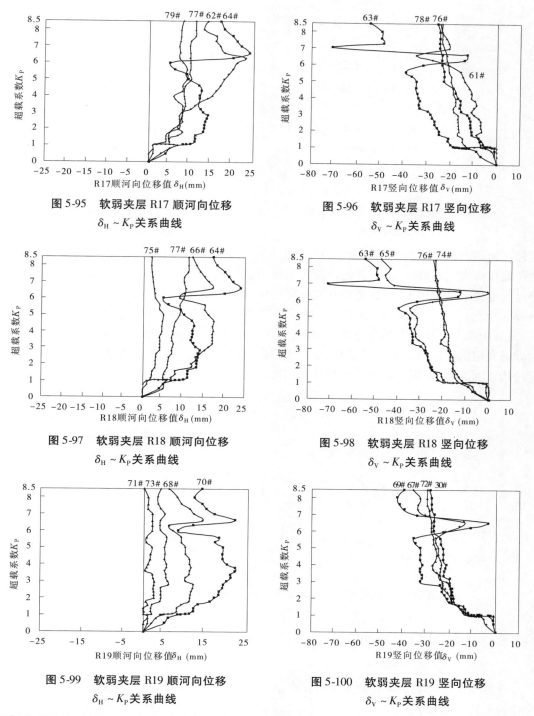

图 5-95　软弱夹层 R17 顺河向位移
$\delta_H \sim K_P$ 关系曲线

图 5-96　软弱夹层 R17 竖向位移
$\delta_V \sim K_P$ 关系曲线

图 5-97　软弱夹层 R18 顺河向位移
$\delta_H \sim K_P$ 关系曲线

图 5-98　软弱夹层 R18 竖向位移
$\delta_V \sim K_P$ 关系曲线

图 5-99　软弱夹层 R19 顺河向位移
$\delta_H \sim K_P$ 关系曲线

图 5-100　软弱夹层 R19 竖向位移
$\delta_V \sim K_P$ 关系曲线

基部分测点的变位出现反向的现象,如测点 $33^\#$ 在 $K_P = 2.2$ 时由原来的顺河向向下游变位反向为向上游变位,测点 $34^\#$ 和 $35^\#$ 在 $K_P = 2.4$ 时由原来的竖直向沉降变位反向为上抬变位,说明随着荷载的增加,闸坝在水荷载和自重的合力作用下,出现坝趾向下游的挤压变位,

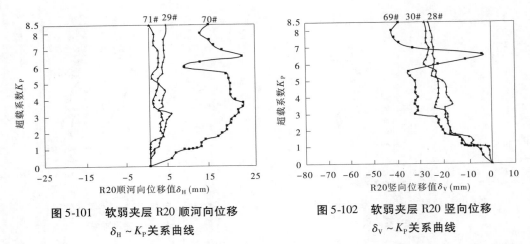

图 5-101　软弱夹层 R20 顺河向位移　　　　　图 5-102　软弱夹层 R20 竖向位移
　　　　　$\delta_H \sim K_P$ 关系曲线　　　　　　　　　　　　　　$\delta_V \sim K_P$ 关系曲线

坝踵区域则出现轻微的上抬和向上游变位的现象；当 $K_P = 3.0 \sim 3.6$ 时，坝基大部分测点的变位曲线再次出现波动现象，见各软弱夹层变位曲线图 5-91 ～图 5-103，且坝趾区域大部分测点的变位值已经较大，特别是竖直向沉降变位，如 $63^\#$ 测点的沉降变位已经达到 $-28 \sim -34\ \text{mm}$，$65^\#$ 为 $-27 \sim -31\ \text{mm}$，$69^\#$ 为 $-24 \sim -33\ \text{mm}$，说明坝基大部分区域已经进入屈服变形，之后坝基大部分测点的变位快速增加；当 $K_P > 5.0$ 时，坝基大部分测点的变位，特别是表层软弱夹层的变位出现大幅的波动，变位不稳定，变位值较大，至 $K_P = 8.5$ 时，各软弱夹层的变位均较大，闸坝与坝基出现沿基础浅表层滑动失稳趋势。

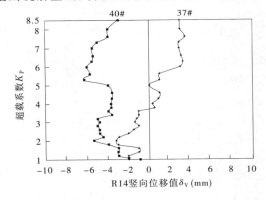

图 5-103　软弱夹层 R14 测点 $37^\#$、$40^\#$ 竖直向位移 $\delta_V \sim K_P$ 关系曲线

5.5.4　下游护坦表面变位特性

5.5.4.1　正常工况变位特性

正常工况下下游护坦表面变位值较小，顺河向变位为 $1 \sim 2\ \text{mm}$（原型值，下同），竖直向变位为 $-1 \sim -3\ \text{mm}$（负号表示沉降变位），最大变位为 $-3\ \text{mm}$，为闸趾处 $20^\#$ 测点的沉降变位，顺河向变位向下游，竖向以沉降变位为主，各测点变位值如表 5-12 所示，表中护坦编号和测点编号如图 5-104 所示。各测点顺河向变位基本相当，竖直向变位以靠近闸坝闸趾附近最大，越往下游变位值越小。

表 5-12　正常工况下下游护坦不同部位位移值　　　　　　　　　　（单位：mm）

部位	下游护坦①	下游护坦②	下游护坦④	下游护坦⑦
顺河向前排	1(21#)	2(23#)	2(25#)	2(27#)
竖直向前排	−3(20#)	−1(22#)	−1(24#)	−1(26#)

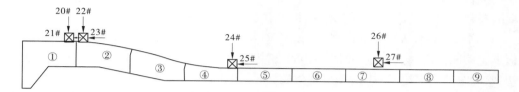

图 5-104　护坦分块编号和护坦上测点编号

5.5.4.2　降强阶段和超载过程变位特性

降强阶段：在坝基软弱夹层升温降强的过程中，下游护坦的变位逐渐增大，特别是竖直向的沉降变位，由于受到软弱夹层降强的影响，沉降变位增加较顺河向大，护坦的第①块和第④块由于其基础位于郁江阶组的软弱夹层 R19 和 R20 之上，因此其竖向变位更为明显，如 20# 位移测点的值从正常工况的 −3 mm 增大到降强结束时的 −7 mm，24# 位移测点的变位值从正常工况的 −1 mm 增大到降强结束时的 −7 mm。

超载阶段：随着超载系数的增加，护坦各测点的变位值逐步增大，竖直向变位增加较明显。当超载系数 $K_P = 1.8$ 时，部分测点的曲线出现一定的波动，如 21#、25# 测点的顺河向变位，以及 20#、24# 测点的沉降变位，说明护坦的变位出现一定的调整，之后变位稳步增长；当 $K_P = 3.0 \sim 3.6$ 时，大部分曲线出现波动现象；当 $K_P > 5.0$ 时，护坦变位增长较快，变位较大。

下游护坦超载过程变位曲线如图 5-105、图 5-106 所示。

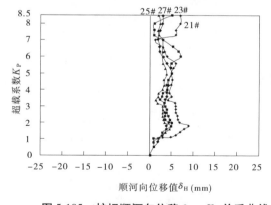

图 5-105　护坦顺河向位移 $\delta_H \sim K_P$ 关系曲线

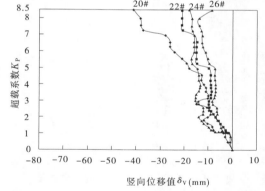

图 5-106　护坦竖向位移 $\delta_V \sim K_P$ 关系曲线

5.5.5　模型破坏过程

模型闸坝及基础的破坏发展过程，主要根据试验现场观测记录、闸坝段表面变位 δ 与闸坝应变 ε、闸坝底板表面变位 δ 与底板应变 ε、下游护坦及基础表面变位 δ 等资料综合分析得出，主要归纳为如下几个特点：

（1）在正常工况下，即超载系数 $K_P = 1.0$ 时，闸坝及坝基的变位值均较小，无异常现象，表明此时闸坝工作正常。

（2）在正常荷载作用下进行降强试验，当软弱夹层的抗剪强度降低约 10% 时，各测点变位和应变的测试数据有一定波动。受降强的影响，闸室底板竖直向变位及坝体应变的变化较为敏感，闸坝与坝基仍处于正常工作状态。

（3）保持 10% 的降强幅度进行超载试验，当超载系数 $K_P < 1.8$ 时，各测点的变位和应变数据随着超载倍数的增加而稳步增长，模型各部位无开裂破坏迹象。

（4）当超载系数 $K_P = 1.8$ 时，软弱夹层 R14 上靠近坝踵的测点变位曲线（见图 5-107）、底板上游侧的应变测点曲线（见图 5-108）出现波动，此时软弱夹层 R14 在坝基面出露处发生初裂，同时软弱夹层 R9 上游侧出现微裂缝，见图 5-109。模型在该部位发生初裂，主要与这两条软弱夹层所处位置、强度弱化，以及模型的制作加载方式有关。首先，R9 为坝基那高岭 $D_1 n_{13-2}$ 岩层中埋深相对较深的软弱夹层，R14 为出露于上游坝踵底板齿槽附近的软弱夹层，这两条夹层位于上游坝踵主要受拉区域，特别是 R14，正好出露于上游坝踵底板齿槽变坡处，该部位在上游水荷载作用下容易出现应力集中，从而导致 R14 出现开裂；其次，物理模型仅模拟水平向的水荷载，没有模拟库水对库盆基岩的垂直向水压力，同时为了对闸底板上游侧施加水平荷载，物理模型中也没有模拟上游铺盖以及其他的一些工程措施，因此坝基上游侧与实际工程相比，缺少了竖直方向的约束以及铺盖对坝基的约束等作用，从而易使软弱夹层在出露部位开裂；再一方面，本次模型试验采用的是综合法进行破坏试验，在保持正常荷载作用下，坝基各软弱夹层均进行了降强试验，保持降强幅度不变再进行超载，当超载系数 $K_P = 1.8$ 时，坝基软弱夹层的力学参数，主要是抗剪断强度已经降低了约 10%，按综合稳定安全系数计算，此时的安全系数 $K_{SC初} = K'_{S初} \times K'_{P初} = 1.1 \times 1.8 \approx 2.0$，该安全系数与武都重力坝（最大坝高 119 m）模型试验获得的初裂安全系数基本相当。

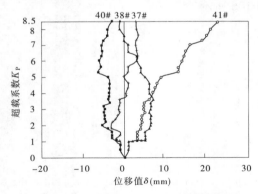

图 5-107　软弱夹层 R14 靠近坝踵位置
测点位移 $\delta \sim K_P$ 关系曲线

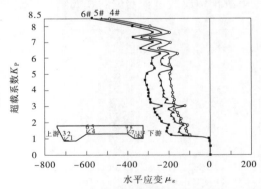

图 5-108　底板坝踵位置应变测点
应变 $\mu_\varepsilon \sim K_P$ 关系曲线

（5）当超载系数 $K_P = 2.0 \sim 2.4$ 时，上游坝踵区域，在软弱夹层 R9 与 R14 之间的 $D_1 n_{13-2}$ 岩层中出现了三条沿节理方向的裂缝，裂缝不断扩展并贯通，见图 5-110；在下游坝趾区域，$D_1 n_{13-3}$ 岩层中出现了沿软弱夹层 R17 的压剪破坏，见图 5-111。上游坝踵区域节理裂隙的开裂破坏主要与闸坝的受力特性有关，在上游水平向水荷载和坝体竖直向自重的合力作用下，坝踵会出现一定的受拉趋势，在拉应力作用下，坝踵区域的节理有可能会出现拉裂缝，且

图 5-109　$K_P = 1.8$ 时坝基沿软弱夹层 R14、R9 的破坏形态

产生的拉裂缝会逐渐扩展并最终与结构面的裂缝相互贯通,形成破坏区;下游坝趾区域软弱夹层 R17 的开裂破坏同样与闸坝的受力特性有关,闸坝的坝趾在自重和水荷载作用下处于受压状态,当水荷载不断增大后,压应力将超过软弱结构面或节理裂隙的强度,该部位就可能出现压剪破坏。从图 5-111 可以看出,坝趾区域首先出现开裂的部位位于下游坝趾底板齿槽处,并沿软弱夹层 R17 开裂,该部位处于材料交界处,同时又是压应力最大的区域,且软弱夹层 R17 经过了降强阶段试验,其抗剪强度不高,因此该部位首先出现了开裂。

图 5-110　$K_P = 2.4$ 时上游坝踵区域的破坏形态

(6)当 $K_P = 2.6$ 时,上游坝踵建基面位置出现拉剪破坏,如图 5-112 所示,这主要与模型试验的加载方式有关,水平千斤顶模拟上游水荷载作用,在不断超载情况下,上游水推力的持续加大势必会使闸室与坝基接触面出现剪切破坏,这是典型的沿建基面抗滑稳定问题,从模型的最终破坏情况来看,闸室结构并未沿建基面完全剪切破坏,而主要是出现坝基岩体的浅层开裂破坏;下游坝趾区沿软弱夹层 R17 继续产生压剪破坏,裂缝沿层面节理发展,见图 5-113。

(7)当 $K_P = 2.8$ 时坝趾区裂缝沿软弱夹层 R17 向上下游不断发展形成贯通性裂缝,见图 5-114,该开裂破坏与上一阶段的软弱夹层 R17 的开裂破坏的原因一致,出现裂缝后,随着荷载的不断增加,裂缝将继续沿着坝基强度较低的部位扩展。

图 5-111　$K_\mathrm{P}=2.4$ 时下游坝趾区域的破坏形态

图 5-112　$K_\mathrm{P}=2.6$ 时上游坝踵区域破坏形态

图 5-113　$K_\mathrm{P}=2.6$ 时下游坝趾区域破坏形态

（8）当 $K_\mathrm{P}=3.0\sim3.6$ 时，随着超载倍数的增加，闸坝上应变曲线与坝基位移曲线大部分出现了较明显的波动，如图 5-115 ～ 图 5-118 所示，表明此时坝与地基已经进入了大变形

图 5-114 $K_P = 2.8$ 时下游坝趾区域破坏形态

阶段。从破坏形态来看,随着超载倍数增加裂缝增多并扩展,坝踵出现拉裂破坏,坝趾出现压剪破坏。在 $K_P = 3.6$ 时,坝基护坦出现挤压裂缝,闸坝与坝基破坏形态如图 5-119、图 5-120 所示。

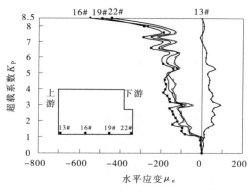

图 5-115   闸坝典型应变 $\mu_\varepsilon \sim K_P$ 关系曲线

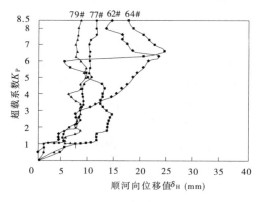

图 5-117   R17 顺河向位移 $\delta_H \sim K_P$ 关系曲线

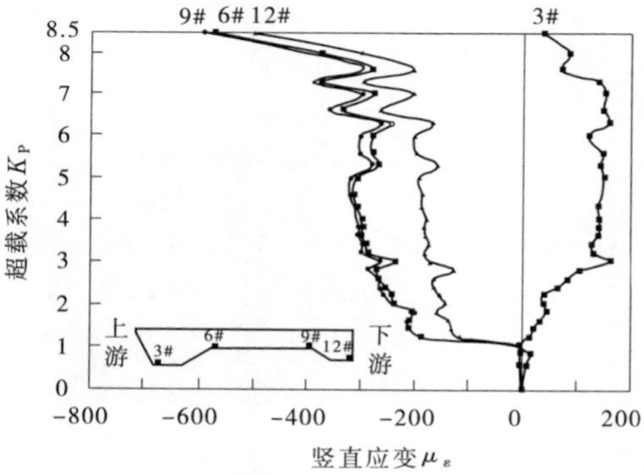

图 5-116   闸坝底板典型应变 $\mu_\varepsilon \sim K_P$ 关系曲线

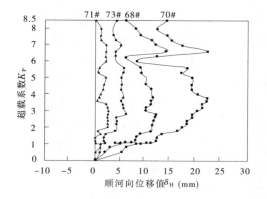

图 5-118   R19 顺河向位移 $\delta_H \sim K_P$ 关系曲线

闸坝坝踵区域与坝趾区域的裂缝开裂原因与前面的分析是一致的,主要是裂缝随着荷载的增加而不断扩展;而下游护坦横缝是护坦结构的薄弱部位,随着荷载的逐级增加,闸坝坝体对护坦的挤压作用使得压应力超过了横缝的强度,从而使横缝出现挤压破坏。

图 5-119 $K_P = 3.6$ 时上游坝踵区域破坏形态

图 5-120 $K_P = 3.6$ 时下游坝趾区域破坏形态

(9)当超载系数 $K_P = 3.8 \sim 4.6$ 时,坝踵区域靠近底板齿槽拉应力集中区出现沿 $D_1 n_{13-2}$ 与 $D_1 n_{13-3}$ 岩层分界线的破坏,坝趾区出现沿 $D_1 y^1 - 1$ 岩层软弱夹层 R19 的破坏,裂缝随超载倍数的增加不断扩展扩宽,如图 5-121、图 5-122 所示。

(10)当超载系数 $K_P = 5.0 \sim 6.0$ 时,坝体应变曲线在 $K_P = 5.0$ 左右时具有明显的波动(见图 5-123),坝体变位曲线在 $K_P = 6.0$ 具有明显的折坡点(见图 5-125),坝基顺河向位移曲线在 $K_P > 5.0$ 后亦出现较为明显的转折或者位移加速增长趋势(见图 5-125);从破坏形态来看,当 $K_P = 6.0$ 时,坝踵处裂缝继续沿坝基软弱夹层、岩石层面及节理方向发展;护坦横缝处产生多条贯通性挤压裂缝并向坝基延伸,与沿软弱夹层 R19 的剪切滑移面逐步贯通,坝趾区域软弱夹层 R19 以及 $D_1 y^1 - 1$ 与 $D_1 n_{13-3}$ 岩层分界面处裂缝扩展贯通,开裂破坏已较严重,见图 5-126、图 5-127。

(11)当超载系数 $K_P = 6.3 \sim 8.5$ 时,坝体应变曲线急剧波动,应变值急剧增加(见图 5-123),坝体变位曲线斜率明显变缓(见图 5-124),坝基位移曲线出现突变(见图 5-125);上游坝踵区域,软弱夹层 R9 上部与 $D_1 n_{13-2}$ 与 $D_1 n_{13-3}$ 岩层分界线之间的岩体,顺着软弱结构面、岩层以及垂直于软弱结构面的节理裂隙基本贯通,形成一个大三角破坏区(模型上水

图 5-121　$K_P = 4.6$ 时上游坝踵区域破坏形态

图 5-122　$K_P = 4.6$ 时下游坝趾区域破坏形态

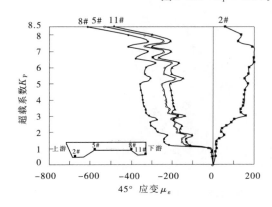

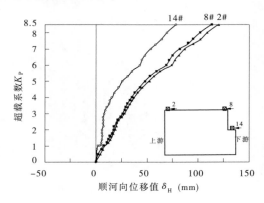

图 5-123　闸坝典型应变 $\mu_\varepsilon \sim K_P$ 关系曲线　　图 5-124　闸坝典型顺河向位移 $\delta_H \sim K_P$ 关系曲线

平向破坏长度为 83 cm,坝基下破坏深度为 23 cm);下游坝趾区域,护坦横缝开裂破坏,并与沿软弱夹层 R17、R19 的裂缝贯通,护坦与部分坝基裂缝贯通破坏严重;坝基下游侧出现多

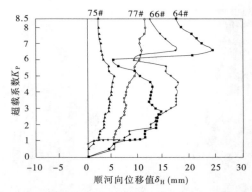

图 5-125　坝基典型测点顺河向位移 $\delta_H \sim K_P$ 关系曲线

图 5-126　$K_P = 6.0$ 时上游坝踵区域破坏形态

图 5-127　$K_P = 6.0$ 时下游坝趾区域破坏形态

条沿节理的裂缝,坝与地基出现整体失稳破坏(模型上水平向破坏长度为 62 cm,坝基下破坏深度为 23 cm)(见图 5-128、图 5-129)。从最终的破坏形态来看,该破坏形态是符合闸坝的受力特性的,闸坝在坝体自重和上游水荷载作用下的,出现坝踵区域受拉、坝趾区域受压的趋势,模型的破坏也主要是在这两个区域产生的。

图 5-128 上游坝踵区域最终破坏形态

图 5-129 下游坝趾区域最终破坏形态

5.5.6 最终破坏形态及特征

大藤峡 28# 坝段坝基稳定模型试验破坏范围主要分布在坝踵和坝趾两个区域,其中上游坝踵破坏区域:软弱夹层 R9 上部至 $D_1 n_{13-2}$ 与 $D_1 n_{13-3}$ 岩层分界线之间的岩体基本贯通,形成一个大三角拉裂破坏区;下游坝趾破坏区域:软弱夹层 R17 与 R19 之间的岩体挤压破坏,裂缝基本贯通,护坦横缝及与基础接触面出现部分压剪破坏,闸坝出现整体失稳破坏,如图 5-130 所示。

模型总体破坏特征:上游坝踵区域出现开裂破坏,结构面裂缝与节理裂隙开裂贯通,坝踵附近呈现三角形破坏形态;下游坝趾附近多条软弱夹层开裂,与节理裂隙、护坦裂缝贯通,坝基形成阶梯状破坏形态;从整体上看,坝基裂缝未沿结构面上下游完全贯通,该坝段没有出现深层滑动,坝基破坏模式主要为浅层开裂破坏。

5.5.7 安全度评价

地质力学模型试验广泛应用于高拱坝结构破坏与坝肩稳定性研究、坝与地基的抗滑稳

图 5-130　闸坝整体失稳破坏形态

定性研究、边坡的稳定安全性研究等领域。目前,所有的设计规范中对地质力学模型试验成果的控制指标均没有明确规定,清华大学周维垣等在 2008 年出版了《高拱坝地质力学模型试验方法与应用》一书,对拱坝的整体超载能力的安全度做出了评价分析。目前,对地质力学模型试验中拱坝的综合法安全度、坝与地基的抗滑稳定安全度以及边坡的稳定安全度等方面的评价分析仍然是没有控制指标的。本次大藤峡泄水闸坝与基岩的整体稳定性评价还是沿用四川大学水工结构实验室的传统评价方法进行。

5.5.7.1　综合法试验安全度评价方法

闸坝与地基的整体稳定安全系数,主要根据不同试验阶段所得的资料综合评定:①闸坝表面变位测点的位移、应变与超载系数的关系曲线;②模型材料试验所得的各类变温相似材料的标定曲线;③试验现场的破坏形态观测记录。由上述三个方面的试验结果,尤其是根据各关系曲线的波动、拐点、增长幅度、转向等特征,可分析出闸坝与地基的整体稳定综合法试验安全系数。

由上述三个方面资料综合分析得出模型发生大变形时的降强系数 K'_S 及超载系数 K'_P,然后由下式求得综合稳定安全系数 K_{SC},即

$$K_{SC} = K'_S \times K'_P$$

5.5.7.2　闸坝与地基整体稳定安全度 K_{SC} 评价

根据试验获得的上述三个方面的资料及成果可反映出模型各个闸段和坝段在不同试验阶段所呈现的典型特征:

(1)当模型加载至 1.0 倍正常荷载时,闸坝与地基工作正常,无异常现象。

(2)在正常荷载下进行降强试验,分级降低坝基软弱夹层的抗剪强度,降强幅度约为 10%(即降强系数 $K'_S = 1.1$),此时闸坝表面位移测试数据波动较小,闸坝应变测试数据有微小波动,闸坝与坝基仍处于正常工作状态,无开裂破坏迹象。

(3)保持降强幅度约为 10% 的条件进行超载试验,当超载系数 $K_P = 1.8$ 时,闸坝应变曲线部分测点出现波动,坝基出现初裂。

(4)当超载系数 $K_P = 3.0 \sim 3.6$ 时,闸坝应变与变位曲线大部分测点出现反向、发生转折,变位幅度加大,变位增长明显,闸坝与地基出现大变形。

(5)当超载系数 $K_P = 5.0 \sim 6.0$ 时,变位值较大,变位发展迅速,应变曲线频繁波动;坝基上下游破坏形态已基本展现出来,闸坝与地基逐渐呈现出整体失稳的趋势。

（6）当超载系数 $K_P = 6.3 \sim 8.5$ 时，变位值出现大幅调整，应变发展迅速；坝基上下游破坏形态已完全展现出来，闸坝与地基逐渐整体失稳。

根据以上分析，得到本次试验强度储备系数 $K'_S = 1.1$，超载系数 $K'_P = 3.0 \sim 3.6$，则综合稳定安全系数：

$$K_{SC} = K'_S \times K'_P = 1.1 \times (3.0 \sim 3.6) = 3.3 \sim 4.0$$

即大藤峡 28# 坝段整体综合稳定安全度 K_{SC} 值为 $3.3 \sim 4.0$。

5.5.7.3　水电工程的稳定安全度评价

四川大学水利水电学院水工结构实验室长期从事地质力学模型试验的研究工作，采用综合法试验和超载法试验已完成国内多个水电工程的稳定安全度评价，近年来完成的地质力学模型试验安全系数如表 5-13 所示。

表 5-13　四川大学水利水电学院水工结构实验室近年完成的地质力学模型试验安全系数

序号	工程名称	坝高（m）	降强系数 K'_S	起裂超载系数 K_P	大变形超载系数 K'_P	极限超载系数 K_P	综合法试验安全度 K_{SC}
1	小湾拱坝（加固坝基最终方案）	294.5	1.2	1.8	3.3 ~ 3.5	3.5	3.96 ~ 4.2
2	大岗山高坝（天然坝基）	210	1.25	2	4.0 ~ 4.5	5.5 ~ 6.0	5.0 ~ 5.6
3	白鹤滩拱坝（天然坝基含扩大基础）	289	1.2	1.5 ~ 1.75	3.5 ~ 4.0	5.0 ~ 5.5	4.2 ~ 4.8
4	锦屏一级拱坝（天然坝基含左岸垫座）	305	1.3	2.6 ~ 2.8	3.6 ~ 3.8	5.0 ~ 5.6	4.68 ~ 4.94
5	锦屏一级拱坝（加固坝基）	305	1.3	2.6 ~ 2.8	4.0 ~ 4.6	7.0 ~ 7.6	5.2 ~ 6.0
6	武都碾压混凝土重力坝（加固坝基）	119.14	1.2	1.4 ~ 1.6	3.0 ~ 4.0	4.0 ~ 4.6	3.6 ~ 4.8
7	丹巴闸坝（深厚覆盖层加固坝基）	38.5	1.18	1.4	1.6 ~ 2.0	3.0 ~ 3.6	1.89 ~ 2.36

5.6　小　结

（1）综合法试验稳定安全系数 K_{SC}：采用降强与超载相结合的综合法对大藤峡 28# 闸坝与地基的整体稳定性进行破坏试验研究。在正常工况下，对影响整体稳定的坝基 6 条软弱夹层抗剪强度参数降低约 10%，再对上游水荷载逐级进行超载直至破坏失稳。试验得到该坝段闸坝与地基的综合法试验降强系数 $K'_S = 1.1$，大变形时超载系数 $K'_P = 3.0 \sim 3.6$，则综合

法试验安全系数为 $K_{SC} = K'_S \times K'_P = 1.1 \times (3.0 \sim 3.6)$，即 $K_{SC} = 3.3 \sim 4.0$，闸与地基整体稳定性较好。

（2）变位分布特征及发展过程：在正常工况下，闸坝及地基变位值较小；在降强阶段，由于受强度参数弱化影响，闸坝及基础变位值均有所增加，但增幅均不大；在超载阶段，随超载倍数的增加闸坝变位逐渐增大，顺河向变位总体向下游，坝基受软弱夹层的影响，竖直向变位较顺河向变位稍大，总体以沉降变位为主；当 $K_{SC} = 3.3 \sim 4.0$ 时，变位曲线出现明显的拐点，曲线斜率变缓，变位增长幅度加大，出现大变形；当 $K_{SC} = 6.9 \sim 9.4$ 时，曲线波动大，变位测值不稳定。

（3）模型破坏过程：①在正常工况下，闸坝及坝基工作正常。②在降强阶段，变位略有增长，但增长幅度不大，闸坝与坝基仍处于正常工作状态。③当综合稳定安全系数 $K_{SC} = 2.0$ 时，坝踵区软弱夹层 R14 发生初裂，软弱夹层 R9 上游侧也出现微裂缝。④当综合稳定安全系数 $K_{SC} = 3.3 \sim 4.0$ 时，坝踵裂缝继续扩展，坝趾裂缝沿软弱夹层 R17 向上下游不断发展形成贯通性裂缝，护坦横缝出现开裂。⑤当综合稳定安全系数 $K_{SC} = 5.5 \sim 6.6$ 时，坝踵、坝趾及护坦裂缝继续扩展并相互贯通，坝基开裂破坏较严重。⑥当综合稳定安全系数 $K_{SC} = 6.9 \sim 9.4$ 时，坝踵附近形成一个三角形破坏区；坝趾附近多条软弱夹层开裂，与节理裂隙贯通，形成阶梯状破坏；近坝趾区护坦横缝开裂延伸至坝基面；闸坝出现整体失稳破坏。

（4）破坏形态与破坏特征：上游坝踵区域出现开裂破坏，结构面裂缝与节理裂隙开裂贯通，坝踵附近呈现三角形破坏形态；下游坝趾附近多条软弱夹层开裂，与节理裂隙、护坦裂缝贯通，坝基形成阶梯状破坏形态。从整体上看，坝基裂缝未沿结构面上下游完全贯通，该坝段没有出现深层滑动，坝基破坏模式主要为坝体受到超大推力，软弱夹层两侧岩体受压产生不均匀变形，并引起上下游附近软弱夹层、裂隙的开裂破坏。

（5）坝基安全性评价及建议：本次试验闸坝的综合稳定安全系数为 $3.3 \sim 4.0$，闸坝与坝基整体稳定较好。在超载后期，由最终破坏失稳形态可知上游坝踵区、下游坝趾区、部分软弱夹层局部位置先后出现破坏，但技施阶段坝基基础处理工作均已覆盖上述部位，因此不需再对上述位置进行单独处理。

第6章 结论及展望

为对泄水闸与岩体的变形破坏模式进行深入研究,本书在综合分析坝基岩体结构特征的基础上,选取了 $28^\#$、$29^\#$、$30^\#$ 三个坝段进行二维数值分析,选取 $28^\#$ 坝段进行物理模拟分析。

需要说明的是,数值与物理模拟的实现过程具有一定的差异,两者的加载方式也不一样。对于静水压力,物理模型只对上游水平静水压力采用两个千斤顶进行力与力矩的等效,未考虑上下游水体对基岩的竖向压力和下游水体对坝基的水平抗力,数值模拟则全面地考虑了上述力对坝基岩体稳定性的影响,且物理模型与数值模拟的荷载范围与扬压力考虑方式不同。所以,数值模拟与物模试验结果不可能完全对应。但从模拟结果上看,两者反映的破坏模式与位移数值基本相仿,可较好地映证彼此。具体结论如下:

(1)泄水闸坝基岩体发育有断层、层面、软弱层面与节理裂隙等结构面系统。这些结构面系统为岩体中的软弱面,极大程度上降低了岩体的强度。根据各结构面系统的产出特征,可知坝基岩体的破坏面主要取决于软弱夹层与节理裂隙的组合特征。其中,软弱夹层产状与层面一致,为确定性的结构面,间距为 2 ~ 5 m。节理裂隙几何特征较为繁杂,经过几何特征概率分析、优势分组等步骤,现场节理裂隙大致呈现两组,在稳定性分析时,与剖面近垂直的裂隙对稳定性分析结果起到关键作用,这组裂隙总体倾向上游,倾角为 79°,裂隙间距为 2 m。

(2)现场裂隙仅为露头面上的二维裂隙。为研究 $28^\#$、$29^\#$ 与 $30^\#$ 坝段二维剖面上裂隙的几何发育特征与裂隙的等效力学参数。报告基于三维裂隙网络模拟手段,生成了 D_1y^1-2 与 D_1y^1-3 地层内的三维裂隙。建立了剖面上裂隙的二维几何特征,采用 Dijkstra 算法确定了 D_1y^1-2 与 D_1y^1-3 地层的连通率为 40% ±5%。利用计算出的连通率数据,确定了断续裂隙的等效力学参数,以此为计算依据进行了后续岩体变形破坏模式与稳定性的计算分析。

(3)扬压力是影响重力坝稳定性和安全性的重要因素之一。在数值模拟分析中,借助离散元软件 UDEC 的渗流分析模块,对坝基岩体的渗流场进行了模拟,确定了岩体内的扬压力。计算结果表明,设置防渗帷幕之后,防渗帷幕右侧的流量和扬压力明显减小,三个坝段的平均流量分别减小了 22.5%、36.9%、25%;平均扬压力分别减小了 34.8%、36.9%、34.8%。

(4)物理模拟与数值模拟的变形发展过程如下:

在正常工况下,物理模拟和数值模拟结果基本一致。闸室受到指向下游方向的静水压力,产生的 x 向位移与 y 向位移都很小,基岩各点位移也都很小,最后都趋于稳定,因此闸坝处于正常工作状态。

在超载阶段,物理模拟和数值模拟位移值都随超载系数的增加逐渐增大。对于 $28^\#$ 坝段的物理模拟,当 $K_{SC} = 3.3 ~ 4.0$ 时,位移曲线出现明显的拐点,曲线斜率变缓,变位增长幅度加大,出现大变形;当 $K_{SC} = 6.9 ~ 9.4$ 时,曲线波动大,位移值不稳定。对于数值模拟,当 $K_P = 4.0$ 时,模型开始出现塑性变形;当 $K_P = 8.0$ 时,模型位移值突增,模型发生破坏。数值模拟与物理模拟的计算结果较为一致。值得一提的是,上述的物理模拟考虑了下游混凝土盖板,而数值模拟未考虑混凝土盖板的影响,当数值模拟增加下游混凝土盖板时,初始塑性变形对应的超载系数 K_P 为 5.0。由于物理模拟与数值模拟的实现过程具有一定的差异,如(3)与(4)所述,故两者的计算结果存在一定的差异。但整体上,两者的计算结果对应性较好,互相具有一定的借鉴意义。

除 28# 坝段的物理模拟与数值模拟外,本书还针对 29# 与 30# 坝段进行了数值模拟计算。由计算结果可知,在正常工况下,闸坝变形较小且趋于稳定,处于正常工作状态。超载工况下,下游未施加混凝土盖板时,29#、30# 坝段初始出现塑性变形对应的 K_P 分别为 3.0 与 4.0,整体破坏时对应的 K_P 分别为 7.0 与 9.0。当下游施加混凝土盖板时,29#、30# 坝段初始出现塑性变形对应的 K_P 分别为 4.0 与 5.0。

(5)对于物理模拟与数值模拟在超载工况下的破坏过程与最终破坏形态如下:

28# 坝段的物理模拟显示,当 $K_{SC} = 3.3 \sim 4.0$ 时,坝踵裂缝扩展,护坦横缝出现开裂;随着继续加荷,当 $K_{SC} = 5.5 \sim 6.6$ 时,坝踵、坝趾及护坦裂缝继续扩展并相互贯通,坝基开裂破坏较严重;当 $K_{SC} = 6.9 \sim 9.4$ 时,坝踵附近形成一个三角形破坏区,坝趾附近多条软弱夹层开裂,与节理裂隙贯通,形成阶梯状破坏,近坝趾区护坦横缝开裂延伸至坝基面,闸坝出现整体失稳破坏。综合法试验安全系数为 $K_{SC} = 3.3 \sim 4.0$,闸与地基整体稳定性较好。

数值模拟显示,当 $K_P = 4.0$ 时,闸室左下角出现拉性塑性区;当 $K_P = 5.0$ 时,闸室左下角拉性塑性区在扩大,右齿槽右下方基岩开始出现压性塑性区;当 $K_P = 6.0 \sim 7.0$ 时,上述塑性区在扩大,同时左齿槽右下方基岩都开始出现压性塑性区;当 $K_P = 8.0$ 时,闸室左下角、两齿槽右下方基岩塑性区都已贯通。其中,右齿槽作用的岩体的压性破坏引起相应地表处岩体的向上运动,闸坝出现整体失稳破坏。可以看出,物理模拟与数值模拟的分析结果是较为一致的。

对于 29#、30# 坝段,当 K_P 分别为 3.0、4.0 时,闸室左下角开始出现拉性塑性区;当 K_P 分别为 4.0 ~ 6.0 与 5.0 ~ 8.0 时,两齿槽右下方基岩都开始出现压性塑性区;当 K_P 分别为 7.0、9.0 时,上述位置处的塑性区都贯通,闸坝出现整体失稳破坏。数值模拟显示其塑性破坏区域基本与 28# 坝段一致,在此不再赘述。

(6)泄水闸坝基岩体的可能破坏模式如下:

针对 28# 坝段,我们进行了物理模拟的强度折减分析,并针对 28#、29#、30# 坝段进行了数值模拟的强度折减分析。在物理模拟中,坝基软弱夹层的抗剪力学强度参数减小了约 10%。强度折减后,模型的变形虽有所增长,但增长幅度很小,闸坝正常工作;在数值模拟中,结构面的抗剪力学强度参数减小到原来的 10%,强度折减后,模型的变形也不大。可见,坝基不存在剪切变形破坏的模式。

由上述(5)可知,物理模拟和数值模拟的破坏区域主要为两齿槽右下方基岩的压性破坏,未出现贯通性的结构面变形破坏,其中,下游地表处岩体上移。软弱夹层两侧岩层在超大推力作用下产生不均匀变形,体现为岩体塑性区的扩展与上下游附近软弱夹层、结构面的开裂变形。基岩在上下游混凝土齿槽的嵌固作用下承受闸墩的压力,产生压塑性区的变形与破坏。所以,在坝基变形破坏的敏感性分析中,基岩的抗剪强度与弹性模量影响了坝基的变形与破坏,而并不仅仅是决定坝基剪切破坏的岩体结构面系统。

(7)坝基安全性评价及建议:本次试验闸坝的综合稳定安全系数为 3.3 ~ 4.0,闸坝与坝基整体稳定较好。在超载后期,由最终破坏失稳形态可知上游坝踵区、下游坝趾区、部分软弱夹层局部位置先后出现破坏,但技施阶段坝基基础处理工作均已覆盖上述部位,因此不需再对上述位置进行单独处理,进而本次研究未对基础处理关键技术问题进行研究。

本书中从二维的角度分析了坝基岩体的破坏模式,该分析方法特别适用于具有复杂裂隙网络的项目。然而,为了更加符合实际情况和提高精度,通过优化地质力学模型结构和数值计算算法,三维方法仍然是非常重要的。